高等学校规划教材

工程结构可靠性原理及其优化设计

余建星　主编

U0285554

中国建筑工业出版社

图书在版编目（CIP）数据

工程结构可靠性原理及其优化设计/余建星主编．—北京：中国建筑工业出版社，2012.12
（高等学校规划教材）
ISBN 978-7-112-14940-7

Ⅰ．①工… Ⅱ．①余… Ⅲ．①工程结构-结构可靠性-结构设计 Ⅳ．①TU311.2

中国版本图书馆 CIP 数据核字（2012）第 284719 号

本书论述了结构系统可靠性理论及其在船舶与海洋工程结构物、大型土建结构设计上的应用。全书共 6 章，前两章在介绍结构可靠性理论的发展、意义、主要概念的基础上，重点讨论一次二阶矩法和蒙特卡洛法；第 3 章在全面介绍结构系统可靠性理论与计算系统失效概率的基本方法之后，着重介绍分支限界法和分解法；第 4 章介绍大型土建结构的可靠性分析方法；第 5 章介绍船舶与海洋结构物的可靠性分析方法；第 6 章介绍结构可靠性优化设计方法。

本书可作为土木工程、船舶与海洋工程、港口航道与近海工程、水利工程及桥梁与隧道工程等专业学生的教材使用，也可作为相近专业的工程技术人员设计施工的参考书。

* * *

责任编辑：王 跃 吉万旺
责任设计：张 虹
责任校对：张 颖 陈晶晶

高等学校规划教材
工程结构可靠性原理及其优化设计
余建星 主编
*
中国建筑工业出版社出版、发行（北京西郊百万庄）
各地新华书店、建筑书店经销
霸州市顺浩图文科技发展有限公司制版
北京市书林印刷有限公司印刷
*
开本：787×1092 毫米 1/16 印张：14¼ 字数：308 千字
2013 年 4 月第一版 2013 年 4 月第一次印刷
定价：**32.00** 元
ISBN 978-7-112-14940-7
（22993）

版权所有 翻印必究
如有印装质量问题，可寄本社退换
（邮政编码 100037）

前言

结构可靠性理论是20世纪60年代以后才迅速发展起来的一门新兴学科。它之所以能取得迅速发展，成为当前结构工程的主要研究方向之一，并成为结构强度理论与计算结构力学的一个新分支，除了工程实践的要求外，主要在于它对结构系统安全性评价提出了建立在概率分析基础上的一系列新概念、原理、方法与衡量标准，科学地考虑了结构工程中的多种不确定因素。这样使人们加深了对结构系统工作性能的认识，对结构系统可靠性有了客观的统一度量，于是就可以对结构系统的安全性作出合理的评价，从而设计出有最佳经济效益又安全可靠的结构。

近十几年，我国在工程结构可靠性理论研究方面取得了诸多重要的研究成果，并编制和修订了工程结构可靠度设计的统一标准及各专业的设计规范。同时，船舶与海洋工程界对可靠性理论的应用也给予了很大的关注。挪威、法国的船级社与美国石油工业部门已先后制定了以可靠性理论为基础的海洋平台设计规范和标准。

为了适应结构系统可靠性研究发展的需要，并考虑国内土建行业及船舶与海洋工程学科在结构可靠性理论研究与应用上的现状，也考虑到研究生培养目标的要求，本书在论述结构可靠性理论一般原理的基础上，对结构系统可靠性进行了深入分析并在实际应用方面提供一个较为全面、系统的方法。全书以结构系统可靠性分析为主体，以第二水平法为重点，通过具体事例，对结构系统可靠性分析的方法、步骤及结构系统可靠性优化设计等内容，从结构系统的整体性、关联性、综合性和实践性角度，做了较为详细的论述。

本书详细论述了结构系统可靠性理论及其在船舶与海洋工程结构物、大型土建结构设计上的应用。全书共6章，前两章在介绍结构可靠性理论的发展、意义、主要概念的基础上，重点讨论一次二阶矩法和蒙特卡洛法；第3章在全面介绍结构系统可靠性理论与计算系统失效概率的基本方法之后，着重介绍分支限界法和分解法；第4章介绍大型土建结构的可靠性分析方法；第5章介绍船舶与海洋结构物的可靠性分析方法；第6章介绍结构可靠性优化设计方法。

结构系统可靠性理论是一门十分复杂且涉及许多领域的综合性新兴学科，因此本书不可能涵盖各个方面。其他有关问题，请参阅国内外已出版的专著。本书如果能对我国结构系统可靠性理论的发展及其在工程结构设计上的应用方面有所促进的话，我们将感到无限欣慰。限于水平，书中难免有缺点错误，热诚希望广大读者批评指正。

本书可作为土木工程、船舶与海洋工程、港口航道与近海工程、水利工程及桥梁与隧道工程等专业的研究生与本科高年级学生的教材使用，也可作为相近专业的工程技术人员设计施工的参考书。

本书由余建星统一定稿，王尔芳、张英、周健状等参与了本书的编写工作。

余建星

2012 年 7 月于天津大学

目 录

第1章　概　　述

结构设计的基本目的是以最经济的手段使结构在预定的使用期限内具备预定的各种功能。

当前，结构设计理论正处于从定值设计法向概率设计法过渡的重要阶段。自20世纪70年代以来，以概率为基础的可靠性分析方法与极限状态设计方法的研究和运用不断深入，许多国家的结构设计，特别是建筑结构的设计，已采用以概率为基础的承载能力极限状态设计方法。我国1984年的《建筑结构设计统一标准》GBJ 68—84就是在此背景下制定的。各种工程结构设计规范、标准均应遵守它，或向它所规定的原则靠拢。在此之后我国所制定的一些专业规范，如钢结构、混凝土、铁路、桥梁、港口、水坝及建筑物抗震设计规范等，都已采用了以概率为基础的极限状态设计法，构筑物抗震设计规范也已部分地采用了这一设计方法。

船舶及海洋工程结构物结构复杂、使用期限长、造价高、工作环境条件极为恶劣，一旦出现事故，将造成极为恶劣的社会影响及巨大的经济损失。因此，结构的可靠性原理分析是工程设计中必须考虑的重要问题。近10多年来，上海交通大学张圣坤教授、肖熙教授、胡敏仁教授等，大连理工大学郭吕捷教授等，天津大学胡云昌教授等均做了许多工作，从而为本书的编写奠定了坚实的理论基础。

1.1　结构可靠性的定义

结构可靠性是指在规定时间内和规定条件下，结构能完成规定功能的能力。

“规定时间”是可靠性定义中的重要前提。一般说来，结构的可靠性是随时间的延长而逐渐降低的，所以一定的结构可靠性是对一定的时间而言的。规定时间的长短，随结构物的不同及使用目的不同而异。船舶及海洋结构物要求在几十年内可靠。规定时间通常是指设计基准期。

“规定条件”通常是指使用条件、维护条件、环境条件和操作条件。这些条件对结构的可靠性有着重要的影响。在不同条件下，结构系统的可靠性是不同的。在结构物设计时，确定合理的设计基准期和设计条件，是一项非常重要的工作。只有确定得合理，才能使设计达到既经济又可靠的目的。

“规定功能”通常用结构的各种性能指标来描述。评价结构物是处于正常功能状态还是处于失效状态的标志是极限状态，即极限状态是区分结构物工作状态是可靠还是不可靠的标准。

由上述定义可知，结构可靠性定义的外延显然比安全性大。所谓安全性是指结构物在正常施工、正常使用时能承受各种作用的能力。而结构可靠性不仅仅包括安全性，还包括适用性与耐久性。

1.2 结构可靠性理论对不确定因素的处理

为评价结构物的可靠性，必须掌握材料强度及荷载的随机性，掌握设计计算误差和施工误差等不确定因素，进而对这些不确定因素做出定量分析。

对于结构设计中的不确定因素，很早以前人们就非常重视，但由于受当时科学技术水平的限制，不能提出一个合理的处理方法。在结构分析理论还没有建立的年代里，只能提出“为保证安全必须留有余地”的设计思想。随着结构分析理论的发展，人们提出了用安全系数来笼统考虑不确定因素的确定性设计方法。这种设计法要求在荷载作用下，结构或构件某断面的应力不应超过材料的许用应力$[\sigma]$，而

$$[\sigma]=\sigma_y/K \tag{1-1}$$

式中 σ_y——材料的屈服强度；

K——安全系数。

在这个方法中，外力、结构尺寸及材料的能力等都是作为确定值来处理的，只是用安全系数 K 来表示强度储备。而 K 又多是凭经验确定的，缺乏合理的科学依据。

长期的实践及理论分析已证实，作用于结构上的荷载及断面尺寸和材料的力学性能等，由于设计、施工、计量等一系列原因，都不会是确定的常量，它们的真实值在名义值附近随机变化。因此，对每一个影响强度的参量都应看做是随机变量。而有些参量，特别是荷载，例如作用于船舶及海洋结构物上的波浪荷载，本身就是随机变化的。因此，安全系数不能作为评价结构可靠性的合理依据。

结构可靠性理论是把所有的工程变量都作为随机变量来处理。包含在这些随机变量中的不确定性可以分为下述两类。

1.2.1 客观不确定性

客观不确定性是指与基本变量有关的不确定性。它包括材料力学性能的不确定性，尺寸的不确定性以及制造误差、建造不完善性及焊接残余应力等引起的不确定性等。不确定性可以通过实物或试样的测定结果进行统计分析，找到它们的分布特性。

1.2.2 主观不确定性

主观不确定性是指对结构承载力进行分析所作的假定、环境条件及转化为荷载的近似性、结构分析方法、结构模型化精确程度等引起的不确定性。这种不确定性主要取决于人们对它们的认识程度及人们所掌握的知识水平。

上述两种不确定性，都具有随机变化的特点，其参量可作为随机变量看待。于是在可靠性设计中就用表征随机变量的数字特征，如均值 μ 和标准差 σ 或变异系数 $CV=\sigma/u$ 来描述不确定性，并从概率意义上定义它们。通过进行概率分析

和计算，得到概率意义上的结构安全检验结果。

应用结构可靠性理论处理不确定性，克服了传统的确定性设计法的缺点，因而更符合客观实际。在结构可靠性设计中是用可靠度、失效概率（或破损概率）和可靠指标等来评价结构的可靠性。以结构的失效概率为依据的概率设计法即可靠性设计法，正在逐渐取代传统的确定性设计方法。从确定性概念转变为非确定性概念，这是结构设计思想上的一个重要演变与设计方法学上的一个飞跃。

1.3 结构可靠性分析的方法论

多年来的实践已使人们认识到，要想较为精确地预测结构的可靠性，必须使用系统工程学理论把结构物作为一个系统来看待，使用系统分析的方法进行可靠性分析。

在某些情况下，用一个构件的可靠性预测结构系统的可靠性是可行的。例如，在静定结构中，一个构件失效就会引起结构系统的失效；而在超静定结构中，某一个局部失效并非总能导致结构系统失效。因为剩余部分可通过内部荷载效应的重新分配来支承外部荷载。这种结构的失效，必定由两个以上的局部失效才能产生。

另外，一个结构系统会同时存在多种可能导致失效的模式，只要其中一种处于失效状态，则结构系统就会失效。例如，一个构件的失效是由下述情况之一，即弯矩过大、切力过大、挠度过大、失稳等引起，或由几种情况的结合而引起的。这就构成了多元失效模式。对结构系统来讲就更为复杂，因为一个结构系统是由许多构件组成的，同时还要考虑地基承载力不足与不均匀沉陷等等，这就构成了彼此有联系的多层次的多元失效模式。因此，研究结构系统的失效问题，实际上是对一种包含多个失效模式的系统进行分析和综合的问题。

为计算结构系统在某种失效模式下的失效概率，从理论上讲，应当找出某一失效模式下的全部失效形式甚至所有失效路径，但实际上这是不可能也是没有必要的。因为在这众多失效形式中，大多数失效形式的产生概率是很小的，也就是说，只有少数的失效形式对结构系统失效的贡献是大的。因此，在预测结构系统的可靠性时，只要考虑这些主要失效形式就可以了。

上述分析问题的思维方法便构成了结构可靠性分析的方法论。

1.4 结构可靠性分析的过程

结构可靠性分析的过程大致分为以下三个阶段。

可靠性分析的第一阶段是搜集与结构有关的随机变量的观测或试验资料，并对这些资料用概率统计的方法进行分析，确定其分布概率及有关统计量，以此作为可靠度或失效概率计算的依据。与结构有关的随机变量大致可分为三类：①外来作用，如荷载等；②材料的机械性质；③构件的几何尺度及其在整个结构中的位置。

上述随机变量的统计分布多为正态分布、对数正态分布及极值I分布，而相应的统计量主要有均值μ、标准差σ及变异系数CV等。

可靠性分析的第二阶段是用结构力学的方法计算构件的荷载效应，通过实验与统计获得结构的能力，从而建立结构的失效衡准。荷载效应指的是在荷载作用下，构件中的应力、内力、位移及变形等。结构能力指的是结构抵抗破坏与变形的能力，如屈服强度、抗拉强度、容许变形和位移等。结构的失效衡准用极限状态表示。极限状态连接结构能力与荷载效应，组成了进行结构可靠性分析的极限状态方程。对于结构系统，极限状态方程一般极为复杂，可借助结构力学、塑性力学、弹性力学及有限元分析的理论建立起来。

可靠性分析的第三阶段是计算评价结构可靠性的各种指标。当构件或结构系统的失效衡准建立之后，便可根据这些衡准，计算评价构件或结构系统可靠性的各种指标，如可靠度、失效概率及可靠指标等。

1.5 结构可靠性理论的发展

结构可靠性理论今年来有了长足的发展。现在已根据随机变量的局部信息、概率理论及局部经验，建立了一些基本上能满足工程设计需要的使用方法。目前结构可靠性分析方法大致有三种。

1. 第一水平法（局部安全因子法）

这种方法是把一系列局部安全因子与事先定义的主要结构变量及荷载变量的特征值联系起来，从而对构件或结构提供适当的可靠性的设计方法。因为用这种方法进行结构设计时，要考虑一系列独立的极限状态，所以有时也称为极限状态设计。由于它在形式上与传统的安全系数法很相似，故也称为杂交亲概率法或半经验概率法。此法不能对结构的失效概率或可靠度做出直接定量估计，但由于表达形式与传统方法很相似，易为广大工程技术人员所接受，所以在各种设计规范、标准中得到较为广泛的应用。

2. 第二水平法（近似概率法）

这种方法一般要求对失效域进行理想化处理，并对各变量的联合概率密度作简化表达，进而用某种近似迭代方法计算构件或结构系数的失效概率的近似值。本书应用的方法就是第二水平法及为了解决结构系统的可靠性而发展了的第二水平法。由于这种方法所需要的与基本变量有关的信息少，应用简便，且能满足工程设计需要，所以得到较为广泛的应用。

3. 第三水平法（全概率法）

这种方法要求为那些对结构可靠性有影响的一切基本变量做出联合出现的全概率描述，即建立起联合概率密度函数，再在失效域上对它进行多重积分运算，以求得结构系统的失效概率或可靠度。由于获得分析所需要数据十分困难，所以联合概率密度函数很难建立，即使建立起来，计算工作量也将是十分惊人的。所以，这种方法只不过存在理论上的意义，而实际很少应用。

下面就以这三种方法为脉络。回顾一下结构可靠性理论的发展与演变过程。

从1920年起，人们就试图用概率统计理论把结构设计中的不确定因素定量化，分析结构的安全性，最终建立起一种统一的设计方法。但由于这种初期的可靠性分析多是以严密的概率统计理论为基础的，所以在解决实际工程问题时遇到了许多无法解决的困难。另外，由于当时一般工程技术人员对概率论还不太熟悉，所以结构可靠性分析的重要性并没有引起人们广泛的注意。自从1945年美国的弗劳任脱（Freudental）发表了题为“结构的安全度”的论文后，关于结构可靠性分析的讨论才广泛地开展起来。在这篇论文中作者讨论了结构设计中的各种不确定因素，同时又从这些不确定性的相互作用观点，论述了荷载与强度的随机性。当然最早论述材料强度统计性质的应属Mayer（1926年）和Khotsyalov（1929年）二人的论文。之后，前苏联在结构按极限状态设计方面的研究取得了长足的进展，在安全度理论方面也取得重要成果。概括地讲，结构可靠性研究的历史是以弗劳任脱的论文为开端，以美国与欧洲学者为研究的主体。

弗劳任脱的论文发表之后，根据概率统计理论，使用失效概率 P_f 评价结构物的安全性的研究工作便很快地开展起来。此项研究工作的实质是把荷载效应 S 与结构能力 R 作为随机变量，把失效概率限制在容许值 P_{fa} 之内的一种设计工作，即

$$p_f = P[R < S] \leqslant p_{fa} \tag{1-2}$$

其中 p_{fa} 可由下式给出：

$$p_{fa} = \int_0^\infty \int_0^\infty f_{SR}(s,r) \mathrm{d}r\mathrm{d}s = \int_0^\infty f_S(s) F_R(r) \mathrm{d}r\mathrm{d}s \tag{1-3}$$

式中 f_{SR}——S 和 R 的联合概率密度函数；

f_S——S 的概率密度函数；

p_{fa}——临界失效概率；

F_R——R 的概率分布函数。

之后，把失效概率作为安全性标准的古典可靠性理论，根据作用于结构物上荷载的特性及失效模式的不同，又向动力可靠性分析及静态可靠性分布两个方向发展。

动力可靠性分析理论，又可大致分为概率过程论及随机振动论。动力可靠性分析理论是用首次通过概率及累积损伤度为基础的可靠性函数 $L(t)$ 来评价结构物的安全性。$L(t)$ 可用危险函数 $f(\tau)$ 表示为：

$$L(t) = L(0)\exp\left[-\int_0^1 f(\tau)\mathrm{d}\tau\right] \tag{1-4}$$

在静态可靠性分析中，20世纪60年代中期，洪华生根据弗劳任脱的基本思想，提出了把各种不确定因素分为客观不确定因素与主观不确定因素的广义可靠性理论。当以 $Z=R-S$ 作为失效条件时，引入修正系数 N，则失效概率可用下式给出：

$$p_f = P[R-S] = P[N_R\hat{R} < N_S\hat{S}] \tag{1-5}$$

其中 N_R、N_S 表示把 R、S 模型化为随机变量时产生的误差。这里，客观不确定性用 $\hat{R}$、$\hat{S}$ 表示，主观不确定性用 N_R、N_S 表示。这样便使失效概率对分布形式的敏感性变得和缓。

几乎与洪华生提出广义可靠性理论的同时，柯涅尔（Cornell）考虑积累数据

和确定变量的概率密度之困难，提出了只用均值、方差（标准差或变异系数）表示变量的概率统计性质，不考虑分布形式评价结构可靠性的二阶矩法。作为评价安全性的标准，这种方法不是使用失效概率，而是使用失效条件 Z 的变异系数的倒数所定义的可靠指标 β。当 $Z=R-S$ 时，则可靠指标

$$\beta=\frac{\mu_z}{\sigma_z}=(\mu_R-\mu_S)/\sqrt{\sigma_R^2+\sigma_S^2} \tag{1-6}$$

式中 μ_z——安全裕方程的均值；

σ_z——安全裕方程的标准值；

μ_R——抗力的均值；

σ_R——抗力的标准值；

μ_S——荷载的均值；

σ_S——荷载的标准差。

与此相类似，罗森布鲁斯（Rosenblueh）和埃斯特伐（Esteva）提出了基于 $Z=\ln(R/S)$ 的可靠指标，即

$$\beta=\frac{\mu_{\ln z}}{\sigma_{\ln z}}=\ln(\mu_R-\mu_S)/\sqrt{CV_R^2+CV_S^2}$$

其中 CV 表示变异系数。之后洪华生和柯涅尔又分别发表了一些研究成果。

林德等为解决柯涅尔、罗森布鲁斯及埃斯特伐的初期可靠指标存在的不变性问题及由于线性化而使精度降低等问题，提出了改进一次二阶矩法（AFOSM）。为了克服二阶矩法的缺点，在广义可靠性理论中，欧洲学者又提出了一种称为 FOM（Full Oistribution）的方法。

除了设计思想与方法论，可靠性分析在设计上应用的研究也都在继续发展。广义可靠性理论及一次二阶矩法是从实用角度提出的方法。现在人们已深刻认识到在结构设计中对不确定因素采用概率统计的处理方法的必要性，同时力图把可靠性分析方法直接反映到实际设计中去。世界各国都以可靠性分析理论为基础，着手制定更加合理的结构设计规范。就船舶及海洋工程界而言，挪威及法国船级社、美国石油工业部门已先后采用了以结构可靠性理论制定的海上平台设计规范或标准。另外英国的劳氏船级社（LR）、美国船舶局（ABS）、中国船级社（CCS）等，也正着手研究可靠性方法在船舶建造规范中的应用问题。

通常，在结构设计中直接应用的可靠性分析的计算公式，都假定荷载不随时间变化，即都是以静态可靠性分析为基础的。但是，对于像海洋工程结构物与船舶结构等使用期限长的结构物，时间因素的影响就非常重要了。所以，研究荷载、能力随时间的变动对安全性的影响是非常必要的。这种随时间变动的特性，也是以可靠指标的形式予以考虑的，即把变动特性与静态分析求得的公式结合起来。结构能力随时间的变化，主要是由于腐蚀与疲劳引起的。但是这种变动性与荷载随时间的变动性相比是较小的，在很多情况下是可以忽略的。而在荷载随时间的变动中，最重要的问题是如何正确地评价各种荷载的组合问题。这是一个非常重要而又困难的问题。目前还没有找到一个既简单而精度又很高的计算办法。这是今后着重研究的重要课题。

第2章 结构可靠性的基本原理

船舶及海洋工程结构物等工程设计都具有要求与能力两个方面。这两个方面都具有不确定性。设计的目的，就是在一定的经济条件下和规定的时间内，使具有不确定性的能力，能在一定的概率保证下满足不确定性的要求。例如，船舶承受的波浪荷载就是要求；而船舶本身的各种抗力，由于材料性能和构件尺寸具有不确定性，因而抗力也具有不确定性。抗力就是能力。如果船舶在规定的使用时间内，在一定的概率下，能力能抵抗荷载的作用，它就是安全的，即船舶处于保持正常功能状态，反之则处于失效状态。如前所述，评价结构物是处于保持正常功能状态还是处于失效状态的标志是极限状态。

对结构物进行可靠性分析时，必须首先找出赖以进行分析的极限状态。为此就要讨论结构系统或构件的失效模式，然后按所定义的极限状态确定极值荷载和临界强度，并求得相应的失效概率、可靠度及可靠指标等。

本章按上述思路介绍结构可靠性理论的基本原理。

2.1 极限状态及其描述

评价结构物是处于保持正常功能状态还是处于失效状态的标志是极限状态。极限状态是多种多样的，它根据结构物的种类、使用目的及使用方式不同而异。就是对于同一极限状态，失效模式也是不同的。但概括而言，极限状态有如下三种。

2.1.1 最终极限状态

此种极限状态对应于结构物的最大承载能力，主要包括如下几种。

1. 屈服失效

这是指在弹性分析中，结构某些点的应力超过或达到材料的屈服强度的失效状态。极限状态是所有钢结构都必须考虑的。

2. 屈曲失效（弹性或塑性）

这是指结构系统中的受压构件在达到某一临界值时不能再保持原有平衡位置的失效状态。目前各国的规范及标准中都考虑了这一极限状态。但由于对屈曲的理解存在分歧，所以还不能对这种状态进行满意的分析。

3. 机构失效（塑性分析的最终强度）

这是假定结构的材料处于理想刚塑性或理想弹性状态情况下，当结构中一些构件截面进入全塑性状态，形成塑性铰，最后由于塑性铰的数目达到一临界值，使结构变成几何可变机构，变形无限增加而引起的失效状态。

4. 疲劳失效

这是在结构物的长期服务过程中，由于应力的循环变化，使损伤积累而引起的结构系统或构件破坏的失效状态。

5. 开裂失效

这是仅针对混凝土结构而有的失效状态。它相应于混凝土结构临界截面产生开裂和有超量变形。

2.1.2 可服务性极限状态

这种极限状态对应于正常持续使用的承载能力，包括下述几种失效状态。

1. 局部失效

当结构系统中出现若干局部损伤而导致构件腐蚀时，就认为结构达到了极限状态。

2. 超变形失效

这是指在正常工作条件下，结构变形超过规定值而影响结构有效性的一种失效状态。

3. 振动失效

如果因结构物的振动响应（如加速度、振幅和噪声等）使人体感到不舒适或使结构与设备失去有效性，便认为达到了极限状态。

由于可服务性极限状态不导致整个结构系统完全失效，所以对其规定不十分严格，只要求在结构设计时尽量避免达到这种极限状态。

2.1.3 条件性极限状态

这是在某些特殊场合下，结构发生局部破损而导致人员伤亡或环境严重破坏的失效状态。此种失效状态的发生具有极大的偶然性，难于考虑，在一般的可靠性分析中不予讨论。

上面列举的一系列极限状态都可用极限状态函数（失效函数）描述。

设与结构可靠性分析有关的一组随机变量为 X。X 包括构件的几何尺寸、材料强度及荷载效应等，即

$$X=[X_1 \quad X_2 \quad \cdots \quad X_n] \tag{2-1}$$

其中 X_i （$i=1$，2，…，n）是第 i 个随机变量。设 X 的一个现实为 x，即

$$x=[x_1 \quad x_2 \quad \cdots \quad x_n]$$

X 构成一个 n 维空间，而 x 就是 n 维基本变量空间中的一个点。

针对上述基本随机变量 X，可以建立起表示这 n 个基本随机变量关系的极限状态函数为：

$$Z=g(X_1,X_2,\cdots,X_n) \tag{2-2}$$

它又称为安全裕度，而

$$Z=g(X_1,X_2,\cdots,X_n)=0 \tag{2-3}$$

称为安全裕度方程。它在 n 维基本变量空间内确定了一个（$n-1$）维的超曲面，称为所讨论情况下的失效界面。它把所有可能引起失效的 X 的组合与不引起失

效的组合分开来。

设安全裕度仅与结构能力 R、荷载效应 S 两个随机变量有关，则判断结构是否可靠的安全裕度 Z 可用下式表示：

$$Z=g(R,S)=R-S \tag{2-4}$$

当 $Z>0$ 时，结构处于可靠状态；当 $Z<0$ 时，结构处于失效状态；当 $Z=0$ 时，结构处于极限状态，即

$$Z=g(R,S)=R-S=0 \tag{2-5}$$

为安全裕度方程。图 2-1 对上述内容进行了清楚的描述。

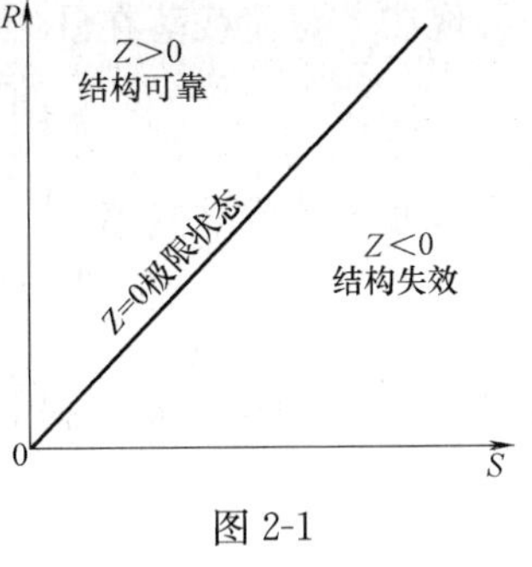

图 2-1

2.2　结构的可靠度与失效概率

结构的可靠度与失效概率是结构可靠性理论中的两个重要概念，在实践中它们又是可靠性的重要指标。

结构可靠度的定义是：结构在规定时间和规定条件下，完成规定功能的概率，以 p_r 表示。而结构不能完成规定功能的概率，称为失效概率，以 p_f 表示。p_r 与 p_f 都能用来度量结构的可靠性，但习惯选用 p_f 度量。p_f 大，可靠性低；p_f 小，可靠性高。

如上节所述，评价结构安全与否的衡准是安全裕度 Z。当 $Z<0$ 时，结构处于失效状态；$Z>0$ 时，结构处于可靠状态。因此，$Z<0$ 的事件的概率就是结构的失效概率；而 $Z>0$ 的事件的概率就是结构的可靠度。如果以随机变量 R 代表能力，以随机变量 S 代表荷载，则

$$p_r=P[Z=R-S>0] \tag{2-6}$$

$$p_f=P[Z=R-S<0] \tag{2-7}$$

显然，p_r 与 p_f 有互补关系：

$$p_r+p_f=1 \tag{2-8}$$

如果 R 与 S 是连续型随机变量，它们的概率密度函数分别为 $f_R(r)$ 和 $f_S(s)$，则可通过应力—强度干涉理论求解 p_r 与 p_f。图 2-2 中的两条曲线出现相互重叠的情况。这种现象称为干涉。在重叠区内，如果 $R>S$，则意味安全；如果 $R<S$，则意味失效。下面应用不同分布的干涉理论，求解 p_r 与 p_f。

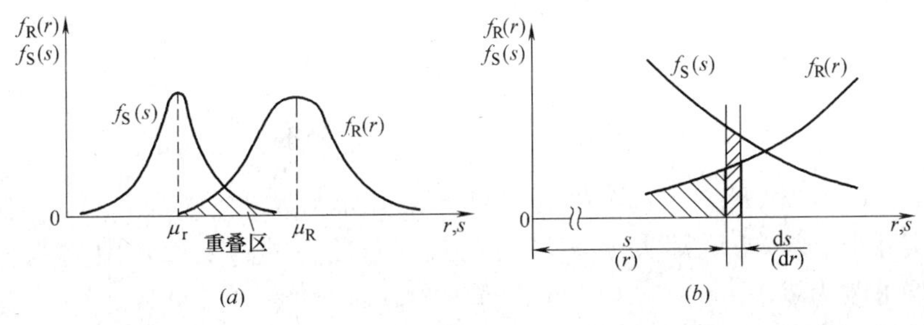

图 2-2

2.2.1 求解 p_r 与 p_f 的一般公式

现在考虑荷载落在 ds 区间内的概率（图 2-2b）：

$$P\left[s-\frac{\mathrm{d}s}{2}\leqslant S\leqslant s+\frac{\mathrm{d}s}{2}\right]=f_S(s)\mathrm{d}s$$

而能力大于荷载的概率：

$$P[R>S]=\int_S^{\infty}f_R(r)\mathrm{d}r$$

假设 R 与 S 相互独立，则上两式的事件同时发生的概率：

$$f_S(s)\mathrm{d}s\int f_R(r)\mathrm{d}r$$

由于可靠度对全区间所有可能的 S 均成立，故可靠度：

$$p_r=\int_{-\infty}^{\infty}f_S(s)\left[\int_S^{\infty}f_R(r)\mathrm{d}r\right]\mathrm{d}s \tag{2-9}$$

当然，也可以先考虑 R 落在 dr 区间内的概率：

$$P\left[r-\frac{\mathrm{d}r}{2}\leqslant R\leqslant r+\frac{\mathrm{d}r}{2}\right]=f_R(r)\mathrm{d}r$$

则荷载小于能力的概率：

$$P[S<R]=\int_{-\infty}^{r}f_S(s)\mathrm{d}s$$

若上两式的事件同时发生，并对 R 在全区间内考虑，则有：

$$p_r=\int_{-\infty}^{\infty}f_R(r)\left[\int_{-\infty}^{r}f_S(s)\mathrm{d}s\right]\mathrm{d}r \tag{2-10}$$

如果在两个随机变量中，已知其中一个概率密度函数和另一个的分布函数，则可应用式（2-11）及式（2-12）计算失效概率。

由式（2-8）和式（2-9），可有失效概率：

$$\begin{aligned}p_f=1-p_r&=1-\int_{-\infty}^{\infty}f_S(s)\left[\int_S^{\infty}f_R(r)\mathrm{d}r\right]\mathrm{d}s\\&=1-\int_{-\infty}^{\infty}f_S(s)[1-F_R(s)]\mathrm{d}s\\&=\int_{-\infty}^{\infty}F_R(s)f_S(s)\mathrm{d}s\end{aligned} \tag{2-11}$$

类似地，由式（2-8）和式（2-10），可有失效概率：

$$\begin{aligned}p_f&=1-\int_{-\infty}^{\infty}f_R(r)\left[\int_{-\infty}^{r}f_S(s)\mathrm{d}s\right]\mathrm{d}r\\&=1-\int_{-\infty}^{\infty}f_R(r)F_S(r)\mathrm{d}r\\&=\int_{-\infty}^{\infty}[1-F_S(r)]f_R(r)\mathrm{d}r\end{aligned} \tag{2-12}$$

式中的 F_R（·）和 F_S（·）分别为 R 和 S 的分布函数。

在实际中，R 与 S 都大于零，故在式（2-9）～式（2-12）中的积分下限($-\infty$)均可改为零。

分析图 2-2 可知，结构失效概率的大小与 $f_R(r)$ 及 $f_S(s)$ 两条曲线重叠区的大小有关。重叠区越小则 p_f 越小；反之，重叠区越大则 p_f 越大。曲线 $f_R(r)$ 与 $f_S(s)$ 的相对位置可以用它们各自均值的 $SF=\mu_R/\mu_S$ 衡量。SF 称为中心安全系数。而重叠区的大小也与 $f_R(r)$ 和 $f_S(s)$ 的离散程度有关。如图 2-3 所示，曲线 $f_{R1}(r)$ 及 $f_{R2}(r)$ 虽有相同的均值，但由于离散程度不同，故它们与曲线 $f_S(s)$ 的重叠区大小也不同。因此，p_f 也将不同。各曲线的离散程度可用各自的变异系数表示：

$$CV_R=\sigma_R/\mu_R$$

$$CV_S=\sigma_S/\mu_S$$

其中 σ 是标准差。由此可知，p_f 是 σ_R、σ_S 与 μ_R/μ_S 的函数。

在式（2-9）、式（2-12）的推导过程中，曾假定 R 与 S 是统计独立的。但在一般情况下，它们是相关的，其联合概率密度函数为 f_{RS}（r，s），此时，有

$$p_f=\int_0^{\infty}\int_0^{s}f_{RS}(r,s)\mathrm{d}r\mathrm{d}s \tag{2-13}$$

$$=\int_0^{\infty}\int_r^{\infty}f_{RS}(r,s)\mathrm{d}s\mathrm{d}r \tag{2-14}$$

因为 R 与 S 都是随机变量，所以安全裕度 Z 也是随机变量，其概率密度函数为 $f_Z(z)$。由前述可知，$Z<0$ 时，结构处于失效状态；$Z>0$ 时，则结构处于可靠状态。显然结构的失效概率可表达为：

$$p_f=\int_{-\infty}^{0}f_Z(z)\mathrm{d}z=F_Z(0) \tag{2-15}$$

上式可用图 2-4 中的阴影面积表示，非阴影面积为 p_r。

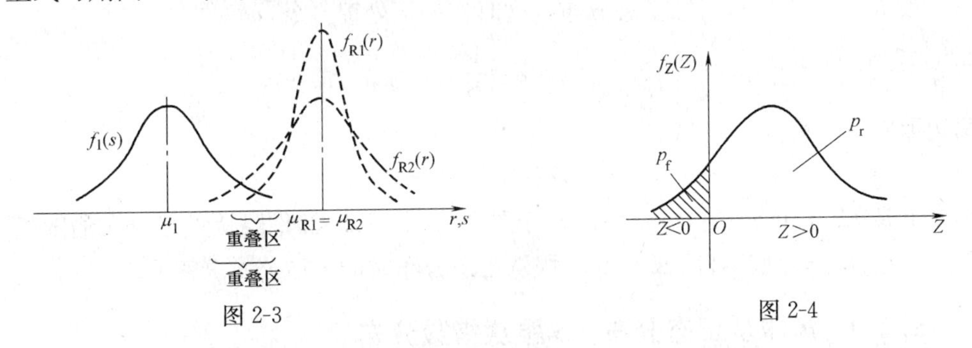

图 2-3　　图 2-4

前面应用应力—强度模型干涉理论推导出求解结构可靠度与失效概率的一般公式。为了应用方便，下面给出一些 R 与 S 服从某种具体分布时的干涉公式。

2.2.2　*R* 与 *S* 都服从正态分布

因 R 与 S 都服从正态分布，则有

$$f_R(r)=\frac{1}{\sqrt{2\pi}\sigma_R}\exp\left[-\frac{(r-\mu_R)^2}{2\sigma_R^2}\right]$$

$$f_S(s)=\frac{1}{\sqrt{2\pi}\sigma_S}\exp\left[-\frac{(s-\mu_S)^2}{2\sigma_S^2}\right]$$

由于 $Z=R-S$ 也是正态随机变量，故 Z 的概率密度函数：

$$f_Z(z)=\frac{1}{\sqrt{2\pi}\sigma_Z}\exp\left[\frac{(z-\mu_Z)^2}{2\sigma_Z^2}\right] \tag{2-16}$$

式中 $\mu_Z=\mu_R-\mu_S, \sigma_z=\sqrt{\sigma_R^2+\sigma_S^2}$

由式（2-15），失效概率：

$$p_f=\int_{-\infty}^{0}f_Z(z)dz=\int_{-\infty}^{0}\frac{1}{\sqrt{2\pi}\sigma_Z}\exp\left[-\frac{(z-\mu_Z)^2}{2\sigma_Z^2}\right]dz \tag{2-17}$$

可靠度

$$p_r=\int_{0}^{\infty}f_Z(z)dz=\int_{0}^{\infty}\frac{1}{\sqrt{2\pi}\sigma_Z}\exp\left[-\frac{(z-\mu_Z)^2}{2\sigma_Z^2}\right]dz \tag{2-18}$$

进一步引入标准化正态变量 u，有

$$u=\frac{Z-\mu_Z}{\sigma_Z} \tag{2-19}$$

又 $dz=\sigma_Z du$，于是 $Z=-\infty$时，$u=-\infty$；$Z=0$ 时，$u=-\mu_Z/\sigma_Z$。由此可得：

$$p_f=\int_{-\infty}^{-\mu_Z/\sigma_Z}\frac{1}{\sqrt{2\pi}}\exp\left[-\frac{u^2}{2}\right]du \tag{2-20}$$

$$p_f=\int_{-\mu_Z/\sigma_Z}^{\infty}\frac{1}{\sqrt{2\pi}}\exp\left[-\frac{u^2}{2}\right]du \tag{2-21}$$

2.2.3 *R* 与 *S* 都服从对数正态分布

设 R 与 S 都服从对数正态分布，这时作如下处理。令

$$Z=\frac{R}{S}$$

两边取对数，有

$$\ln Z=\ln R-\ln S$$

再令 $\ln R=R_1$，$\ln S=S_1$，$\ln Z=Z_1$，于是 R_1、S_1、Z_1 都是服从正态分布的随机变量。这样本问题就可用 R 与 S 都服从正态分布时的干涉公式求解了。

2.2.4 *R* 服从正态分布，*S* 服从指数分布

R 的概率密度函数

$$f_R(r)=\frac{1}{\sqrt{2\pi}\sigma_R}\exp\left[-\frac{(r-\mu_R)^2}{2\sigma_R^2}\right]$$

S 的概率密度函数

$$f_S(s)=\lambda\exp(-\lambda s)$$

利用式（2-10），则有

$$\begin{aligned}p_r&=\int_{0}^{\infty}f_R(r)\left[\int_{0}^{r}f_S(s)ds\right]dr\\&=\int_{0}^{\infty}\frac{1}{\sqrt{2\pi}\sigma_R}\exp\left[-\frac{(r-\mu_R)^2}{2\sigma_R^2}\right]\left[\int_{0}^{r}\lambda\exp(-\lambda s)ds\right]dr\end{aligned}$$

$$= \int_0^{\infty} \frac{1}{\sqrt{2\pi}\sigma_R} \exp\left[-\frac{(r-\mu_R)^2}{2\sigma_R^2}\right][1-\exp(-\lambda r)]dr$$

$$= \int_0^{\infty} \frac{1}{\sqrt{2\pi}\sigma_R} \exp\left[-\frac{(r-\mu_R)^2}{2\sigma_R^2}\right]dr - \exp\left(\frac{\lambda^2\sigma_R^2}{2}-\mu_R\lambda\right)\int_0^{\infty} \frac{1}{\sqrt{2\pi}\sigma_R}dr$$

$$\cdot \exp\left\{-\frac{[r-(\mu_R-\lambda\sigma_R^2)]^2}{2\sigma_R^2}\right\}$$

$$= \Phi(\infty) - \Phi\left(-\frac{\mu_R}{\sigma_R}\right) - \exp\left(\frac{\lambda^2\sigma_R^2}{2}-\mu_R\lambda\right)\times\left[\Phi(\infty)-\Phi\left(-\frac{\mu_R-\lambda\sigma_R^2}{\sigma_R}\right)\right] \tag{2-22}$$

【例 2-1】 设某一结构的构件材料强度服从正态分布，其中，$\mu_R=100\text{MPa}$，$\sigma_R=10\text{MPa}$，构件的应力服从指数分布，其中，$\mu_S=\sigma_S=50\text{MPa}$，求该构件的可靠度。

【解】 由式（2-22）可得：

$$p_r = 1-\Phi\left(-\frac{100}{10}\right) - \exp\left[\frac{1}{2}\left(\frac{1}{50}\times 10\right)^2 - 100\times\frac{1}{50}\right]\times\left[1-\Phi\left(-\frac{100-\frac{1}{50}\times 100}{10}\right)\right]$$

$$=0.86194$$

2.3 结构的可靠指标

用失效概率 p_f 度量结构的可靠性具有明显的物理意义。这样，能较好地反映问题的实质，因而为国际所公认。如前所述，计算 p_f 时要计算多维积分，比较困难。以二维情况为例，当 $f_R(r)$、$f_S(s)$ 和 $f_{RS}(r, s)$ 比较复杂时，一般难以通过上述干涉公式进行卷积计算，因而现有的国际标准及一些国家的标准都用可靠指标 β 来代替 p_f 度量结构的可靠性。同时由于 β 和 p_f 又有一一对应关系，所以得到广泛应用。前面提到的第二水平法就是以 β 评价结构可靠性的方法。

结构可靠指标 β 又称为安全指标或可靠性指数，它是结构可靠性分析中的又一重要概念。

2.3.1 可靠指标 β 的导出及其物理意义

对于可靠指标 β 及其物理意义的问题，现仍以具有两个统计独立的正态随机变量 R 和 S 的安全裕度 $Z=R-S$ 为例说明。

因为 R 和 S 分别服从 $N(\mu_R, \sigma_R^2)$ 和 $N(\mu_S, \sigma_S^2)$ 故 $Z=R-S$ 服从 $N(\mu_Z, \sigma_Z^2)$，其中，$\mu_Z=\mu_R-\mu_S$，$\sigma_Z=\sqrt{\sigma_R^2+\sigma_S^2}$。因而，$(Z-\mu_Z)/\sigma_Z$ 服从标准正态分布 $N(0, 1)$，故式（2-15）可写为：

$$p_f = F_Z(0) = \Phi\left(-\frac{\mu_Z}{\sigma_Z}\right) = 1-\Phi\left(\frac{\mu_Z}{\sigma_Z}\right) = 1-\Phi\left(\frac{\mu_R-\mu_S}{\sqrt{\sigma_R^2+\sigma_S^2}}\right) = \Phi\left(-\frac{\mu_R-\mu_S}{\sqrt{\sigma_R^2+\sigma_S^2}}\right) \tag{2-23}$$

$$p_r=1-p_f=\Phi\left(\frac{\mu_Z}{\sigma_Z}\right)=\Phi\left(\frac{\mu_R-\mu_S}{\sqrt{\sigma_R^2+\sigma_S^2}}\right) \tag{2-24}$$

比值 μ_Z/σ_Z 称为可靠指标，以 β 表示，即

$$\beta=\frac{\mu_Z}{\sigma_Z} \tag{2-25}$$

需要指出的是，式（2-25）虽然是在 R 与 S 服从正态分布的情况下导出的，但在实际工程中，不管 Z 服从什么分布，均可把可靠指标 β 作为评价结构可靠性的衡准。

由式（2-23）与式（2-24）可见，β 与 p_f 及 p_r 存在一一对应关系。表 2-1 给出了 β 与 p_f 对应关系。知道 β 后，就可求出 p_f。β 与 p_f 的关系也可用图 2-5 表示。

β 与 p_f 关系 **表 2-1**

β	0	0.67	1.00	1.28	1.65	2.33	3.10	3.70	4.25
p_f	0.50	0.25	0.16	0.10	0.05	0.01	10^{-3}	10^{-4}	10^{-5}

由于安全裕度 Z 的均值为 μ_Z，标准差为 σ_Z。根据 $\beta=\mu_Z/\sigma_Z$，可得到均值距坐标原点的距离为 $\beta\sigma_Z$ · Z 的概率密度函数落在原点左边的阴影部分，即 $Z<0$ 的概率为 p_f 值。由此图可见，β 增大，Z 的概率密度曲线右移，则 p_f 减小；β 减小，Z 的概率密度曲线左移，则 p_f 增大。只要 Z 的概率密度函数一定，则 β 与 p_f 的关系就可确定。

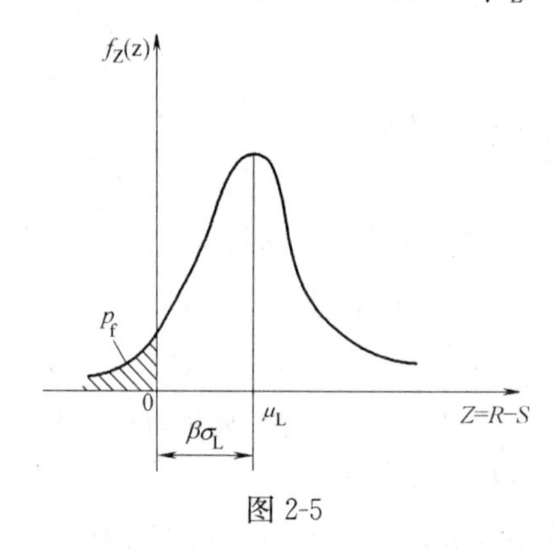

图 2-5

由定义可知，β 是反映 $f_R(r)$ 和 $f_S(s)$ 的相对位置（$\mu_Z=\mu_R-\mu_S$）和离散程度（$\sigma_z=\sqrt{\sigma_R^2+\sigma_S^2}$）的一个量，因而它能更全面地反映影响结构可靠性各种主要因素的变异性，这是传统的安全系数不能达到的。下面再说明 β 与 μ_Z 和 σ_Z 的关系。当 Z 的均值 μ_Z 增加或标准差 σ_Z 减小时，均使 β 值增加，p_f 值降低。也就是说，结构能力均值的加大、荷载效应均值的减小、结构能力与荷载效应变异性的减小均可使结构可靠指标增加，使结构失效概率减小，即可靠度提高。这与实际情况完全符合。所以，用 β 评价结构的可靠性，比用安全系数更科学、更合理。而且 β 与 p_f 有直接对应关系，并有与 p_f 相同的物理意义，加上计算简便，表示直观，因此具备作为可靠性度量的条件，从而得到广泛的应用。

上述 R 与 S 服从正态分布下的结构可靠指标 β 的计算公式，这个公式是美国学者柯涅尔 1969 年最先推导出来的。实际上，正态分布难以描述各种能力和荷载的随机分布。例如，强度不会出现正态分布中存在的负值。1972 年罗森布鲁斯和埃斯特伐提出了能力 R 与荷载效应 S 互相独立，并均服从对数正态分布情况下的可靠指标 β 的公式。

结构失效时 $Z=R-S<0$，即 $\frac{R}{S}<1$。取对数 $\ln\left(\frac{R}{S}\right)<\ln 1=0$，定义 $Z=\ln\left(\frac{R}{S}\right)<0$时结构失效。按前面的推导，$\ln R$ 与 $\ln S$ 相互独立且均服从正态分布。所以，有

$$\mu_Z=\mu_{\ln R}-\mu_{\ln S} \tag{2-26}$$

$$\sigma_z=\sqrt{\sigma_{\ln R}^2+\sigma_{\ln S}^2} \tag{2-27}$$

$$\beta=\frac{\mu_Z}{\sigma_Z}=\frac{\mu_{\ln R}-\mu_{\ln S}}{\sqrt{\sigma_{\ln R}^2+\sigma_{\ln S}^2}} \tag{2-28}$$

按对数正态分布的性质，设 R 与 S 的变异系数分别为 CV_R 与 CV_S，则有

$$\sigma_R^2=\mu_R^2[\exp(\sigma_{\ln R}^2)-1]$$

$$CV_R^2=\frac{\sigma_R^2}{\mu_R^2}=\exp(\sigma_{\ln R}^2)-1$$

可得

$$\sigma_{\ln R}^2=\ln(1+CV_R^2)$$

同理有

$$\sigma_{\ln S}^2=\ln(1+CV_S^2)$$

由 $\mu_R=\exp\left[\mu_{\ln R}+\frac{1}{2}\sigma_{\ln R}^2\right]$ 两边取对数，可得 $\ln\mu_R=\mu_{\ln R}+\frac{1}{2}\sigma_{\ln R}^2$，于是可得

$$\begin{aligned}\mu_{\ln R}&=\ln\mu_R-\frac{1}{2}\sigma_{\ln R}^2\\&=\ln\mu_R-\ln(1+CV_R^2)^{1/2}\end{aligned}$$

同理，有

$$\mu_{\ln S}=\ln\mu_S-\ln(1+CV_S^2)^{1/2}$$

由此得

$$\begin{aligned}\beta&=\frac{\mu_{\ln R}-\mu_{\ln S}}{\sqrt{\sigma_{\ln R}^2+\sigma_{\ln S}^2}}\\&=\frac{[\ln\mu_R-\ln(1+CV_R^2)^{1/2}]-[\ln\mu_S-\ln(1+CV_S^2)^{1/2}]}{\sqrt{\ln(1+CV_R^2)+\ln(1+CV_S^2)}}\\&=\frac{\ln\left[\frac{\mu_R}{\mu_S}\left(\frac{1+CV_S^2}{1+CV_R^2}\right)^{1/2}\right]}{\sqrt{\ln(1+CV_R^2)+\ln(1+CV_S^2)}}\end{aligned}$$

进而可以按 $p_f=1-\Phi(\beta)$ 确定 R 与 S 均服从对数正态分布下的结构失效概率。

上述 $\beta=\mu_Z/\sigma_Z$ 的定义称为初期可靠指标。虽然它已应用于实际设计规范，但仍然存在缺点。当荷载和能力不是正态或对数正态分布时，就无法考虑各变量的真实分布，而且只能用于线性的安全裕度方程，难以考虑多个变量的各种组合。因此，人们为解决上述矛盾，又对 β 作了进一步定义。

2.3.2　β 的几何意义及哈索弗—林德的可靠指标

现讨论可靠指标 β 的几何意义。为简单起见，仍以只有两个独立随机变量 R 与 S

的二维情况入手。它们的均值与标准差分别为μ_R、μ_S与σ_R、σ_S。安全裕度方程为：

$$Z=R-S=0 \tag{2-29}$$

将R与S作标准化变换，即映射到标准化坐标系中，标准化变量分别为：

$$\left.\begin{aligned}U_R&=(R-\mu_R)/\sigma_R\\U_S&=(S-\mu_S)/\sigma_S\end{aligned}\right\} \tag{2-30}$$

由此可得

$$\left.\begin{aligned}R&=\sigma_R U_R+\mu_R\\S&=\sigma_S U_S+\mu_S\end{aligned}\right\} \tag{2-31}$$

将式（2-31）代入式（2-29），可得安全裕度方程为：

$$U_R\sigma_R-U_S\sigma_S+\mu_R-\mu_S=0 \tag{2-32}$$

式（2-32）还可以用直角坐标系中直线的法线式表示为：

$$U_R\cos\theta_{U_R}-U_S\cos\theta_{U_S}-\overline{OP}=0 \tag{2-33}$$

法线$\overline{OP}$与各坐标向量的方向余弦为：

$$\left.\begin{aligned}\cos\theta_{U_R}&=\frac{-\sigma_R}{\sqrt{\sigma_R^2+\sigma_S^2}}\\\cos\theta_{U_S}&=\frac{-\sigma_S}{\sqrt{\sigma_R^2+\sigma_S^2}}\end{aligned}\right\} \tag{2-34}$$

将式（2-32）中各项均除以$-\sqrt{\sigma_R^2+\sigma_S^2}$，并考虑式（2-34）的关系，可得

$$U_R\cos\theta_{U_S}-U_S\cos\theta_S-\frac{\mu_R-\mu_S}{\sqrt{\sigma_R^2+\sigma_S^2}}=0 \tag{2-35}$$

比较式（2-33）与式（2-35），可知

$$\overline{OP}=\frac{\mu_R-\mu_S}{\sqrt{\sigma_R^2+\sigma_S^2}}=\beta \tag{2-36}$$

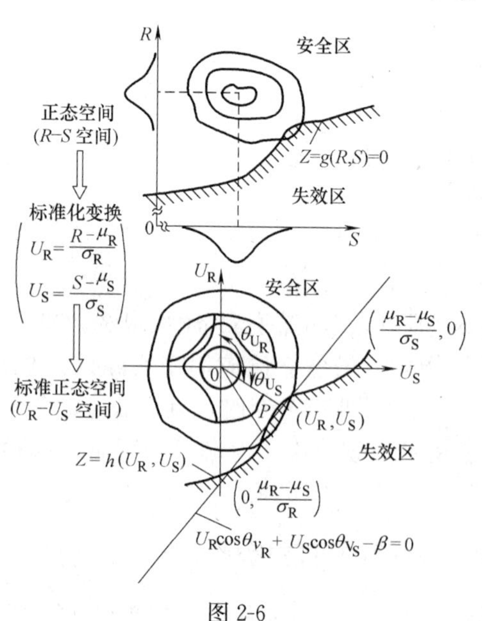

图 2-6

由此可知，在标准化坐标系中，β的几何意义是自原点至失效界面的垂直距离（最短距离）。利用这个特性，哈索弗和林德对β又重新作了定义："在标准化坐标系中，从原点到失效界面的最短距离称为结构的可靠指标。"图 2-6 描述了上述变换过程。其中的P点称为设计验算点。

这样定义的可靠指标是和失效界面相联系的，且所有相当的安全裕度形成同一失效界面。于是，可以得到安全裕度不变的可靠性度量。

以上介绍了可靠性分析中的若干基本概念，并讨论了简单情况下的结构可靠指标的计算方法，下面把这些

基本概念扩展到比较复杂情况下的可靠指标的计算上，并重点放在可靠指标的实用计算方法——第二水平法。这种方法在结构特别是构件的可靠性分析上，已进入实用阶段。

通过前面的分析知道，影响结构可靠性的因素多而且复杂，有些因素在目前还很难用概率统计方法较准确地描述，即很难建立起它们的概率密度函数。但是，在通常情况下，随机变量的一阶矩（均值）和二阶矩（方差）是容易确定的。于是，在随机变量的分布尚不清楚的情况下，通过只有均值与标准差作统计参数的数学模型，求解结构可靠指标的方法，即一次二阶矩方法，引起了人们广泛的注意。这种方法已成为结构静态可靠性分析的基本方法。

设影响结构可靠性的基本随机变量为 $X=(X_1, X_2, \cdots, X_n)$，则对应的安全裕度为：

$$Z=g(X)=g(X_1,X_2,\cdots,X_n) \tag{2-37}$$

安全裕度方程为：

$$Z=g(X)=g(X_1,X_2,\cdots,X_n)=0 \tag{2-38}$$

把安全裕度 $g(X)$ 在某一点 $X_0=(X_1, X_2, \cdots, X_n)$ 处进行泰勒级数展开，且忽略掉二次以上的项，则得

$$Z=g(X_{0_1},X_{0_2},\cdots,X_{0_n})+\sum_{i=1}^{n}(X_i-X_{0_i})\left.\frac{\partial g}{\partial X_i}\right|_{X_{0_i}} \tag{2-39}$$

这是线性化后的安全裕度公式。x_{0_i} 点称为线性化点。根据线性化点 x_{0_i} 选择方法的不同，一次二阶矩法又分为均值一次二阶矩法和改进一次二阶矩法。

2.4　均值一次二阶矩法（FOSM）

均值一次二阶矩法是把线性化点 x_{0_i} 取在基本随机变量 X_i 的均值点 $\mu_{x_i}=\mu_{x_1}$，μ_{x_2}，…，μ_{x_n} 上，于是安全裕度为：

$$Z=g(\mu_{x_1},\mu_{x_2},\cdots,\mu_{x_n})+\sum_{i=1}^{n}(X_i-\mu_{x_i})\left.\frac{\partial g}{\partial X_i}\right|_{\mu_{X_i}} \tag{2-40}$$

对式（2-40）分别取均值和方差得：

$$\mu_Z=g(\mu_{X_1},\mu_{X_2},\cdots,\mu_{X_n}) \tag{2-41}$$

$$\sigma_Z^2=\sum_{i=1}^{n}\sigma_{X_i}^2\left(\left.\frac{\partial g}{\partial X_i}\right|_{\mu_{X_i}}\right)^2+\sum_{i=1}^{n}\sum_{i=1}^{n}\mathrm{cov}(X_i,X_j)\left.\frac{\partial g}{\partial X_i}\right|_{\mu_{X_i}}\left.\frac{\partial g}{\partial X_j}\right|_{\mu_{X_j}} \tag{2-42}$$

式中　$\mathrm{cov}(X_i, X_j)$ ——X_i 与 X_j 的协方差。

如果 X_i 与 X_j 对所有 i 与 j 都是互不相关的，则式（2-42）可简化为：

$$\sigma_Z^2=\sum_{i=1}^{n}\sigma_{X_i}^2\left(\left.\frac{\partial g}{\partial X_i}\right|_{\mu_{X_i}}\right)^2 \tag{2-43}$$

可靠指标

$$\beta=\frac{\mu_Z}{\sigma_Z} \tag{2-44}$$

下面举例说明均值一次二阶矩法的应用并讨论其存在的问题。

【例 2-2】 设圆形截面拉杆承受的拉力 P 为确定值，$P=100.0\text{kN}$，拉杆材料的屈服强度 σ_y 及直径 d 为互不相关的随机变量，它们的均值与标准差为：

$$\mu_{\sigma_y}=290.0\text{MPa},\ \sigma_{\sigma_y}=25.0\text{MPa}$$

$$\mu_d=3\times10^{-2}\text{m},\ \sigma_d=3\times10^{-3}\text{m}$$

求此拉杆的可靠指标 β 及失效概率。

【解】 (1) 建立用荷载表示的安全裕度

$$Z=g(\sigma_y,d)=\frac{\pi}{4}d^2\sigma_y-P$$

线性化的安全裕度为：

$$Z=g(\sigma_y,d)=\left(\frac{\pi}{4}\mu_d^2\mu_{\sigma_y}-P\right)+(d-\mu_d)\left.\frac{\partial g}{\partial d}\right|_{\mu_{X_i}}+(\sigma_y-\mu_{\sigma_y})\left.\frac{\partial g}{\partial \sigma_y}\right|_{\mu_{X_i}}$$

式中

$$\left.\frac{\partial g}{\partial d}\right|_{\mu_{X_i}}=\frac{\pi}{2}\mu_d\mu_{\sigma_y}$$

$$\left.\frac{\partial g}{\partial_{\sigma_y}}\right|_{\mu_{X_i}}=\frac{\pi}{4}\mu_d^2$$

根据式 (2-41) 及式 (2-43)，有

$$\mu_Z=\frac{\pi}{4}\mu_d^2\mu_{\sigma_y}-P=1049.9\times10^2\text{N}$$

$$\sigma_Z=\sqrt{\sigma_{\sigma_y}^2\left(\left.\frac{\partial g}{\partial\sigma_y}\right|_{\mu_{X_i}}\right)^2+\sigma_d^2\left(\left.\frac{\partial g}{\partial\sigma_y}\right|_{\mu_{X_i}}\right)^2}$$

$$=\sqrt{\sigma_{\sigma_y}^2\left(\frac{\pi}{4}\mu_d^2\right)^2+\sigma_d^2\left(\frac{\pi}{2}\mu_d\mu_{\sigma_y}\right)^2}$$

$$=446.4\times10^2N$$

可靠指标

$$\beta=\frac{\mu_Z}{\sigma_Z}=\frac{1049.9}{446.4}=2.35$$

则失效概率

$$p_f=1-\Phi(2.35)=1-0.9906=0.0094$$

(2) 建立用应力表示的安全裕度

$$Z=g(\sigma_y,d)=\sigma_y-\frac{4P}{\pi d^2}$$

可得 $\beta=3.93$，$p_f=0.0001$。

从上计算可知，对于同一问题，所取的安全裕度不同，可靠指标的差别很大。这是均值一次二阶矩法存在的严重问题。为了克服此项缺点，人们提出了改进的一次二阶矩法。

2.5 改进的一次二阶矩法 (AFOSM)

由于均值一次二阶矩法是在均值点附近把极限状态函数展开为泰勒级数，因

此产生两方面问题。当极限状态函数即安全裕度为非线性函数时，因进行线性化处理，略去泰勒级数中二次以上的项产生的误差，将随线性化点即均值点 μ_{X_i} 至随机变量点 X_i（$i=1，2，\cdots，n$）的距离增加而增大。这是因为在极限状态时，X_i 在极限状态曲面即失效界面 $g(X)=0$ 上，而均值点 μ_{X_i} 一般位于可靠区内，因而可能使结果有相当大的误差。

另外，对于同一问题，采用不同的极限状态函数，将得出不同的可靠指标。

当把线性化点选在位于失效面（即极限状态曲面）并具有最大可能失效概率的点上，在很大程度上可克服均值一次二阶矩法存在的问题。本节将介绍改进的一次二阶矩法。

2.5.1　两个随机变量的情况

设影响结构可靠性的随机变量 X 和 Y 互不相关，概率分布未知，但仅知道它们的均值与方差，引入标准化变量

$$\left.\begin{aligned} U_X &= \frac{X-\mu_X}{\sigma_X} \\ U_Y &= \frac{Y-\mu_Y}{\sigma_Y} \end{aligned}\right\} \tag{2-45}$$

如图 2-7 所示，在 U_X 和 U_Y 平面上作出极限状态 $Z=X-Y$ 的直线（称为失效线）。该直线把平面分为 $Z<0$ 失效状态及 $Z>0$ 可靠状态两部分。安全裕度方程为：

$$\sigma_X U_X - \sigma_Y U_Y + \mu_X - \mu_Y = 0$$

由 2.3 节可知，标准化坐标系原点至该直线的最短距离 $\overline{OP}$（图 2-7）为可靠指标：

$$\beta = \frac{\mu_X - \mu_Y}{\sqrt{\sigma_X^2 + \sigma_Y^2}} \tag{2-46}$$

进而可求得失效概率 $p_f = 1 - \Phi(\beta)$。

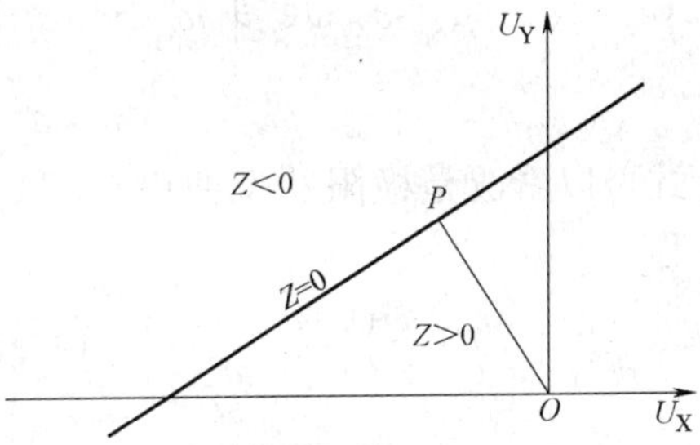

图 2-7

2.5.2　多个随机变量的情况

设影响结构可靠性的基本随机变量 X_1，X_2，…，X_n 是互不相关且服从正态分布，其安全裕度方程为：

$$Z = g(X_1, X_2, \cdots, X_n) = 0 \tag{2-47}$$

作标准化变换，有

$$U_{X_i} = \frac{X_i - \mu_{X_i}}{\sigma_{X_i}} \qquad (i=1,2,\cdots,n) \tag{2-48}$$

式中　μ_{X_i}——基本随机变量 X_i 的均值及标准差；

U_{X_i}——标准正态变量。

将安全裕度方程（2-47）转换为标准化正态坐标系中的安全裕度方程

$$Z = g(\sigma_{X_1} U_{X_1} + \mu_{X_1}, \sigma_{X_2} U_{X_2} + \mu_{X_2}, \cdots, \sigma_{X_n} U_{X_n} + \mu_{X_n}, \cdots) = 0 \tag{2-49}$$

此方程表示图 2-8 中的极限状态曲面。

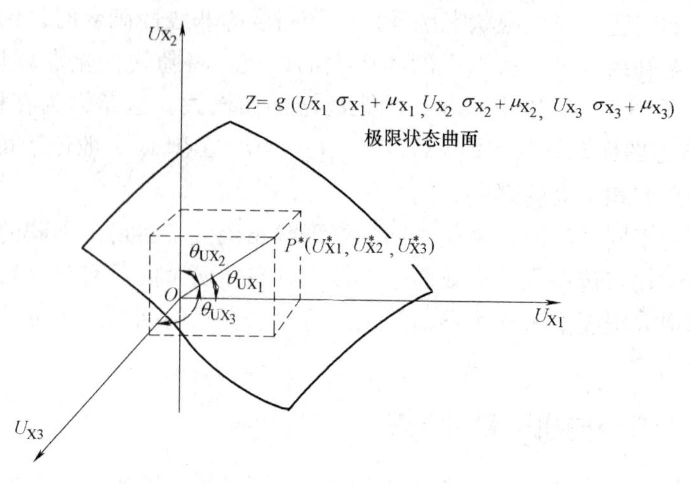

图 2-8

设坐标原点到极限状态曲面（式 2-49）的最短距离为 OP^*。P^* 点的坐标为 $(U_{X_1}^*, U_{X_2}^*, \cdots, U_{X_n}^*)$。现将与安全裕度方程式（2-49）相对应的极限状态函数（安全裕度）在 P^* 点展开成泰勒级数，且略去二次以上的项，得

$$Z \approx g(\sigma_{X_1}U_{X_1}+\mu_{X_1},\sigma_{X_2}U_{X_2}+\mu_{X_2},\cdots,\sigma_{X_n}U_{X_n}+\mu_{X_n})+\sum_{i=1}^{n}(U_{X_i}-U_{X_i}^*)\left.\frac{\partial g}{\partial U_{X_i}}\right|_{P^*} \tag{2-50}$$

令其为零，即

$$g(\sigma_{X_1}U_{X_1}+\mu_{X_1},\sigma_{X_2}U_{X_2}+\mu_{X_2},\cdots,\sigma_{X_n}U_{X_n}+\mu_{X_n})+\sum_{i=1}^{n}(U_{X_i}-U_{X_i}^*)\left.\frac{\partial g}{\partial U_{X_i}}\right|_{P^*}=0 \tag{2-51}$$

上式可以看成是极限状态曲面在 P^* 点处的切平面。现把此切平面转化为法线方程

$$\sum_{i=1}^{n}\left(U_{X_i}\left.\frac{\partial g}{\partial U_{X_i}}\right|_{P^*}\right)-\sum_{i=1}^{n}\left(U_{X_i}\left.\frac{\partial g}{\partial U_{X_i}}\right|_{P^*}\right)+g(\sigma_{X_1}U_{X_1}+\mu_{X_1},\sigma_{X_2}U_{X_2}+\mu_{X_2},\cdots,\sigma_{X_n}U_{X_n}+\mu_{X_n})=0 \tag{2-52}$$

把上式左右两端乘以法线化因子

$$\mu=\left[\sum_{i=1}^{n}\left(\left.\frac{\partial g}{\partial U_{X_i}}\right|_{P^*}\right)^2\right]^{-1/2}$$

得

$$\frac{\sum_{i=1}^{n}\left(-\left.\frac{\partial g}{\partial U_{X_i}}\right|_{P^*}U_{X_i}\right)}{\left[\sum_{i=1}^{n}\left(\left.\frac{\partial g}{\partial U_{X_i}}\right|_{P^*}\right)^2\right]^{1/2}}-$$

$$\frac{\sum_{i=1}^{n}\left(-\left.\frac{\partial g}{\partial U_{X_i}}\right|_{P^*}U_{X_i}\right)+g(\sigma_{X_1}U_{X_1}+\mu_{X_1},\sigma_{X_2}U_{X_2}+\mu_{X_2},\cdots,\sigma_{X_n}U_{X_n}+\mu_{X_n})}{\left[\sum_{i=1}^{n}\left(\left.\frac{\partial g}{\partial U_{X_i}}\right|_{P^*}\right)^2\right]^{-1/2}}=0 \tag{2-53}$$

因 $U_{X_i}^*$ 是常数，故式（2-53）左端第二项是常数项。其绝对值就是法线 $\overline{OP^*}$ 的长度，也就是坐标原点到切平面的最短距离。于是，有

$$\beta=\frac{\sum_{i=1}^{n}\left(-\left.\frac{\partial g}{\partial U_{X_i}}\right|_{P^*}U_{X_i}\right)+g(\sigma_{X_1}U_{X_1}+\mu_{X_1},\sigma_{X_2}U_{X_2}+\mu_{X_2},\cdots,\sigma_{X_n}U_{X_n}+\mu_{X_n})}{\left[\sum_{i=1}^{n}\left(\left.\frac{\partial g}{\partial U_{X_i}}\right|_{P^*}\right)^2\right]^{-1/2}}$$

（2-54）

法线 $\overline{OP^*}$ 对坐标向量的方向余弦

$$\cos\theta_{U_{X_i}}=\frac{-\left.\frac{\partial g}{\partial U_{X_i}}\right|_{P^*}}{\left[\sum_{i=1}^{n}\left(\left.\frac{\partial g}{\partial U_{X_i}}\right|_{P^*}\right)^2\right]^{-1/2}}=-\alpha_{U_{X_i}}\quad(i=1,2,\cdots,n)\tag{2-55}$$

因为

$$U_{X_i}=\frac{X_i-\mu_{X_i}}{\sigma_{X_i}},\frac{\partial X_i}{\partial U_{X_i}}=\sigma_{X_i}$$

所以

$$\frac{\partial g}{\partial U_{X_i}}=\frac{\partial g}{\partial X_i}\frac{\partial X_i}{\partial U_{X_i}}=\frac{\partial g}{\partial X_i}\sigma_{X_i}$$

把上面的关系式代入式（2-55），得

$$\cos\theta_{U_{Xi}}=\frac{-\left.\frac{\partial g}{\partial X_i}\right|_{P^*}\sigma_{X_i}}{\left[\sum_{i=1}^{n}\left(\left.\frac{\partial g}{\partial X_i}\right|_{P^*}\sigma_{X_i}\right)^2\right]^{1/2}}=-\alpha_{U_{X_i}}\tag{2-56}$$

其中，$\left.\frac{\partial g}{\partial X_i}\right|_{P^*}$ 表示偏导数在设计验算点 P^* 上赋值。

很显然，法线垂足 $P^*(U_{X_1}^*，U_{X_2}^*，\cdots，U_{X_n}^*)$ 的坐标为：

$$U_{X_i}^*=\beta\cos\theta_{U_{X_i}}=-\beta\alpha_{U_{X_i}}\tag{2-57}$$

再转化为原来的坐标系中，得

$$\begin{aligned}X_i^*&=\sigma_{X_i}U_{X_i}^*+\mu_{X_i}=\sigma_{X_i}\beta\cos\theta_{U_{Xi}}+\mu_{X_i}\\&=-\sigma_{X_i}\beta\alpha_{U_{X_i}}+\mu_{X_i}\qquad(i=1,\ 2,\ \cdots,\ n)\end{aligned}\tag{2-58}$$

另外，因 P^* 是极限状态曲面上的一点，故该点应满足

$$g(X_1^*,X_2^*,\cdots,X_n^*)=0\tag{2-59}$$

当已知随机变量的均值和标准差时，可利用式（2-56）、式（2-58）、式（2-59）解得可靠指标 β。

在具体计算时，因 P^* 在求 β 之前是未知的，$\frac{\partial g}{\partial X_i}$ 在 P^* 点的值也是未知的，β 值只能用迭代法求解。迭代方法很多，下面介绍一种收敛速度较快的方法。其步骤大致如下：

① 选取失效点坐标初值，一般取 $X_i^*=\mu_{X_i}$；

② 计算 $\cos\theta_{U_{X_i}}$ 的值；

③ 定出 $X_i^* = \sigma_{X_i}\beta\cos\theta_{U_{X_i}} + \mu_{X_i}$；

④ 把 X_i^* 代入安全裕度方程 $g(X_i^*)=0$ 中，求出 β；

⑤ 以该 β 值代入③所得的 X_i^* 内，求出 X_i^* 的新值；

⑥ 以这些新的 X_i^* 值重复②～④的计算，如果所得的 β 值与上一次的 β 值之差小于允许的误差，则计算结束；

⑦ 如果前后两次求得的 β 值之差大于允许误差，则进行⑤的计算后，再进行②～④的计算，如是反复进行，直到求得合乎要求的 β 为止。

下面举一简单例子，说明计算方法与步骤。

【例 2-3】 设一钢梁受固定荷载 P 作用，以 M_P 表示荷载 P 作用下的最大弯矩，以 W 表示截面弹性抵抗矩，以 f 表示钢材的强度，三者均为互不相关服从正态分布的随机变量。它们的数字特征为：

$$\mu_{M_P}=13000.0\text{N}\cdot\text{m},\ \sigma_{M_P}=910.0\text{N}\cdot\text{m}$$

$$\mu_W=54.72\times10^{-6}\text{m}^3,\ \sigma_W=2.74\times10^{-6}\text{m}^3$$

$$\mu_f=380.0\times10^3\text{kPa},\ \sigma_f=30.4\times10^3\text{kPa}$$

求此梁的失效概率。

【解】 (1) 建立安全裕度方程

$$Z=g(W,f,M_P)=Wf-M_P=0$$

(2) 选 $P^*(W^*,f^*,M_P^*)=m(\mu_W,\mu_f,\mu_{M_P})$

即

$$W^*=\mu_W=54.72\times10^{-6}\text{m}^3,$$

$$f^*=\mu_f=380.0\times10^3\text{kPa},\ M_P^*=\mu_{M_P}=13000.0\text{N}\cdot\text{m}$$

(3) 计算偏导数

$$\left.\frac{\partial g}{\partial W}\right|_m=f^*,\left.\frac{\partial g}{\partial f}\right|_m=W^*,\left.\frac{\partial g}{\partial M_P}\right|_m=-1$$

(4) 计算 $\alpha_{U_{X_i}}$

$$\alpha_{U_W}=\frac{\left.\frac{\partial g}{\partial W}\right|_m\sigma_W}{\left[\left(\left.\frac{\partial g}{\partial W}\right|_m\sigma_W\right)^2+\left(\left.\frac{\partial g}{\partial f}\right|_m\sigma_f\right)^2+\left(\left.\frac{\partial g}{\partial M_P}\right|_m\sigma_{M_P}\right)^2\right]^{1/2}}=0.4813$$

同理可得

$$\alpha_{U_f}=0.769$$

$$\alpha_{U_{M_P}}=-0.4207$$

(5) 计算 X_i^*

$$\begin{aligned}W^*&=-\alpha_{U_W}\beta\sigma_W+\mu_W\\&=-0.4813\times\beta\times2.74\times10^{-6}+54.72\times10^{-6}\\&=54.72\times10^{-6}-1.32\times10^{-6}\beta\end{aligned}$$

$$\begin{aligned}f^*&=-\alpha_{U_f}\beta\sigma_f+\mu_f\\&=380.0\times10^3-23.3780\times10^3\beta\end{aligned}$$

$$M_P^* = -\alpha_{U_{M_P}}\beta\sigma_{M_P} + \mu_{M_P}$$
$$= 13000 + 382.8\beta$$

（6）把（5）所得的结构代入安全裕度方程

$$W^* f^* - M_P^* = 0$$

解得

$$\beta_1 = 3.81, \beta_2 = 66.3(\text{舍去})$$

（7）把β值代入（5）计算X_i^*的公式内，求此X_i^*

$$W^* = 49.69 \times 10^{-6} \text{m}^3, f^* = 290.9 \times 10^3 \text{kPa}$$
$$M_P^* = 14458.6 \text{N} \cdot \text{m}$$

这些值与初值相差甚远，应进行第二次迭代。重复以上的计算，有

$$\alpha_{U_W} = 0.412$$
$$\alpha_{U_f} = 0.781$$
$$\alpha_{U_{M_P}} = -0.4702$$
$$W^* = 54.72 \times 10^{-6} - 1.129 \times 10^{-6}\beta$$
$$f^* = 3.8 \times 10^6 - 23.724 \times 10^3\beta$$
$$M_P^* = 13000 + 724.8\beta$$

把上述值代入安全裕度方程，解出

$$\beta = 3.79$$

再进行第三次迭代，求得$\beta = 3.80$，与上一次的$\beta = 3.79$很接近，已收敛。取$\beta = 3.80$，相应的设计验算点为：

$$W^* = 50.48 \times 10^{-6} \text{m}^3$$
$$f^* = 289.32 \times 10^3 \text{kPa}$$
$$M_P^* = 14611.4 \text{N} \cdot \text{m}$$

相应的失效概率

$$p_f = 1 - \Phi(\beta) = 7.24 \times 10^{-5}$$

2.5.3 极限状态函数为线性的情况

现在讨论极限状态函数为线性的特殊情况。这时不需要进行线性化处理，因此所得的可靠指标β是精确的。

线性的极限状态函数可表示为：

$$Z = g(X) = a_0 + \sum_{i=1}^{n} a_i X_i \tag{2-60}$$

相应的安全裕度方程为：

$$a_0 + \sum_{i=1}^{n} a_i X_i = 0 \tag{2-61}$$

式中，a_0、a_i为常数。引入标准化变量，上式可写为：

$$a_0 + \sum_{i=1}^{n} a_i (\sigma_{X_i} U_{X_i} + \mu_{X_i}) = 0 \tag{2-62}$$

当有三个随机变量时，上式写为：

$$a_0 + a_1(\sigma_{X_1} U_{X_1} + \mu_{X_1}) + a_2(\sigma_{X_2} U_{X_2} + \mu_{X_2}) + a_3(\sigma_{X_3} U_{X_3} + \mu_{X_3}) = 0 \tag{2-63}$$

这是在标准化坐标系下的安全裕度方程。由式（2-63）可得标准化坐标系原点到失效界面的最短距离，即可靠指标

$$\beta=\frac{a_0+\sum_{i=1}^{n}a_i\mu_{X_i}}{\sqrt{\sum_{i=1}^{n}(a_i\sigma_{X_i})^2}} \tag{2-64}$$

由此可得

$$p_f=1-\Phi\left(\frac{a_0+\sum_{i=1}^{n}a_i\mu_{X_i}}{\sqrt{\sum_{i=1}^{n}(a_i\sigma_{X_i})^2}}\right) \tag{2-65}$$

2.6 JC法

前面介绍了求结构可靠指标的第二水平法中的两种最简单方法，即均值一次二阶矩法和改进的一次二阶矩法。由于改进的一次二阶矩法克服了均值一次二阶矩法存在的缺点，故得到广泛的应用。它的主要优点是在基本变量的分布未知时，仅知道均值与标准差就可确定可靠指标 β。而它的缺点是，求得的 β 值只有在基本变量服从正态分布且具有线性的安全裕度方程时，才是精确的。作为一种近似方法，当安全裕度方程的非线性程度较低，失效曲面接近于平面时，改进的一次二阶矩法还是可以采用的。在实际工程中并不是所有变量都是正态分布的。为了解决这个问题，拉克维茨和菲斯勒提出了一种适合非正态分布的求解可靠性标 β 的方法。该法已被国际结构安全度联合委员会（JCSS）所采用，故称JC法。本法提高了通过当量正态化方法把非正态变量转换成正态变量的近似方法。

2.6.1 JC法的基本思路

1. 当量正态化条件

在设计验算点 X^* 处，把非正态变量 X 转换成正态变量 X'，应符合如下条件：

① 在设计验算点 X^* 处，正态变量 X' 的分布函数 $F_{X'}(X^*)$ 与非正态变量 X 的分布函数 $F_X(X^*)$ 相等，即 $F_{X'}(X^*)=F_X(X^*)$；

② 在设计验算点 X^* 处，正态变量 X' 的密度函数 $f_{X'}(X^*)$ 与非正态变量 X 的密度函数 $f_X(X^*)$ 相等，即 $f_{X'}(X^*)=f_X(X^*)$。

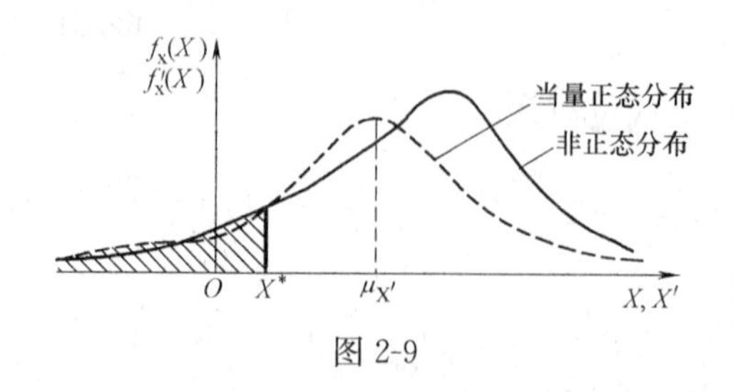

图 2-9

正态变量 X' 称为非正态变量 X 相对于 X^* 处的当量正态变量，见图 2-9。

2. 可靠度指标 β 的求解过程

① 根据当量正态化条件，求出当量正态变量的均值 $\mu_{X'}$ 和标准差 $\sigma_{X'}$。

② 用改进的一次二阶矩法求可靠

指标 β 和失效概率 p_{f}。

2.6.2　求解当量正态变量的方法

利用当量正态化条件求当量正态变量的均值 $\mu_{X'}$ 和标准差 $\sigma_{X'}$ 是 JC 法的核心。下面分三种情况讨论。

1. 一般非正态分布情形

① 利用当量正态化条件①，有

$$F_X(X^*)=\int_{-\infty}^{X^*}f_X(X)\mathrm{d}X=\int_{-\infty}^{X^*}f_X{}'(X)\mathrm{d}X=\Phi\left(\frac{X^*-\mu_{X'}}{\sigma_{X'}}\right)$$

所以

$$\frac{X^*-\mu_{X'}}{\sigma_{X'}}=\Phi^{-1}[F_X(X^*)] \tag{2-66}$$

于是

$$\mu_{X'}=X^*-\Phi^{-1}[F_X(X^*)]\sigma_{X'} \tag{2-67}$$

② 利用当量正态化条件②，有

$$\begin{aligned}f_X(X^*)&=\frac{1}{\sqrt{2\pi}\sigma_{X'}}\exp\left[-\frac{(X^*-\mu_{X'})^2}{2\sigma_{X'}^2}\right]\\&=\frac{1}{\sqrt{2\pi}}\exp\left[-\frac{(X^*-\mu_{X'})^2}{2\sigma_{X'}^2}\right]\frac{1}{\sigma_{X'}}\\&=\varphi\left(\frac{X^*-\mu_{X'}}{\sigma_{X'}}\right)\frac{1}{\sigma_{X'}}\end{aligned} \tag{2-68}$$

式中，$\varphi(\cdot)$ 表示标准正态分布概率密度函数。根据式（2-66），有

$$f_X(X^*)=\frac{1}{\sigma_{X'}}\varphi\left\{\Phi^{-1}[F_X(X^*)]\right\} \tag{2-69}$$

于是

$$\sigma_{X'}=\frac{\varphi\left\{\Phi^{-1}[F_X(X^*)]\right\}}{f_X(X^*)} \tag{2-70}$$

2. 对数正态分布情形

若 X 服从对数正态分布（参数为 a，σ），则 $\ln X$ 服从正态分布 $N(a,\sigma)$。根据这个特性，式（2-67）及式（2-70）可以简化为：

$$\begin{aligned}\sigma_{X'}&=\frac{\varphi\left\{\Phi^{-1}[F_X(X^*)]\right\}}{f_X(X^*)}\\&=\frac{\varphi\left\{\Phi^{-1}\left[\Phi\left(\frac{\ln X^*-a}{\sigma}\right)\right]\right\}}{f_X(X^*)}\\&=\frac{\varphi\left(\frac{\ln X^*-a}{\sigma}\right)}{f_X(X^*)}\\&=\frac{\frac{1}{\sqrt{2\pi}}\exp\left[-\frac{(\ln X^*-a)^2}{2\sigma^2}\right]}{\frac{1}{X^*\sqrt{2\pi}\sigma}\exp\left[-\frac{(\ln X^*-a)^2}{2\sigma^2}\right]}\end{aligned}$$

$$=X^{*}\sigma_{\ln X}=X^{*}\sqrt{\ln(1+CV_{X}^{2})} \tag{2-71}$$

$$\begin{aligned}\mu_{X'}&=X^{*}-\Phi^{-1}[F_{X}(X^{*})]\sigma_{X'}\\&=X^{*}-\Phi^{-1}\left[\Phi\left(\frac{\ln X^{*}-a}{\sigma}\right)\right]X^{*}\sigma_{\ln X}\\&=X^{*}-\frac{\ln X^{*}-\mu_{\ln X}}{\sigma_{\ln X}}X^{*}\sigma_{\ln X}\\&=X^{*}-(\ln X^{*}-\mu_{\ln X})X^{*}\\&=X^{*}(1-\ln X^{*}+\mu_{\ln X})\\&=X^{*}\left(1+\ln\frac{\mu_{X}}{\sqrt{1+CV_{X}^{2}}}-\ln X^{*}\right)\end{aligned} \tag{2-72}$$

3. 极限状态函数为线性的情形

如果极限状态函数是线性的，由式（2-56）和式（2-60）可得位于失效界面上的点的方向余弦

$$\alpha_{U_{X_i}}=\frac{\alpha_i\sigma_{X'}}{\left(\sum_{i=1}^{n}(\alpha_i\sigma_{X_i'})^2\right)^{1/2}} \tag{2-73}$$

根据式（2-64），可得

$$\beta=\frac{a_0+\sum_{i=1}^{n}\alpha_i\mu_{X_i'}}{\left(\sum_{i=1}^{n}(\alpha_i\sigma_{X_i'})^2\right)^{1/2}} \tag{2-74}$$

4. 一般情形的计算程序

对于非正态变量 X_i，以当量正态变量 X_i'的统计参数 $\mu_{X_i'}$、$\sigma_{X_i'}$代替它的统计参数 μ_{X_i}、σ_{X_i}之后，就可用改进一次二阶矩法求可靠指标 β。综上所述，对极限状态函数中包含多个正态或非正态变量的一般情形，只要知道了各基本变量的概率分布类型及统计参数，便可采用迭代方法计算可靠指标 β 值及设计验算点的坐标值。计算程序如下。

（1）已知条件：①基本变量 $X_i(i=1，2，\cdots，n)$ 的概率分布类型及统计参数 μ_{X_i}、σ_{X_i}；②安全裕度方程 $g(X_1，X_2，\cdots，X_n)=0$。

（2）设定设计验算点 P^* 的坐标值 X_i^* 的初始值，一般取 $X_i^*=\mu_{X_i}$。

（3）通过当量正态化方法，对于非正态变量 X_i，根据设计验算点 P^* 的坐标值 X_i^*，求出当量正态变量的 X_i' 的 $\mu_{X_i'}$ 及 $\sigma_{X_i'}$，然后用它代替 X_i 的 μ_{X_i} 及 σ_{X_i}。

（4）求出 U_{X_i} 方向余弦的负值 $\alpha_{U_{X_i}}=-\cos\theta_{U_{X_i}}$，即

$$\alpha_{U_{X_i}}=\frac{\left.\frac{\partial g}{\partial X_i}\right|_{P^*}\sigma_{X_i}}{\left[\sum_{i=1}^{n}\left(\left.\frac{\partial g}{\partial X_i}\right|_{P^*}\sigma_{X_i}\right)^2\right]^{1/2}}$$

（5）把 $\alpha_{U_{X_i}}$、$\mu_{X_i'}$、$\sigma_{X_i'}$代入 $X^*=-\alpha_{U_{X_i}}\sigma_{X_i'}\beta+\mu_{X_i'}$ 和 $g(X_1^*，X_2^*，\cdots，X_n^*)=0$，求出 β 值。

（6）判断上次与本次求得的 β 值之差是否小于允许误差。如果小于允许误

差，则本次求得的 β 值即为所求的可靠指标，本次求得的 X_i^* 即为设计验算点 P^* 的坐标值。否则，以本次求得的 X_i^* 作为下次的选用值，再进行（3）～（5）的运算，如是反复进行，直到求得合乎要求的 β 值为止。

下面举例说明 JC 法的计算方法和过程。

【例 2-4】 求某一承受固定荷载及活动荷载的轴心受压柱的可靠指标 β。

【解】 1. 第一次迭代

（1）已知条件

固定荷载产生的轴向力 N_1 服从正态分布，活动荷载产生的轴向力 N_2 服从极值Ⅰ型分布，柱截面的承载能力 R 服从对数正态分布。各基本变量的统计参数为：

$$\mu_{N_1}=5.3\times10^4\text{N},\ CV_{N_1}=0.07,\ \sigma_{N_1}=0.37\times10^4\text{N}$$
$$\mu_{N_2}=7.0\times10^4\text{N},\ CV_{N_2}=0.29,\ \sigma_{N_1}=2.03\times10^4\text{N}$$
$$\mu_R=30.92\times10^4\text{N},\ CV_R=0.17,\ \sigma_R=5.26\times10^4\text{N}$$

安全裕度方程为：

$$Z=g(N_1,N_2,R)=R-N_1-N_2=0$$

（2）非正态变量的当量正态化

① R 的当量正态化

取 R^* 的初始值为 μ_R，则

$$\mu_{R'}=R^*\left(1+\ln\frac{\mu_R}{\sqrt{1+CV_R^2}}-\ln R^*\right)=30.48\times10^4\text{N}$$

$$\sigma_{R'}=R^*\sqrt{\ln(1+CV_R^2)}=5.22\times10^4\text{N}$$

② N_2 的当量正态化

$$\sigma_{N_2'}=\frac{\varphi\{\Phi^{-1}[F_{N_2}(N_2^*)]\}}{f_{N_2}(N_2^*)}$$

$$\mu_{N_2'}=N_2^*-\Phi^{-1}[F_{N_2}(N_2^*)]\sigma_{N_2'}$$

其中

$$F_{N_2}(N_2^*)=\exp[-\exp(-y)]$$

$$f_{N_2}(N_2^*)=\frac{1}{a}\exp(-y)\exp[-\exp(-y)]$$

而

$$a=\sqrt{6}\sigma_{N_2}/\pi$$

$$y=\frac{1}{a}(N_2^*-u)$$

$$u=\mu_{N_2}-0.577a$$

取 N_2^* 的初始值为 μ_{N_2}，于是

$$a=1.583\times10^4$$
$$u=6.087\times10^4$$
$$y=0.577$$
$$F_{N_2}(N_2^*)=0.5701$$
$$f_{N_2}(N_2^*)=0.2024\times10^{-4}$$

进而得

$$\sigma_{N_2'}=1.940\times10^4\text{N}$$

$$\mu_{N_2'}=6.657\times10^4\text{N}$$

（3）求可靠指标β及设计验算点R^*、N_1^*、N_2^*

因安全裕度方程是线性的，故按式（2-73）计算方向余弦，可得

$$\cos\theta_{U_R}=-0.935$$

$$\cos\theta_{U_{N_1}}=0.066$$

$$\cos\theta_{U_{N_2}}=0.348$$

进而按式（2-74）得

$$\beta=\frac{\mu_{R'}-\mu_{N_1}-\mu_{N_2'}}{\sqrt{\sigma_{R'}^2+\sigma_{N_1}^2+\sigma_{N_2'}^2}}=3.320$$

于是

$$R^*=\mu_{R'}+\sigma_{R'}\beta\cos\theta_{U_R}=14.276\times10^4\text{N}$$

$$N_1^*=\mu_{N_1}+\sigma_{N_1}\beta\cos\theta_{U_{N_1}}=5.381\times10^4\text{N}$$

$$N_2^*=\mu_{N_2'}+\sigma_{N_2'}\beta\cos\theta_{U_{N_2}}=8.898\times10^4\text{N}$$

再进行第二次迭代。

2. 第 2 次迭代

（1）非正态变量的当量正态化

① R 的当量正态化

$$\mu_{R'}=25.103\times10^4\text{N}$$

$$\sigma_{R'}=2.413\times10^4\text{N}$$

② N_2 的当量正态化

$$a=1.583\times10^4$$

$$u=6.087\times10^4$$

$$y=0.577$$

$$F_{N_2}(N_2^*)=0.5701$$

$$f_{N_2}(N_2^*)=0.2024\times10^{-4}\text{N}$$

$$\sigma_{N_2'}=1.940\times10^4\text{N}$$

$$\mu_{N_2'}=6.657\times10^4\text{N}$$

（2）求可靠指标β及设计验算点R^*、N_1^*、N_2^*

$$\cos\theta_{U_R}=0.67$$

$$\cos\theta_{U_{N_1}}=0.1028$$

$$\cos\theta_{U_{N_2}}=0.7353$$

于是

$$\beta=3.773$$
$$R^*=19.002\times10^4\text{N}$$
$$N_1^*=13.563\times10^4\text{N}$$
$$N_2^*=5.444\times10^4\text{N}$$

按上述步骤经 5 次迭代，最后求得可靠指标 β 及设计验算点 R^*、N_1^*、N_2^* 的值为：

$$\beta=3.583$$
$$R^*=21.46\times10^4=0.2146\text{MN}$$
$$N_1^*=5.38\times10^4=0.0538\text{MN}$$
$$N_2^*=16.08\times10^4=0.1608\text{MN}$$

2.7　蒙特卡罗法

蒙特卡罗法（Monte Carlo Method），又称随机抽样法或统计试验法，在目前结构可靠性计算中，它被认为是一种相对精确法。

由概率定义知，某事件的概率可以用大量试验中该事件发生的频率来估算。因此，可以先对影响可靠性的随机变量进行大量随机抽样，然后把这些抽样值一组一组地代入功能函数式，确定结构失效与否，最后从中求得结构的失效概率。

蒙特卡罗法就是基于上述思路求解结构失效概率的。该法使结构可靠性的分析有可能通过电子计算机实验进行。下面首先就蒙特卡罗法的原理和随机变量的取样方法进行讨论，然后通过一简例具体说明蒙特卡罗法的分析过程。

2.7.1　基本原理

设有统计独立的随机变量 X_1，X_2，…，X_n，其对应的概率密度函数分别为 f_{X_1}，f_{X_2}，…，f_{X_n}，极限状态函数式为：

$$Z=g(x_1,x_2,\cdots,x_n)$$

现在计算本结构的失效概率 p_f。

蒙特卡罗法求解结构失效概率的过程如下：

① 首先用随机抽样分别获得各变量的分位值 x_1，x_2，…，x_n，如图 2-10 所示。

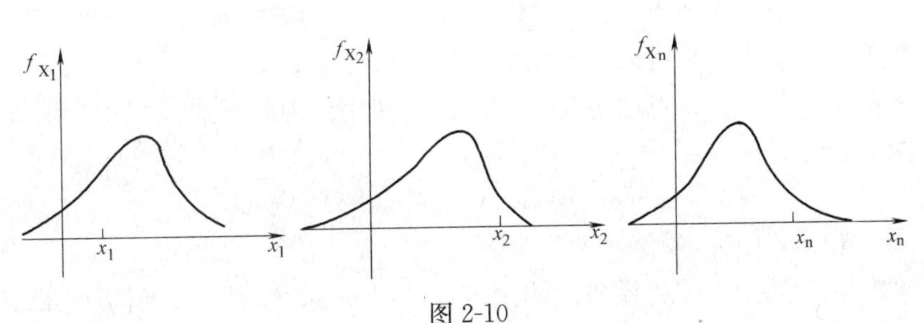

图 2-10

② 计算极限状态函数值：

$$Z_i = g(x_1, x_2, \cdots, x_n)$$

③ 设抽样数为 N，每组抽样变量分位值对应的极限状态函数值为 Z_i，$Z_i < 0$ 的次数为 L，则在大批抽样之后，结构失效概率可由下式算出：

$$p_f = L/N \tag{2-75}$$

可见在蒙特卡罗法中，失效概率就是结构失效次数占总抽样数的频率，这就是蒙特卡罗法的基本点。

用蒙特卡罗法计算结构的失效概率时，有两个具体问题需要进一步解决，即如何进行随机取样，怎样才算大批取样？

第一个问题要求掌握随机数的产生方法。这个问题比较复杂，在下面专门讨论。第二个问题实际是规定最低的取样数 N 的问题。取样数 N 同计算结果精度有关。设允许误差为 ε，一般建议用 95% 的置信度保证用蒙特卡罗法解题的误差：

$$\varepsilon = [2(1-p_f)/(N \cdot p_f)]^{1/2} \tag{2-76}$$

由上式可见，结构模拟数 N 越大，误差 ε 越小。因此，要达到一定得精度，N 必须取得足够大。为简便起见，建议 N 必须满足

$$N \geqslant 100/p_f \tag{2-77}$$

式中　p_f——预先估计的失效概率。

由于 p_f 一般是一个很小的数，这就要求计算次数很多。例如工程结构的失效概率一般在 0.1%以下，要求计算次数须达 10 万次以上。采用计算机分析时，这不是遇到困难，但会花费过多的时间。为此，目前正在研究如何在计算次数不太多的情况下得到满足精度要求的 p_f 值。这个问题可参考有关这方面的论述。

2.7.2 随机变量的取样

用蒙特卡罗法解题的关键是求已知分布的变量的随机数。为了快速、高精度地产生随机数，通常要分两步进行。首先产生在开区间（0，1）上的均匀分布随机数，然后在此基础上再变换成给定分布变量的随机数。

1. 伪随机数的产生和检验

产生随机数的方法一般是利用随机数表、物理方法和数学方法这三种方法。其中，数学方法以速度快、计算简单和可重复性等优点而被人们广泛使用。随着对随机数的不断研究和改进，人们已提出了各种数学方法，其中较典型的有取中法、加同余法、乘同余法、混合同余法和组合同余法。虽然这些方法都各自存在着缺点（正是由于这些缺点，人们把这些方法产生的随机数称为伪随机数），但只要选择适当的参数，是可以使之消失的。上述方法中，尤以乘同余法以它的统计性质优良、周期长等特点而更被人们广泛地使用。为此，这里着重介绍该法。

乘同余法的算式为：

$$x_{i+1} = (ax_i + c)(\mathrm{mod}\, m) \tag{2-78}$$

式中，a、c 和 m 为正整数。

式（2-78）表示以 m 为模数的同余式，即以 m 除 $(ax_i + c)$ 后得到的余数记

为 x_{i+1}。具体计算时，最好再引入一个参数 k_i，令

$$k_i = Int\left(\frac{ax_i + c}{m}\right) \tag{2-79}$$

式中，符号 Int 表示取整。这时求余数就很方便了。由

$$x_{i+1} = ax_i + c - mk_i \tag{2-80}$$

并将 x_{i+1} 除以 m 后，即可得标准化的随机数

$$u_{i+1} = x_{i+1}/m \tag{2-81}$$

具体计算时，如已知 x_i，利用式（2-79）～式（2-81）便可求 u_{i+1} 值。

【例 2-5】 设 $a=3$，$c=1$，$m=5$，试求 8 个随机数。

【解】 作为入的初始值 x_i 取为 1.0，利用式（2-79）得

$$k_0 = Int\left(\frac{3\times 1+1}{5}\right) = Int(0.8) = 0$$

由式（2-80）得

$$x_1 = 3\times 1 + 1 - 5\times 0 = 4$$

由式（2-81）得

$$u_1 = 4/5 = 0.8$$

以上是 $i=1$ 的结果。下面令 $i=2$，得

$$k_1 = Int\left(\frac{3\times 4+1}{5}\right) = Int(2.6) = 2$$

$$x_2 = 3\times 4 + 1 - 5\times 2 = 3$$

$$u_2 = 3/5 = 0.6$$

最后把不同 i 值及对应的 8 次 u_i 的计算结果列出，即

i	u_i	i	u_i
1	0.8	5	0.8
2	0.6	6	0.6
3	0.0	7	0.0
4	0.2	8	0.2

从所得结果可见，这组随机数出现周期为 4 的规律。这种随机数不好，是很粗糙的伪随机数。产生这种规律的原因在于常数 m 选得太小。这里 $m=5$，周期为 4，周期数小于 m。因此，为了得到在相当长的数列中才发生周期性的规律，可以将 m 取大些。在长数列中取出小部分数，就不会遇到周期性问题。

以上讨论的是如何产生（0，1）间的随机数。为了判断所得伪随机数能否代替随机数，一般还应对伪随机数进行统计检验，主要是检验均匀性和独立性。

下面讨论如何通过随机数去获得实际分布变量的随机数。

2. 给定分布下变量随机数的产生

由于目前结构可靠性计算中一般常用正态分布、对数正态分布以及极值Ⅰ型分布，因此，下面着重介绍这三种分布函数随机数是如何产生的。

（1）正态分布

由于这种分布应用极广，因此，对于这种变量的模拟，人们已发展了很多方法。其中坐标变换法产生随机数的速度快、精度较高。现介绍如下。

设随机数 u_n 和 u_{n+1} 是 0～1 区间中的两个均匀随机数，则可用下列变换得到标准正态分布 $N(0, 1)$ 的两个随机数

$$\left.\begin{aligned} x_n^* &= (-2\ln u_n)^{1/2}\cos(2\pi u_{n+1}) \\ x_{n+1}^* &= (-2\ln u_n)^{1/2}\sin(2\pi u_{n+1}) \end{aligned}\right\} \tag{2-82}$$

如果随机变量 X 是一般正态分布 $N(m_X, \sigma_X)$，则其随机数 x_n 和 x_{n+1} 算式变成：

$$\left.\begin{aligned} x_n &= x_n^*\sigma_X + m_X \\ x_{n+1} &= x_{n+1}^*\sigma_X + m_X \end{aligned}\right\} \tag{2-83}$$

这里随机数成对产生，不仅是互相独立的，而且服从一般正态分布。

(2) 对数正态分布

对数正态分布变量随机数产生的方法是先将均匀随机数变换为正态分布随机数，然后再转为对数正态分布随机数。

设 X 为对数正态分布，有均值 m_X、标准差 σ_X、变异系数 V_X。因为 $Y=\ln X$ 为正态分布，所以得其标准差和均值分别为

$$\sigma_Y = \sigma_{\ln X} = [\ln(1+V_X^2)]^{1/2}$$

$$m_Y = \ln m_X - \frac{1}{2}\sigma_{\ln X}^2 = \ln\left(\frac{m_X}{\sqrt{1+V_X^2}}\right)$$

Y 的随机数可由式 (2-82) 和式 (2-83) 产生。设已得 Y 的随机数为 y_i，最后可得 X 的随机数

$$x_i = \exp(y_i) \tag{2-84}$$

(3) 极值Ⅰ型分布

极值Ⅰ型分布变量的随机数一般是通过累积概率分布函数得到的。因此，这里先讨论一般分布变量随机数的产生。

对于任意分布变量，设已知累积概率分布函数为 $F_X(x)$，则随机数可以由下式得到：

$$x_i = F_X^{-1}(u_i) \tag{2-85}$$

式中，u_i 为 0～1 区间的均匀随机数。可以证明这样得到的随机数 x_i 是具有概率密度为 $F_X(x)$ 的母体中抽出来的一个样本值。

下面以极值Ⅰ型为例说明式 (2-85) 的应用。极值Ⅰ型变量的分布为：

$$F_X(x_i) = \exp\{-\exp[-a(x_i - k)]\}$$

式中，a、k 都是常量，同 X 的均值 m_X 和标准差 σ_X 有关。设已产生随机数 u_i，则由式 (2-85) 可得

$$u_i = F_X(x_i) = \exp\{-\exp[-a(x_i - k)]\}$$

从中解出

$$x_i = k - \frac{1}{a}\ln(-\ln u_i)$$

$$a = 1.2825/\sigma_X, K = m_X - 0.450\sigma_X$$

把它们代入上式得

$$x_i = m_X - 0.450\sigma_X - 0.7797\sigma_X\ln(-\ln u_i)$$

2.7.3　计算举例

【例 2-6】 设已知某结构的安全裕度方程为 $g=R-S=0$，R 和 S 分别为正态和极限Ⅰ型分布的随机变量，其统计量为：

$$R=(100,20)\text{kN},\ S=(80,24)\text{kN}$$

试用蒙特卡罗法求解失效概率。

【解】 计算过程及有关公式如下：

（1）利用系统软件中的随机函数直接产生出由 0～1 均匀分布的随机数 u_i。

（2）变量 S 为极值Ⅰ型分布，随机数的公式为：

$$S_i=m_{S_i}-0.450\sigma_{S_i}-0.7797\sigma_{S_i}\ln(-\ln u_i)$$

R 为正态分布，一组随机数公式如下：

$$\left.\begin{aligned}R_n&=(-2\ln u_n)^{1/2}\cos(2\pi u_{n+1})\sigma_R+m_R\\R_{n+1}&=(-2\ln u_n)^{1/2}\sin(2\pi u_{n+1})\sigma_R+m_R\end{aligned}\right\}$$

（3）把所得变量的随机数代入极限状态函数式 $g=R-S$，求得 g 值；

（4）重复步骤（1）～（3）的计算，累积记录出现 $g\leqslant 0$ 时的次数 L 和计算总次数 N；

（5）当计算次数足够多时，如 N 满足 $N\geqslant 100/p_f$（p_f 是预估计的结构失效概率），则计算结束，最后由 $p_f=L/N$ 算得结构的失效概率。

前 10 次模拟计算所得的 u、R、S、g 和 L 值列于表 2-2 中，所得的 $g\leqslant 0$ 的次数为 1（即 $L=1$）。由此得到的概率为：

$$L/N=1/10=10\%$$

显然，类似的计算次数太少，所得结果精度远远不够。因此继续上面过程，使计算次数达到 1000 次。计算时只记录每增加 100 次时前面累计的 N 和 L 值所得的 p_f 值。现把这些结果列于表 2-3 中。由表可见，当计算到 500 次以后，p_f 值已趋于稳定。最后 p_f 基本稳定在

$$p_f=20\%$$

即要求计算次数在 500 次以上。

本例用 JC 法算得 $\beta=0.753$，对应的失效概率

$$p_f=22\%$$

两种方法所得结果基本一致。

蒙特卡罗法计算工作量一般很大，整个工作通过编写程序由计算机完成。

前 10 次模拟计算值　　表 2-2

N	a	R	u	S	g=R−S	L
1	0.08039	104.392	0.6871	87.542	16.850	0
2	0.2795	131.390	0.4904	75.543	55.847	0
3	0.8376	106.226	0.4277	72.257	33.969	0
4	0.7450	120.565	0.2641	63.844	56.721	0
5	0.4095	77.481	0.7135	89.518	−12.037	1

续表

N	a	R	u	S	g=R−S	L
6	0.6170	86.821	0.4813	71.764	15.057	0
7	0.3693	80.771	0.1899	59.706	21.065	0
8	0.3369	125.291	0.4929	75.675	49.616	0
9	0.9023	107.413	0.7388	91.234	16.179	0
10	0.3125	128.177	0.7527	92.751	35.426	0

p_f 值 **表 2-3**

N	p_f	N	p_f
100	0.200	600	0.198
200	0.190	700	0.204
300	0.200	800	0.200
400	0.1975	900	0.194
500	0.188	1000	0.196

2.7.4 改进的蒙特卡罗法

因为常规的蒙持卡罗法模拟次数同失效概率 p_f 成反比，而结构的 p_f 一般很小，所以对模拟次数往往要求很多，这就使得该法很不实用。为克服这一缺点，人们已通过各种途径寻找模拟次数基本保持在某一定值的方法。下面介绍一种改进的蒙特卡罗法。

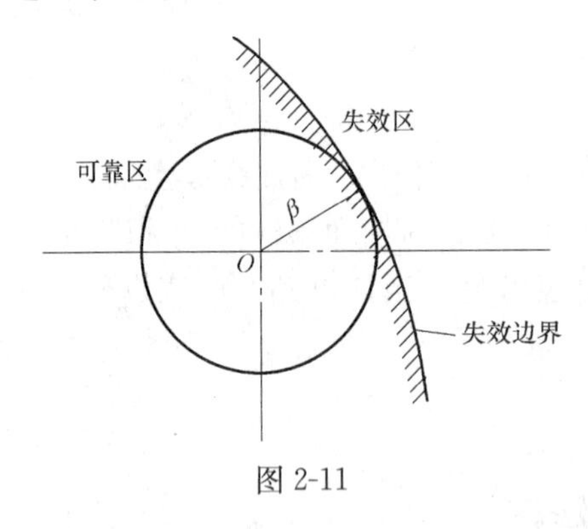

图 2-11

1. 基本原理

为推导公式的方便，不妨假设所有随机变量 $X=X_1, X_2, \cdots, X_m$ 都服从 $N(0,1)$ 分布，并假设在标准正态坐标系中原点到失效面的距离 β 已知，见图 2-11。

将 X 空间划分为 $|X|\leqslant\beta$ 和 $|X|>\beta$ 两部分。对此，可以将 $|X|\leqslant\beta$ 理解为中心在原点的 m 维球体。此区域必位于可靠区中，由全概率公式可得

$$\begin{aligned}p_f &= P(Z<0)=P(Z<0 \mid |X|\leqslant\beta)\cdot P(|X|\leqslant\beta)+P(Z<0 \mid |X|>\beta)\cdot P(|X|>\beta)\\ &=P(Z<0 \mid |X|^2\leqslant\beta^2)\cdot P(|X|^2\leqslant\beta^2)+P(Z<0 \mid |X|^2>\beta^2)\cdot P(|X|^2>\beta^2)\\ &=(1-\chi_m(\beta^2))P(Z<0 \mid |X|^2>\beta^2)\end{aligned} \tag{2-86}$$

式中，χ_m 表示具有自由度为 m 的 χ^2 分布函数。在上式的推导中，用到了下面两式：

$$P(|X|^2\leqslant\beta^2)=P\left(\sum_{i=1}^{m}X_i^2\leqslant\beta^2\right)=\chi_m(\beta^2) \tag{2-87}$$

$$P(Z<0 \mid |X|^2\leqslant\beta^2)=0 \tag{2-88}$$

现以 f_{tr} 表示 X 的截尾概率函数，并令

$$f_{\mathrm{tr}}(x)=\begin{cases}\dfrac{1}{1-\chi_{\mathrm{m}}(\beta^2)}f(x) & (|X|>\beta)\\ 0 & (|X|\leqslant\beta)\end{cases} \tag{2-89}$$

$f(x)$ 为 X 原来的概率密度函数。最终可由式（2-86）导得

$$p_{\mathrm{f}}=(1-\chi_{\mathrm{m}}(\beta^2))E_{\mathrm{ftr}}[I(g(x_1,\cdots,x_{\mathrm{m}}))] \tag{2-90}$$

式中

$$I(g(x_1,\cdots,x_{\mathrm{m}}))=\begin{cases}1 & g<0\\ 0 & 其他\end{cases}$$

p_{f} 的一个无偏估计就是

$$p_{\mathrm{f}}=(1-\chi_{\mathrm{m}}(\beta^2))\frac{1}{N}\sum_{i=1}^{N}I(g(x_{1j},\cdots,x_{\mathrm{m}j})) \tag{2-91}$$

式中，（x_{1j}，…，$x_{\mathrm{m}j}$）表示从 $f_{\mathrm{tr}}(x)$ 分布中所抽取的 X 的第 j 次值。p_{f} 的方差估计式为

$$Var(p_{\mathrm{f}})=(1-\chi_{\mathrm{m}}(\beta^2))\left(1-\frac{p_{\mathrm{f}}}{1-\chi_{\mathrm{m}}(\beta^2)}\right)\frac{P_{\mathrm{f}}}{N} \tag{2-92}$$

为提高精度，模拟次数 N 需要

$$N\geqslant 100/p_{\mathrm{f}}/1-\chi_{\mathrm{m}}(\beta^2)=100(1-\chi_{\mathrm{m}}(\beta^2))/P_{\mathrm{f}} \tag{2-93}$$

这在通常的情况下并不难实现。

下面具体讨论 X 的抽样问题。

基本随机向量 X 的第 j 次抽样值可写成

$$X_j=R_j\alpha_j \qquad (j=1,\cdots,N) \tag{2-94}$$

式中，R_j 表示 X_j 的模，$\alpha_j=$（α_{1j}，…，$\alpha_{\mathrm{m}j}$）为随机方向矢量，满足

$$\sum_{i=1}^{m}\alpha_{ij}^2=1 \qquad (j=1,\cdots,N) \tag{2-95}$$

由式（2-95）和式（2-94），即有 $R_j^2=\sum_{i=1}^{\mathrm{m}}x_{ij}^2$ 。由 χ^2 分布性质可知，R^2 服从自由度为 m 的 χ^2 分布。从而其概率密度函数可写成：

$$f_{\mathrm{R}^2}(r^2)=(r^2)^{\frac{m}{2}-1}\exp\left(-\frac{1}{2}r^2\right)\Big/\left(2^{\frac{m}{2}}\Gamma\left(\frac{m}{2}\right)\right) \tag{2-96}$$

由于各基本变量之间相互独立，因而 R_j 与 α_j 必相互独立，所以对 R_j 与 α_j 可以单独抽样。从式（2-94）可得

$$\alpha_j=\frac{(x_{1j},\cdots,x_{\mathrm{m}j})}{\left(\sum_{i=1}^{m}x_{ij}^2\right)^{1/2}} \tag{2-97}$$

为提高 R 的抽样效益，进行变换

$$U=\exp\left(-\frac{1}{\alpha^2}R^2\right) \tag{2-98}$$

式中 $\alpha\geqslant 2$，是为一常数，其最优值取决于 β。这样就将 R 的抽样域（$r_1=\beta$，r_2）转换成为（u_1，u_2）。

根据概率论，由式（2-96）和式（2-98）可得 U 的概率密度函数为：

$$f_{\mathrm{U}}(u)=\frac{\alpha^{m/2}}{2^{m/2}\Gamma(m/2)}(-\ln u)^{\frac{m}{2}-1}u^{\frac{\alpha}{2}-1} \tag{2-99}$$

根据舍选抽样方法，由上式即可得到U的抽样值U_j。将式（2-98）写成：

$$R_j=(-\alpha\ln U_j)^{1/2} \qquad (j=1,\cdots,N) \tag{2-100}$$

即得R的随机抽样值。

2. 实际使用时的几个问题

（1）变量分布问题

以上讨论的随机变量均服从正态分布$N(0,\ 1)$。对于实际分布，其变量可进行标准正态化变换。如下式

$$u_i=\Phi^{-1}[F_i(x_i)] \tag{2-101}$$

变换后可得

$$x_i=F_i^{-1}[\Phi(u_i)] \tag{2-102}$$

代入式（2-2），即可使安全裕度方程中的变量都服从$N(0,\ 1)$分布。式中$F_i(x_i)$为随机变量X_i的分布函数。

（2）α的取值

α的取值依赖于β和变量数m，一般取$\alpha\in(2,10)$。它随β增加而增加，随变量数m增加而减小，目的是提高R的抽样效益。

（3）r_1，r_2的取值

由于改进的蒙特卡罗法缩小了抽样区域，不需再对位于可靠区中的m维球体内部进行抽样，从而使抽样效益大大提高。此球的半径为标准正态坐标系中原点到失效边界的距离，亦即可靠指标。但实际上，在进行可靠性分析时，事先并不知道这个半径有多大。从式（2-86）的推导过程可见，只要取$r_1\leqslant\beta$，那么式（2-86）总能成立，亦即对结果p_f值没有影响。利用r_1的这种关系，可通过试算求得β值。下面通过实例说明具体求解法。

表2-4列出例2-7和例2-8两个安全裕度方程用改进的蒙特卡罗法计算的结果。

例2-7和例2-8计算结果　　　　**表2-4**

例	$r_1(i)$	模拟次数 N	p_f	β^*	参　数	JC法 β
2-7	(1)	10000	0.125	1.149	$r_1=0.5$	1.1054
	(2)		0.130	1.128	$r_1=0.7$　$r_2=r_1+3$	
	(3)		0.127	1.142	$r_1=1.3$	
	(4)		0.122	1.164	$r_1=1.5$　$\alpha=2.5$	
	(5)		0.874×10^{-1}	1.357	$r_1=2.0$	
2-8	(1)	10000	0.439×10^{-3}	3.327	$r_1=2.8$	3.3925
	(2)		0.406×10^{-3}	3.348	$r_1=3.3$　$r_2=r_1+3$	
	(3)		0.377×10^{-3}	3.369	$r_1=3.5$	
	(4)		0.180×10^{-3}	3.568	$r_1=4.0$　$\alpha=6.0$	
	(5)		0.657×10^{-3}	4.368	$r_1=5.0$	

【例 2-7】 设安全裕度方程为：

$$Z=1-x_1x_2-x_1^2x_3-x_4=0$$

式中，x_1 服从对数正态分布，$\mu_{x_1}=25$，$V_{x_1}=0.23$；$x_2\sim N(0.0113, 0.3)$，正态分布；$x_3\sim N(0.0006, 0.3)$，正态分布；$x_4\sim N(0, 0.1)$，正态分布。

【例 2-8】 设安全裕度方程为：

$$Z=x_1+x_2-x_3-x_4$$

式中，$x_1=(2234.32, 0.1)$，对数正态分布；$x_2=(949.59, 0.1)$，对数正态分布；$x_3=(1521.9, 0.109)$，正态分布；$x_4=(496.1, 0.292)$，极值Ⅰ型分布。

为更直观地说明问题，进行如下变换：

$$\beta^*=\Phi^{-1}[1-p_f]$$

然后绘制 $r_1-\beta^*$ 图，如图 2-12 所示。

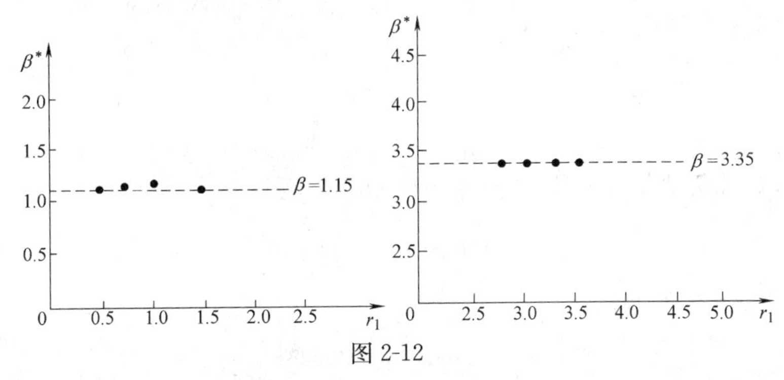

图 2-12

从图 2-12 可见，当取 $r_1\leqslant\beta$ 时，$\beta^*(p_f)$ 值基本上稳定在某一常量；当 $r_1>\beta$ 时，$\beta^*(p_f)$ 呈上升趋势（p_f 下降），不再收敛。原因在于这时实际边界已经改变，见图 2-13。

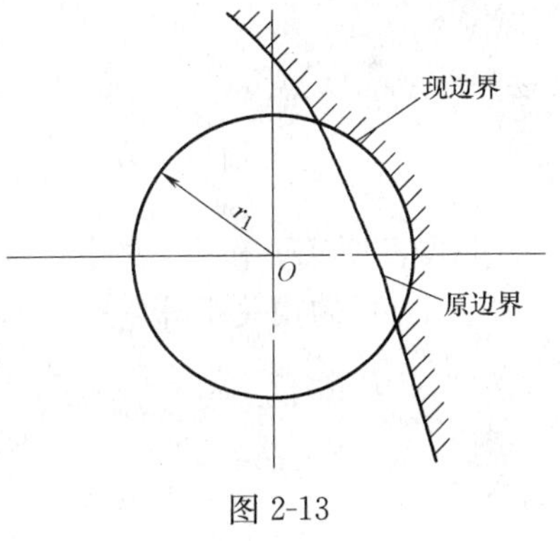

图 2-13

综上所述，对一个实际问题，可以先取一个初值 $r_1=\beta_0$，计算 p_f'。如前后两次所求得的 p_f 值相差不大，那么 p_f 即为所求问题的失效概率；如 $p_f'<p_f^0$，则取 $r_1=\beta_0-\Delta\beta$，直至前后两次所求得的 p_f 值基本稳定。

r_2 通常可根据 r_1，由 $r_2=r_1+3$ 或 $r_2=r_1+4$ 得到。

2.8　相关变量的变换

以上几节讨论的都是基本变量互不相关情况下的可靠指标 β 的计算方法。而对于彼此相关的变量，可以先把它们转换为互不相关变量，然后再按前面给出的方法计算可靠指标 β。

由概率论可知，对于两个相关的随机变量 X_1 和 X_2，相关性可用相关系数

$\rho_{X_1X_2}$表示，即

$$\rho_{X_1X_2}=\frac{\operatorname{cov}(X_1,X_2)}{\sigma_{X_1}\sigma_{X_2}} \tag{2-103}$$

式中　$\operatorname{cov}(X_1, X_2)$——$X_1$ 和 X_2 的协方差；

　　　σ_{X_1}，σ_{X_2}——X_1 和 X_2 的标准差。

相关系数的值域为：

$$-1\leqslant\rho_{X_1X_2}\leqslant 1$$

若 $\rho_{X_1X_2}=0$，表示 X_1 和 X_2 不相关；$\rho_{X_1X_2}=1$，表示 X_1 和 X_2 完全相关。

对 n 个基本变量 $X=(X_1, X_2, \cdots, X_n)$，它们之间的相关性可用相关矩阵表示，即

$$C_X=\begin{bmatrix}\sigma_{X_1}^2 & \operatorname{cov}(X_1,X_2) & \cdots & \operatorname{cov}(X_1,X_n)\\ \operatorname{cov}(X_2,X_1) & \sigma_{X_2}^2 & \cdots & \operatorname{cov}(X_2,X_n)\\ \vdots & \vdots & & \vdots\\ \operatorname{cov}(X_n,X_1) & \operatorname{cov}(X_n,X_2) & \cdots & \sigma_{X_n}^2\end{bmatrix} \tag{2-104}$$

矩阵中的元素 $\operatorname{cov}(X_i, X_j)$ 是 X_i 与 X_j 的协方差，$\sigma_{X_i}^2$ 是 X_i 的方差。

引入标准化变量 $U=(U_1, U_2, \cdots, U_n)$，其中

$$U_i=\frac{X_i-\mu_{X_i}}{\sigma_{X_i}}$$

则 U_i 和 U_j 的协方差

$$\begin{aligned}\operatorname{cov}(U_i,U_j)&=E[(U_i-\mu_{U_i})(U_j-\mu_{U_j})]\\&=\frac{E[(X_i-\mu_{X_i})(X_j-\mu_{X_j})]}{\sigma_{X_i}\sigma_{X_j}}\\&=\frac{\operatorname{cov}(X_i,X_j)}{\sigma_{X_i}\sigma_{X_j}}=\rho_{X_iX_j}\end{aligned} \tag{2-105}$$

上式表明 U_i 和 U_j 的协方差等于 X_i 和 X_j 的相关系数，则 $U=(U_1, U_2, \cdots, U_n)$ 的相关矩阵

$$C_U=\begin{bmatrix}1 & \rho_{12} & \rho_{13} & \cdots & \rho_{1n}\\ \rho_{21} & 1 & \rho_{23} & \cdots & \rho_{2n}\\ \vdots & \vdots & \vdots & & \vdots\\ \rho_{n1} & \rho_{n2} & \rho_{n3} & \cdots & 1\end{bmatrix} \tag{2-106}$$

为了应用前面给出的对于互不相关变量计算可靠指标的方法，需要一组互不相关变量 $Y=(Y_1, Y_2, \cdots, Y_n)$，则 Y 的相关矩阵 C_Y 为对角矩阵，即

$$C_Y=\begin{bmatrix}\sigma_{Y_1}^2 & 0 & \cdots & 0\\ 0 & \sigma_{Y_2}^2 & \cdots & 0\\ \vdots & \vdots & & \vdots\\ 0 & 0 & \cdots & \sigma_{Y_n}^2\end{bmatrix} \tag{2-107}$$

不相关变量 Y 可由 U 通过下述正交变换得到：

$$T=A^{\mathrm{T}}U \tag{2-108}$$

A 为正交变换矩阵。如果 A 是由相关矩阵 C_U 的特征值对应的特征向量组成，则 A 是正交矩阵，则有

$$A^T C_U A=\lambda \tag{2-109}$$

式中的 λ 是 C_U 的特征值矩阵。C_U 是实对称矩阵，因为 $\rho_{ij}=\rho_{ji}$，故其特征值向量是正交的。

师那苏卡（Shinozuka）已证明，对于不相关变量，可靠指标为：

$$\beta=\frac{-C^{*T}U^*}{(G^{*T}G^*)^{1/2}} \tag{2-110}$$

对于相关变量，则

$$\beta=\frac{-C^{*T}U^*}{(G^{*T}C_U G^*)^{1/2}} \tag{2-111}$$

式中的 G^* 是最可能失效点上的梯度。

U 和 X 都是与 Y 相关的。因为 A 是正交矩阵，$A^{-1}=A^T$，故式（2-108）变为：

$$U=AY \tag{2-112}$$

另有

$$X=\sigma_X U+\mu_X=\sigma_X AY+\mu_X \tag{2-113}$$

式中

$$\sigma_X=\begin{bmatrix}\sigma_{X_1} & 0 & \cdots & 0\\ 0 & \sigma_{X_2} & \cdots & 0\\ \vdots & \vdots & & \vdots\\ 0 & 0 & \cdots & \sigma_{X_n}\end{bmatrix} \tag{2-114}$$

$$\mu_X=\begin{bmatrix}\mu_{X_1}\\ \mu_{X_2}\\ \vdots\\ \mu_{X_n}\end{bmatrix} \tag{2-115}$$

由式（2-113）可知，Y 的均值 $\mu_Y=0$。Y 的相关矩阵为：

$$C_Y=E[YY^T]=E[A^TUU^TA]=A^TE[UU^T]A$$

因为

$$E[UU^T]=C_U$$

于是，由式（2-109）有

$$C_Y=A^TC_UA=\lambda \tag{2-116}$$

故 C_U 的特征值也是 Y_1，Y_2，…，Y_n 的方差。

在 Y 空间内，通过偏导数键法则可得导数

$$\frac{\partial g}{\partial Y_i}=\sum_{i=1}^{n}\frac{\partial g}{\partial U_j}\frac{\partial U_j}{\partial Y_i} \tag{2-117}$$

还有

$$\frac{\partial g}{\partial U_j}=\frac{\partial g}{\partial X_j}\frac{\partial X_i}{\partial U_j}=\sigma_{X_j}\frac{\partial g}{\partial X_j} \tag{2-118}$$

上述变换同样适用于线性极限状态函数。由式（2-117）算得的偏导数与变量无关，故失效点 Y^* 和 X^* 可以直接确定。对于线性极限状态函数可由（2-111）得到可靠指标，即

$$\beta=\frac{a_0+\sum_{i=1}^{n}a_i\mu_{X_i}}{\sqrt{\sum_{i=1}^{n}\sum_{j=1}^{n}a_ia_j\rho_{ij}\sigma_{X_i}\sigma_{X_j}}} \tag{2-119}$$

式中 ρ_{ij}——X_i 和 X_j 的相关系数。

如果原基本变量不是正态分布，则可用当量正态分布计算可靠指标。但要注意，这时必须用当量正态分布的均值 $\mu_{X_i'}$ 和标准差 $\sigma_{X_i'}$ 代替式（2-119）中的 $\mu_{X_i'}$ 和 $\sigma_{X_i'}$。

【例 2-9】 设有一杆件承受静荷载 P 与活荷载 S 作用，杆件的能力为 R。它们都是服从正态分布的随机变量。各自的均值与变异系数分别为：

$$\mu_R=2.831\mu_P,\ CV_R=0.11$$
$$\mu_P=\mu_P,\ CV_R=0.10$$
$$\mu_S=0.745\mu_P,\ CV_S=0.25$$

它们的相关系数为：

$$\rho_{RP}=0.80,\ \rho_{PS}=0.30,\ \rho_{RS}=0$$

求此杆件可靠指标 β。

【解】 此杆件的安全裕度方程为：

$$Z=g(X)=R-P-S=0$$

各相关变量的相关矩阵为：

$$\begin{array}{c} \quad\quad R \quad\ \ P \quad\ \ S \\ C_U=\begin{bmatrix}1.0 & 0.8 & 0\\ 0.8 & 1.0 & 0.3\\ 0 & 0.3 & 1.0\end{bmatrix}\begin{matrix}R\\P\\S\end{matrix}\end{array}$$

对应的行列式方程为：

$$\begin{bmatrix}(1-\lambda) & 0.8 & 0\\ 0.8 & (1-\lambda) & 0.3\\ 0 & 0.3 & (1-\lambda)\end{bmatrix}=0$$

特征方程为：

$$(1-\lambda)[(1-\lambda)^2-0.73]=0$$

解得

$$\lambda_1=1.8544,\ \lambda_2=0.1456,\ \lambda_3=1.0000$$

它们是相关矩阵 C_U 的特征值，与它们对应的特征向量为：

$$v_1=\begin{bmatrix}0.6621\\0.7071\\0.2483\end{bmatrix}\quad v_2=\begin{bmatrix}0.6621\\-0.7071\\0.2483\end{bmatrix}\quad v_3=\begin{bmatrix}0.3511\\0\\-0.9363\end{bmatrix}$$

所以正交变换矩阵

$$A=\begin{bmatrix}0.6621 & 0.6621 & 0.3511\\ 0.7071 & -0.7071 & 0\\ 0.2483 & 0.2483 & -0.9363\end{bmatrix}$$

不相关变量 Y 可由式（2-108）求得，Y 的相关矩阵可由式（2-116）求得，即

$$C_Y=\begin{bmatrix}1.8544 & 0 & 0\\ 0 & 0.1456 & 0\\ 0 & 0 & 1.0000\end{bmatrix}$$

变量 $X=(R, P, S)$ 可通过式（2-113）求得，其中

$$\sigma_X=\begin{bmatrix}0.311\mu_P & 0 & 0\\ 0 & 0.100\mu_P & 0\\ 0 & 0 & 0.186\mu_P\end{bmatrix}$$

$$\mu_X\begin{bmatrix}2.831\mu_P\\ \mu_P\\ 0.745\mu_P\end{bmatrix}$$

由式（2-113）有

$$\begin{bmatrix}R\\ P\\ S\end{bmatrix}=\begin{bmatrix}0.2059\mu_P Y_1+0.2059\mu_P Y_2+0.1092\mu_P Y_3\\ 0.0707\mu_P Y_1-0.0707\mu_P Y_2\\ 0.0462\mu_P Y_1+0.0462\mu_P Y_2-0.1742\mu_P Y_3\end{bmatrix}+\begin{bmatrix}2.831\mu_P\\ \mu_P\\ 0.745\mu_P\end{bmatrix}$$

由此可得安全裕度方程为：

$$R-P-S=0.089\mu_P Y_1+0.2304\mu_P Y_2+0.2834\mu_P Y_3+1.086\mu_P=0$$

由于 $\mu_Y=0$，且由 C_Y 可知

$$\sigma_{Y_1}^2=1.8544，\sigma_{Y_2}^2=0.1456，\sigma_{Y_3}^2=1.0$$

并因 Y_1，Y_2，Y_3 互不相关，故 $\rho_{ij}=0(i\neq j)$，于是可靠指标可按式（2-64）求得

$$\beta=\frac{1.086\mu_P}{[(0.089\mu_P)^2\times1.8544+(0.2304\mu_P)^2\times0.1456+(0.2834\mu_P)^2\times1.0]^{1/2}}$$
$$=3.383$$

另外，由于极限状态函数是线性的，故由式（2-119）可得可靠指标

$$\beta=\frac{\mu_R-\mu_P-\mu_S}{[\sigma_R^2+\sigma_P^2+\sigma_S^2-2\times0.8\sigma_R\sigma_P+2\times0.3\sigma_P\sigma_S]^{1/2}}$$

代入相关数据，得

$$\beta=3.383$$

可见得到的结果相同。

第3章 结构系统可靠性分析的基本理论

3.1 结构系统可靠性分析的基础

3.1.1 结构系统可靠性分析的理想化处理

真正的结构系统是非常复杂的，要想精确计算可靠度或失效概率，在目前的科学技术水平下几乎是不可能的。因此，目前在结构系统的可靠性分析中，采取了一系列理想化处理措施。这使结构系统可靠性分析成为可能。

1. 把复杂的结构系统模型化为容易进行可靠性分析的基本结构系统

如果一个结构系统的所有构件都随机独立，当其中任一构件失效时都会导致结构系统失效，则该系统就可模型化为串联结构系统。

当一个结构系统只有在所有构件（或子系统）都失效时系统才失效，则该系统可模型化为并联结构系统。

对更复杂的结构系统可模型化为串—并联组合结构系统。

根据模型化后的基本结构系统，就可对系统进行可靠性分析。但要注意，所求得的失效概率是相对于理想化系统（模型）的，而不是直接相对于实际结构系统的。因此，模型选择必须谨慎，应使结构系统的主要失效形式都能反映到模型中。建立合理的系统模型，是结构系统可靠性分析的关键性工作。

2. 用主要失效形式预测结构系统的可靠性

结构系统的可靠性可通过某种失效模式下可能产生的失效形式预测。但对一个结构系统来讲，可能产生的失效形式非常之多，要想把所有失效形式全都考虑到可靠性分析中去，是不可能的，也是没有必要的。通过具体分析发现，在这众多失效形式中，只有少数失效形式对结构系统失效概率的贡献大，而大多数失效形式的贡献量小。因此就引出了主要失效形式的概念。所谓主要失效形式就是指那些产生概率大的，即对结构系统失效概率有明显影响的失效形式。显然，如能找出主要失效形式，对足够精确地计算结构系统的失效概率是十分重要的。

从20世纪70年代末开始，各国学者提出了一系列寻找主要失效形式的方法，具体可参阅有关文献。

3. 用近似方法计算结构系统的失效概率或可靠度

设与结构系统失效有关的各个基本随机变量为X_1，X_2，…，X_n，当X_i（$i=1$，2，…，n）的联合概率密度函数为$f_{x_1,x_2,\cdots,x_n}$（x_1，x_2，…，x_n）时，从理论上讲，结构系统的失效概率可用式

$$P_f=\iint_D\cdots\int f_{x_1,x_2,\cdots,x_n}(x_1,x_2,\cdots,x_n)\mathrm{d}x_1\mathrm{d}x_2\cdots\mathrm{d}x_n$$

计算，式中 D 为失效域。

对于多维，特别是非线性的情况，用此式计算是非常困难的。另外，当统计数据不充分时，联合概率密度函数也是难以确定的。因此，对于结构系统，通常都不按此式直接计算失效概率，而多采用近似方法。这些近似方法都有一个共同特点，就是均根据基本模型进行计算，以低维联合概率近似多维联合概率。

3.1.2　多元失效模式的概念及其数学模型

研究系统的失效问题实质上是对包含多种失效模式的系统进行分析和综合的问题。因为一般地讲，实际的结构系统都存在着多种失效模式，即极限状态，比如屈服失效、屈曲失效、疲劳失效、机构化失效等。即使在同样一种失效模式下，引起结构系统失效的失效要素组合也会有多种，即多种失效形式。而对于同样一种失效形式，当要素的失效顺序（即失效路径）不同时，失效形式的产生概率是不同的。因此在对实际结构系统进行可靠性分析时，必须考虑到各种实际可能发生的失效形式与失效路径。所谓多元失效模式，就是当系统同时具有多种失效模式时的系统失效模式。

现考虑一个具有 k 种失效形式的结构系统。不同的失效形式具有不同的安全裕度函数。任何失效形式的安全裕度函数可表示为：

$$g_j(X)=g_j(X_1,X_2,\cdots,X_n)\quad(j=1,2,\cdots,k)$$

式中的 X_1，X_2，…，X_n 为基本随机变量，每个失效事件可表示为：

$$E_j=[g_j(X)<0]$$

E_j 的对立事件是安全事件，即

$$\overline{E_j}=[g_j(X)>0]$$

对于具有两个随机变量的情形，可用图 3-1 说明。图中给出了以安全裕度方程表示的三种失效形式：

$$g_j(X)=0\quad(j=1,2,3)$$

如果 k 个可能的失效形式都不出现，即

$$\overline{E}=\overline{E_1}\cap\overline{E_2}\cap\cdots\cap\overline{E_k}$$

时，则结构系统是安全的；反之，结构系统失效的事件可表示为：

$$E=E_1\cup E_2\cup\cdots\cup E_k$$

上式表明，只要有一个失效形式产生，系统就要失效。

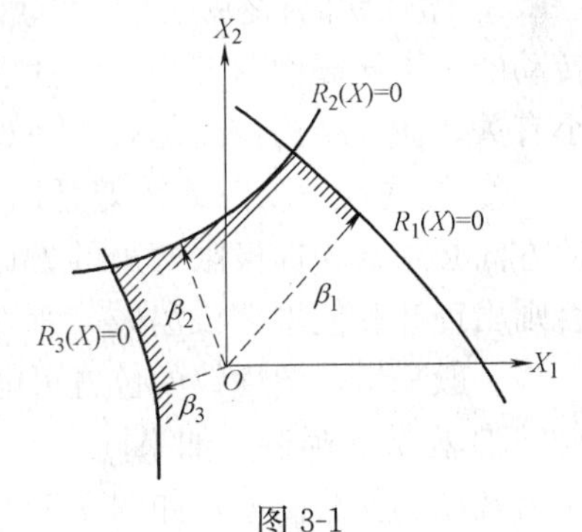

图 3-1

3.1.3　延性破损和脆性破损

实际上，组成结构系统的构件在某一失效模式下的破损，可分为延性破损和脆性破损两类。所谓延性破损，是指当某一构件以某种失效模式失效后，比如截面所承受的弯矩大于极限弯矩而产生塑性铰，或者截面上的应力超过材料的屈服应力时，还能继续承受荷载，也就是说在某种程度上还能继续工作。而脆性破

损，是指一构件失效后，再也不能承受任何荷载。这里特别指出的是，所谓脆性的含义要比通常所说的脆性断裂等特定含义更广泛。

对于静定结构，由于一个构件失效，结构系统也随之失效。因此，在对这种结构进行可靠性分析时，不会由于材料性质的不同而带来任何复杂性，也就是说无所谓延性破损和脆性破损之分。而超静定结构则不同，某一构件失效，无论是延性破损还是脆性破损，都不会导致结构系统失效。因为一构件失效后将导致荷载效应的重新分布。这种分布与结构系统的变形情况以及构件性质有关。出于荷载效应的重新分布，将对后继失效的失效特性产生影响。因此，在对这类结构进行可靠性分析时，必须严格区分是延性破损还是脆性破损。

与构件的延性破损相比，构件脆性破损的结构系统可靠性分析比较困难。也就是说，构件延性破损的超静定结构系统的失效概率比构件脆性破损的超静定结构系统的失效概率容易计算。

3.1.4 塑性铰与失效机构

在结构系统的可靠性分析中经常会遇到塑性铰及失效机构等概念，所以在此简单介绍。

1. 塑性铰

在外荷载作用下，结构构件（例如杆）的某一截面产生无约束的塑性变形时，将使该处在左右两边的截面产生相对转动，就像普通结构铰一样允许结构产生转动，所以称为塑性铰。由于塑性铰的出现，有可能使结构成为机构，即导致结构丧失承载能力。

塑性铰与结构铰的区别如下：

① 塑性铰的存在条件是因截面上的弯矩达到塑性极限弯矩 M_P，并由此产生转动的。当该截面弯矩小于塑性极限弯矩时，则不允许转动，即塑性铰与弯矩大小有关。而在结构铰处总有 $M=0$，不能传递弯矩。

② 结构铰为双向铰，即可以在两个方向上产生相对转动；而塑性铰处的转动方向必须与塑性极限弯矩的方向一致，即不允许向塑性极限弯矩的反向转动，否则出现卸载使塑性铰消失，所以塑性铰为单向铰。

一般来讲，塑性铰的位置可能出现在以下几个截面上：

① 在节点附近。如果同一节点上所连接各个构件的截面不同时，塑性铰首先出现在小的截面上，如图 3-2 所示；如果所连接各构件的截面相同时，则出现在节点上，如图 3-3 所示；但也有可能由于节点破坏而导致各构件端点都出现塑性铰，如图 3-4 所示。

② 当构件承受集中荷载时，塑性铰出现在集中力的作用点处，如图 3-5 所示。

③ 当构件承受均布荷载时，则可由其剪力等于零的条件求得，如图 3-6 所示。

总之，塑性铰总是出现在弯矩最大的截面上，并且可以参照弹性分析的经验确定。

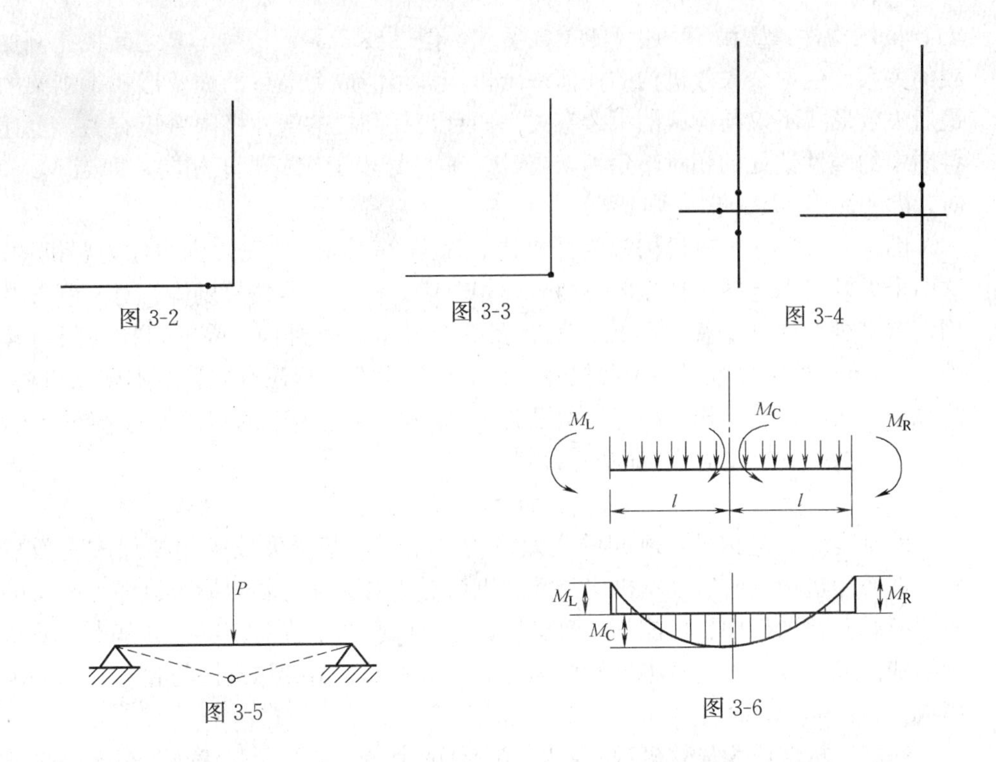

图 3-2　图 3-3　图 3-4

图 3-5　图 3-6

在静定结构中，只要构件中有一处形成塑性铰，则该构件就由可承重的结构变成具有一个自由度的机构，从而失去承载能力。这种机构称为失效机构。在形成失效机构时对应的荷载是承载能力的最大值。当荷载达到最大值时结构出现无约束的塑性变形状态称为塑性极限状态。

在超静定结构中，若使其成为具有一个自由度的失效机构，需要形成塑性铰的个数 r 要比它的超静定次数多 1。当结构的超静定次数为 s 时，则塑性铰的个数为：

$$r=s+1$$

2. 失效机构

前面已经简要说明形成失效机构的基本原理。下面再以图 3-7（a）给出的单跨刚架进一步说明失效机构的有关概念。此刚架为三次超静定结构。

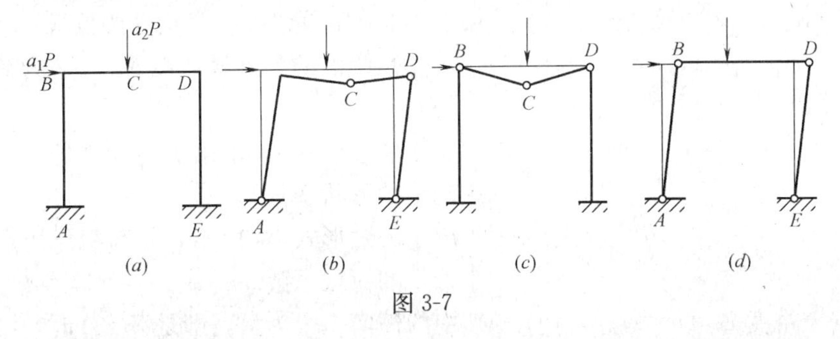

图 3-7

当 $ACDE$ 四个截面形成塑性铰时，刚架变成了机构，从而便失去了承载能力，见图 3-7（b）。当 BCD 三个截面或 $ABDE$ 四个截面形成塑性铰时（图 3-7c、

d)，虽然构件 AB 和 CD 还可能单独承载，但已破坏了 a_1P 与 a_2P 之间按比例加载的关系。这两个失效机构的任何一个机构都可能成为最后的失效形式。刚架的最后失效形式不仅与荷载的组合有关，而且与杆和柱的塑性极限弯矩有关。上述各图中的塑性铰处的相对转角为 θ 或 2θ。其符号规定应与弯矩相同，即当 $M>0$ 时，$\theta>0$；当 $M<0$ 时，则 $\theta<0$。

图 3-7（c）的失效机构称为杆机构，而图 3-7（b）的失效机构称为层机构。这两个失效机构与两个独立的平衡方程相对应，称为基本失效机构。对于刚架结构，有多少个独立平衡方程式，就有多少个基本失效机构（除杆机构与层机构外）。当节点处构件数目多于两根时，则节点的平衡方程还对应着节点转动机构，简称节点机构。若结构的超静定次数为 s，结构中可能出现的塑性铰的个数为 r_0，基本机构数为 m，则它们之间的关系为：

$$m=r_0-s$$

除基本失效机构外，刚架的失效机构，还可由基本失效机构叠加成失效机构，即叠加机构。所有基本机构与叠加机构对应的破坏荷载的最小值即为刚架的极限荷载。叠加机构也可能是失效机构。它可以由两个或两个以上的基本失效机构叠加而成，也可以由基本失效机构与叠加机构或者由叠加机构与叠加机构叠加而成。

超静定桁架成为失效机构时，应至少有两个构件进入屈服状态。桁架的失效机构也是很多的。

3.1.5 失效形式的产生概率及结构系统的失效概率

当结构系统的结构形式及荷载条件给定时，可根据极限分析原理找出各种失效形式，然后可在分析失效机构的基础上，应用虚功原理，由内力功与外力功的平衡方程导出各种失效形式的安全裕度 Z_i（即安全裕度函数）。一般讲，安全裕度 Z_i 为构件能力及荷载效应的某种线性组合，即

$$Z_i=\sum_{p=1}^{n}a_{ip}R_p-\sum_{q=1}^{l}b_{iq}S_q \quad (i=1,2,\cdots,m) \tag{3-1}$$

式中 Z_i（$i=1$，2，…，m）——失效形式 i 的安全裕度，m 为失效形式的数目；

R_p（$p=1$，2，…，n）——第 p 号构件的能力，n 为构件的数目；

S_q（$q=1$，2，…，l）——作用在系统上的第 q 号荷载效应，l 为荷载效应的数目；

a_{ip}——对应于失效形式 i，由第 p 号构件的位置和形状确定的形状系数；

b_{iq}——对应于失效形式 i，由第 q 号荷载作用点及大小确定的荷载系数。

安全裕度 Z_i（$i=1$，2，…，m）中的任何一个为负，即是 $Z_i<0$ 时，结构系统将因第 i 种失效形式而失效。把这样的 Z_i 作为结构系统失效的判别衡准，无论是对静定桁架那样的最弱环系统，还是对超静定结构物那样的一些构件屈服后

仍能维持功能的冗余系统，都可以做统一处理。对于最弱环系统，失效形式 i 与第 i 号构件的失效相对应，所以失效形式数 m 和构件数 n 相等。

失效形式 i 产生的事件，即是 $Z_i<0$ 的事件的概率，称为失效形式 i 的产生概率。而结构系统因任一个失效形式而产生失效的事件，称为结构系统失效事件。其概率称为结构系统失效概率。

因为结构构件的能力 R_p 及载荷效应 S_q 都作为随机变量看待，故 Z_i 也是随机变量。所以结构系统的失效概率或可靠度，可根据 Z_i（$i=1$，2，…，m）的概率特征确定。

设 Z_i 的均值 μ_{Z_i} 与标准差 σ_{Z_i} 为已知，则 Z_i 可按下式标准化：

$$Z_{si}=\frac{Z_i-\mu_{Z_i}}{\sigma_{Z_i}} \tag{3-2}$$

设失效形式 i 产生的事件为 E_i，则失效形式 i 的产生概率

$$\begin{aligned}p_{fi}&=P[E_i]\\&=P[Z_i<0]\\&=P\left[Z_{si}<-\frac{\mu_{Z_i}}{\sigma_{Z_i}}\right]\quad(i=1,2,\cdots,m)\end{aligned}$$

如果 R_p（$p=1$，2，…，n）与 S_k（$k=1$，2，…，l）为互相独立的正态随机变量，则安全裕度 Z_i 便为具有均值 μ_{Z_i}、方差 $\sigma_{Z_i}^2$ 及协方差 $\sigma_{Z_iZ_j}$ 的正态随机变量。

$$\mu_{Z_i}=\sum_{p=1}^{n}a_{ip}\mu_{R_p}-\sum_{q=1}^{l}b_{iq}\mu_{S_q}\quad(i=1,2,\cdots,m) \tag{3-3}$$

$$\sigma_{Z_i}^2=\sum_{p=1}^{n}a_{ip}^2\sigma_{R_p}^2+\sum_{q=1}^{l}b_{iq}^2\sigma_{S_q}^2\quad(i=1,2,\cdots,m) \tag{3-4}$$

$$\sigma_{Z_iZ_j}=\sum_{p=1}^{n}a_{ip}a_{ip}\sigma_{R_p}^2+\sum_{q=1}^{l}b_{iq}b_{iq}\sigma_{S_q}^2\quad(i,j=1,2,\cdots,m,i\neq j) \tag{3-5}$$

当荷载效应 S_j 的均值 μ_{S_j}、方差 $\sigma_{S_j}^2$ 及能力 R_j 的均值 μ_{R_j}、方差 $\sigma_{R_j}^2$ 给定时，则 Z_i 的概率分布就可确定了。即当 Z_i 按式（3-2）进行标准化处理时，Z_{Si} 便成为标准正态随机变量。所以失效形式 i 的产生概率

$$p_{fi}=\Phi\left[-\frac{\mu_{Z_i}}{\sigma_{Z_i}}\right]=\Phi(-\beta_i)$$

式中　β_i——失效形式 i 的可靠指标，$\beta_i=\mu_{Z_i}/\sigma_{Z_i}$。

上式只能用于 R 与 S 服从正态分布的情况，而对结构系统进行可靠性分析时，还必须考虑非正态分布的影响。

为了全面描述失效形式 i 的特性，通常还要计算出它的安全系数 SF_i。安全系数由下式给出：

$$SF_i=\frac{\sum_{p=1}^{n}a_{ip}\mu_{R_p}}{\sum_{q=1}^{l}b_{iq}\mu_{S_q}}\quad(i=1,2,\cdots,m)$$

设结构系统共有 m 种失效形式，失效形式 i 产生的事件为 F_i。当其中任何

一个发生而导致结构系统失效时，则结构系统的失效概率

$$p_f = P[F_1 \cup F_2 \cup \cdots \cup F_m] = 1 - P[\overline{F_1} \cap \overline{F_2} \cap \cdots \cap \overline{F_m}]$$

其中$\overline{F_i}$为F_i的对立事件。

当把失效事件作为互不相容事件的和事件表示时，即

$$F_1 \cup F_2 \cup \cdots \cup F_m = F_1 \cup [\overline{F_1} \cap F_2] \cup [\overline{F_1} \cap \overline{F_2} \cap F_3] \cup \cdots \cup [\overline{F_1} \cap \overline{F_2} \cap \cdots \cap F_m] \tag{3-6}$$

于是结构系统的失效概率

$$\begin{aligned} p_f &= P[F_1] + P[\overline{F_1} \cap F_2] + \cdots + P[\overline{F_1} \cap \overline{F_2} \cap \cdots \cap \overline{F_{m-1}} \cap F_m] \\ &= \int_{-\infty}^{0} P(t_1)\mathrm{d}t_1 + \int_0^{\infty}\int_{-\infty}^{0} P(t_1, t_2)\mathrm{d}t_2\mathrm{d}t_1 + \cdots \\ &\quad + \int_0^{\infty}\int_0^{\infty}\cdots\int_0^{\infty}\int_{-\infty}^{0} P(t_1, t_2, t_3, \cdots, t_m)\mathrm{d}t_m\mathrm{d}t_{m-1}\cdots\mathrm{d}t_1 \end{aligned} \tag{3-7}$$

其中$p(t_1, t_2, \cdots, t_m)$为m维联合概率密度函数。当失效形式数m很多时，式（3-7）的数值计算是非常困难的。为此，正如前面指出的那样，多采用近似方法计算结构系统的失效概率。

为了提高结构系统失效概率计算的精度，还必须考虑失效形式间的相关性。

3.1.6 结构系统失效形式间的相关性

对于实际的结构系统，构件的能力之间、荷载之间并非孤立，而是互相联系的。同时，由于各种失效形式的安全裕度中都包含上述随机变量，因此各失效形式之间也是相关的。所以在进行结构系统的可靠性分析时，必须考虑这种相关性。考虑失效形式间的相关性，不仅可以得出比较合理的可靠指标，同时又往往使问题简单化。

下面针对三种情况讨论失效形式间的相关性。

1. 安全裕度中含有两个随机变量的情况

设安全裕度中只含有两个统计独立的随机变量R及S，它们的均值及标准差分别为μ_R、μ_S和σ_R、σ_S。设失效形式i与j的安全裕度分别为：

$$Z_i = a_i R - b_i S$$

$$Z_j = a_j R - b_j S$$

Z_i与Z_j的协方差（相关矩）可由下式给出：

$$\sigma_{Z_iZ_j} = E(Z_iZ_j) - E(Z_i) \cdot E(Z_j)$$

式中的$E(Z_iZ_j)$与$E(Z_i) \cdot E(Z_j)$按下式计算：

$$\begin{aligned} E(Z_iZ_j) &= E(a_ia_jR^2 + b_ib_jS^2 - a_ib_jRS - b_ia_jRS) \\ &= a_ia_j(\sigma_R^2 + \mu_R^2) + b_ib_j(\sigma_S^2 + \mu_S^2) - a_ib_j\mu_R\mu_S - b_ia_j\mu_R\mu_S \end{aligned}$$

$$\begin{aligned} E(Z_i) \cdot E(Z_j) &= (a_i\mu_R - b_i\mu_S)(a_j\mu_R - b_j\mu_S) \\ &= a_ia_j\mu_R^2 + b_ib_j\mu_S^2 - a_ib_j\mu_R\mu_S - b_ia_j\mu_R\mu_S \end{aligned}$$

由此得

$$\sigma_{Z_iZ_j}=a_ia_j\sigma_R^2+b_ib_j\sigma_S^2$$

于是 Z_i 与 Z_j 的相关系数

$$\rho_{Z_iZ_j}=\frac{\sigma_{Z_iZ_j}}{\sigma_{Z_i}\sigma_{Z_j}}=\frac{a_ia_j\sigma_R^2+b_ib_j\sigma_S^2}{\sigma_{Z_i}\sigma_{Z_j}} \tag{3-8}$$

2. 安全裕度中含有多个随机变量的情况

式（3-8）的结果可以推广到安全裕度中含有多个随机变量的情况。

设两个失效形式 i 与 j 对应的安全裕度分别为：

$$Z_i=\sum_p a_{ip}R_p+\sum_k b_{ik}S_k$$

$$Z_j=\sum_p a_{jp}R_p+\sum_k b_{jk}S_k$$

则相关系数

$$\rho_{Z_iZ_j}=\frac{\sum\limits_{L\in Z_iZ_j}a_{iL}a_{jL}\sigma_{RL}^2+\sum\limits_{F\in Z_iZ_j}b_{iF}b_{jF}\sigma_{SF}^2}{\sigma_{Z_i}\sigma_{Z_j}} \tag{3-9}$$

式中　σ_{RL}^2 与 σ_{SF}^2——Z_i 与 Z_j 中公共能力和公共荷载的方差；

a_{iL}，a_{jL}，b_{iF} 与 b_{jF}——Z_i 与 Z_j 中公共随机变量的系数；

$\sum\limits_{L\in Z_iZ_j}$ 与 $\sum\limits_{F\in Z_iZ_j}$——在 Z_i 与 Z_j 公共部分求和。

3. 安全裕度为非线性的情况

设两个失效形式的安全裕度 Z_1 与 Z_2 为非线性函数，这时求 $\rho_{Z_1Z_2}$ 往往需要把它们在设计验算点 X^* 处进行泰勒级数展开。这时协方差

$$\sigma_{Z_iZ_j}=\sum_{k=1}^{n}\left(\frac{\partial Z_i}{\partial x'_k}\right)_{X^*}\cdot\left(\frac{\partial Z_j}{\partial x'_k}\right)_{X^*}$$

其中标准化变量

$$x'_k=\frac{X_k-\mu_{x_k}}{\sigma_{x_k}}$$

相关系数

$$\rho_{Z_iZ_j}=\frac{\sigma_{Z_iZ_j}}{\sigma_{Z_i}\sigma_{Z_j}}=\sum_{k=1}^{n}a_{ik}\cdot a_{jk}$$

式中

$$\left.\begin{aligned}a_{ik}&=\left(\frac{\partial Z_i}{\partial x'_k}\right)_{X^*}\Bigg/\sqrt{\sum_k\left(\frac{\partial Z_i}{\partial x'_k}\right)^2_{X^*}}\\a_{jk}&=\left(\frac{\partial Z_j}{\partial x'_k}\right)_{X^*}\Bigg/\sqrt{\sum_k\left(\frac{\partial Z_j}{\partial x'_k}\right)^2_{X^*}}\end{aligned}\right\}$$

在结构系统中，两种失效形式的相关性具有下述形式。

① 在同一结构系统中，来自同一个随机变量的两种失效形式完全相关。设失效形式 i 与 j 安全裕度为：

$$Z_i=aR+c$$

$$Z_j=bR+d$$

其中 R 为随机变量，a、b、c、d 为常量。Z_i 与 Z_j 的相关系数

$$\rho_{Z_iZ_j}=\frac{a\cdot b\sigma_R^2}{\sqrt{(a\sigma_R)^2}\sqrt{(b\sigma_R)^2}}=1$$

② 同一结构系统中的两种失效形式一般是正相关的，即

$$0\leqslant\rho_{Z_iZ_j}\leqslant 1$$

③ 同一结构系统中的两种失效形式的相关性可按相关系数的大小分为高级相关与低级相关。在以后的讨论中，定义 ρ_0 为临界相关系数，一般 $\rho_0=0.7\sim0.8$。ρ_0 数值可根据实际结构的重要性与经济性修正。通常定义 $\rho_{Z_iZ_j}\geqslant\rho_0$ 为高级相关；$\rho_{Z_iZ_j}<\rho_0$ 为低级相关。

当 $\rho_{Z_iZ_j}\geqslant\rho_0$ 时，可以用一种失效形式代替另一种失效形式，这样就可使结构系统的可靠性分析简化。当 $\rho_{Z_iZ_j}<\rho_0$ 时，必须考虑各种失效形式对结构系统失效的影响。比如，通过对船体梁各断面安全裕度间相关分析可知，各断面安全裕度的相关系数通常都小于 0.7，所以在做船体纵弯曲可靠性分析时，必须计算出若干代表性截面的失效概率，然后再对整个船体做可靠性分析。

后面将要介绍的 PNET 方法，就是基于失效形式间的相关程度而提出的一种实用的分析方法。

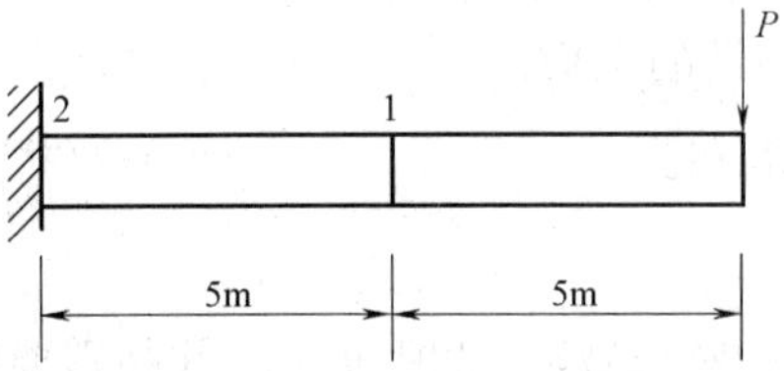

【例 3-1】 图 3-8 给出一承受集中力的悬臂梁。设各随机变量均为正态分布，数字特征见表 3-1。M_1 与 M_2 分别为截面 1 与 2 的弯曲强度，P 为外荷载。求两截面处安全裕度之间的相关系数 $\rho_{Z_iZ_j}$。

图 3-8

各随机变量的数字特征 表 3-1

随机变量	均值	标准差
M_1	3.00kN·m	0.30kN·m
M_2	6.060kN·m	0.66kN·m
P	0.50kN	0.50kN

【解】 截面 1 与 2 的安全裕度分别为：

$$Z_1=M_1-5P$$

$$Z_2=M_2-10P$$

二者的公共随机变量为 P，故相关系数为：

$$\rho_{Z_iZ_j}=\frac{(-5)(-10)\sigma_P^2}{\sigma_{Z_1}\sigma_{Z_2}}=0.387$$

若 $M_1=M_2=M\ (\mu_M，\sigma_M)=M\ (3.00，0.30)$，则相关系数为：

$$\rho_{Z_iZ_j}=\frac{1\times1\times\sigma_M^2+(-5)(-10)\sigma_P^2}{\sigma_{Z_1}\sigma_{Z_2}}=0.944$$

由此例可见，在同一结构系统的两个安全裕度中，相同随机变量的数目占随机变量总数的百分比越高，则相关系数就越大，即相关性越强。还可看出，变量间的相关性愈强，则两个安全裕度的相关系数就越大。由此可以得出结论：提高构件间的相关性与变量之间的相关性会提高结构系统的安全程度。

3.1.7　桁架及刚架结构系统可靠性分析的特点

无论是土木工程结构物还是船舶及海洋工程结构物，都可以简化成桁架及刚架，因此桁架及刚架结构系统的可靠性分析是结构系统可靠性分析的基础。结构系统，特别是大型结构系统的可靠性分析是非常复杂的。为了使读者能对以后各章的内容更好地了解及对结构系统的可靠性分析过程有明确的思路，本节简略介绍桁架及刚架结构系统的失效特征及可靠性分析特点。

1. 桁架结构系统的失效特征及有关概念

(1) 静定桁架

当构成静定桁架的构件承受了超过极限轴力的拉力或压力时，便产生失效。对于桁架，任何一个构件的失效，都将引起结构系统的失效，所以失效形式的数目与构件的数目相同，失效形式的安全裕度可用下式给出：

$$Z_i = R_i - \sum_{j=1}^{l} b_{ij} l_j \quad (i = 1, 2, \cdots, n, n = m)$$

式中　n——构件数；

m——失效形式数；

l——外荷载数。

(2) 超静定桁架

一般假定超静定桁架的失效是由构件（桁杆）受拉或受压后塑性屈服引起的。超静定桁架和静定桁架不同，某个构件或某些构件失效一般不会引起结构系统失效。设超静定次数为 s，则任何 $(s+1)$ 个构件失效，一定会引起结构系统的失效。但由于结构形态的不同，小于 $(s+1)$ 个构件失效，也可能引起结构系统的失效。对于超静定桁架结构系统，每一种使结构系统失效的失效构件序列，称为一种失效形式。因此，由 n 个构件组成的超静定桁架，可能有 C_n^{s+1} 种组合的失效形式。

对超静定桁架进行可靠性分析时，还必须考虑到下述特征：

① 和静定桁架不同，结构系统的失效概率不等于单个构件的失效概率，而是组成失效形式的失效构件的联合失效概率。

② 对于组成一种失效形式的失效构件，当改变它们的失效顺序时，可以组成不同的失效路径，各种失效路径的产生概率也不一样。

③ 某一构件的内力会随着其他构件的失效而变化。超静定桁架的失效过程可分为两种，一种是连锁失效过程，另一种是同时失效过程。前者是当构件 r_p 失效后，在剩下的构件中发生内力重新分配，然后构件 r_{p+1} 产生失效；后者则在构件 r_p 失效后，紧接着构件 r_{p+1} 也产生失效，其间没有内力重新分配过程。

④ 设某一失效形式的构件按 r_1、r_2、$\cdots r_p$、r_{p_q} 的顺序失效而引起结构系统失效。这时，r_1、r_2、$\cdots r_p$、r_{p_q} 称为完全失效路径，而其中的一部分，如 r_1、r_2、$\cdots r_p$ 则称为部分失效路径，构成失效路径的构件数称为失效路径长度。

2. 刚架结构系统的失效特征及有关概念

对于实际工程结构，刚架是最常见的超静定结构形式。通常，它可以有多种失效模式。机构失效是要考虑的一种主要失效模式。若某一刚架结构不是全部构件失效，但只要产生足够多的塑性铰而形成一定的塑性铰组合，使结构系统成为机构时，就将导致结构系统丧失承载能力而失效。即使同样是机构失效，由于不同构件的塑性铰化，会产生不同的失效形式，而对一种失效形式，由于塑性铰产生的顺序不同，又会形成不同的失效路径，但与桁架不同的是，失效形式的产生概率与失效路径无关。在任一组成失效形式的塑性铰组合中，有的塑性铰可以从组合中除去，剩余的塑性铰组合仍然可以使结构系统失效，这样的塑性铰称为冗余塑性铰。相反，那些如果从组合中去掉，剩余塑性铰就不能使结构系统失效，即不能使结构成为机构的塑性铰称为基本塑性铰。

为便于对刚架结构系统进行可靠性分析，通常作如下假定：

① 材料是均匀且各向同性时，材料的力学行为是完全弹塑性的，即已经形成塑性铰的截面服从塑性变形理论，而其他截面则表现为完全弹性。

② 结构系统只受集中力与集中弯矩作用。

③ 塑性铰只在构件连接处或集中荷载作用点处形成，以可能形成塑性铰的截面为端面而构成对系统进行内力分析的各杆单元。

④ 某截面形成塑性铰的条件是该截面的屈服函数 $F_k=0$。F_k 是由杆单元的几何尺度、屈服应力及荷载效应决定的。计算荷载效应时要考虑弯矩、轴力、剪力的综合影响。

⑤ 当某一杆元端面形成塑性铰后，其余残存在未屈服端面上的应力都会重新分配。也就是说，在进行新的应力分析时，已产生塑性铰的杆单元，单元刚度矩阵要用相应的修正刚度矩阵代替，而且由于塑性铰的生成，需要在相关节点处加上等效节点力。反复这样的应力分析过程，直到产生一组塑性铰，使结构成为机构，这样就产生了一种失效形式。

3.2 结构系统可靠性分析的基本方法

在 3.1 节基本概念的基础上，本节首先介绍结构系统失效概率的一些基本方法，进而详细介绍当结构系统在某一失效模式下的各种失效形式及其安全裕度给定时，如何利用 1～4 阶矩信息，同时考虑随机变量的多种分布、随机变量间的相关性及失效形式间的相关性，计算结构系统失效概率的具体过程。

3.2.1 结构系统失效概率的计算方法及分析

1. 失效概率的限界估计

(1) 失效概率的最大限界估计

在对结构系统进行可靠性分析时，尤其是在初始阶段，都想预估失效概率的最大值与最小值。因此，计算失效概率的最大限界是必要的。根据概率的基本性质，即

$$0 \leqslant p_f \leqslant 1$$

可以把式（3-7）中第二项以后的各项作为贡献大于零处理。对于此式，任何一

个事件的概率作为初始项都是可以的。所以结构系统的失效概率比任何一种失效形式的产生概率都大，设 $p_f^{(0)}$ 为其中最大者，则

$$p_f^{(0)}=\max p_{fi}\leqslant p_f \tag{3-10}$$

式中，$p_{fi}=P[F_i]$。所以，$p_f^{(0)}$ 给出了 p_f 的下限值。

另外，对于任两个事件 A 和 B，因为 $A\cap B\subset B$ 和 $A\cap B\subset A$，所以下式成立：

$$P[A\cap B]\leqslant P[A](\text{或 }P[B])$$

把此关系式应用于式（3-7），可知结构系统的失效概率要小于各种失效形式所产生概率之和，即

$$p_f\leqslant P[F_1]+P[F_2]+\cdots+P[F_m]=\sum_{i=1}^{m}P[F_i]=p_f^{(1)} \tag{3-11}$$

$p_f^{(1)}$ 给出了的上限值。

式（3-10）及式（3-11）给出两种极端情况下的结构系统的失效概率。前者对应于失效形式完全相关，后者对应于失效形式完全独立。一般情况下结构系统的失效概率总是处于这两者之间。所以

$$p_f^{(0)}\leqslant p_f\leqslant p_f^{(1)} \tag{3-12}$$

给出了结构系统失效概率的最大限界估计。

（2）根据和事件概率展开定理确定结构系统失效概率的限界

将式（3-6）给出的和事件的概率进行展开，则结构系统的失效概率 p_f 可用下式表示：

$$\begin{aligned}p_f&=P[F_1\cup F_2\cup\cdots\cup F_m]\\&=\sum_{i=1}^{m}P[F_i]-\sum_{i=1}^{m-1}\sum_{i<j}^{m}P[F_i\cap F_j]+\sum_{i=1}^{m-2}\sum_{i<j}^{m-1}\sum_{j<k}^{m}P[F_i\cap F_j\cap F_k]+\cdots\\&\quad+(-1)^{m-1}P[F_1\cap F_2\cap\cdots\cap F_{m-1}\cap F_m]\end{aligned}$$

把上式各项分开考虑时，则可得出下列各种关系：

$$p_f\leqslant\sum_{i=1}^{m}P[F_i]=p_f^{(1)}$$

$$p_f\leqslant p_f^{(1)}-\sum_{i=1}^{m-1}\sum_{i<j}^{m}P[F_i\cap F_j]=p_f^{(2)}$$

$$p_f\leqslant p_f^{(2)}+\sum_{i=1}^{m-2}\sum_{i<j}^{m-1}\sum_{j<k}^{m}P[F_i\cap F_j\cap F_k]=p_f^{(3)}$$

$$p_f=p_f^{(m-1)}+(-1)^{m-1}P[F_1\cap F_2\cap\cdots\cap F_{m-1}\cap F_m]$$

由上述各式可见，$p_f^{(2)}$、$p_f^{(3)}$、…系列可能给出较式（3-12）为窄的失效概率区间。很显然，为求出 $p_f^{(k)}$，必须计算 k 维联合概率。随着 k 的增加，计算量将急剧增加。一般在较小时（如 $k=2$，3），将

$$p_f^{(2)}\leqslant p_f\leqslant p_f^{(3)}$$

作为给出区间的一种方法。这基本上是可行的。

需要特别注意的是式

$$p_f^{(0)}\leqslant p_f^{(2)}\leqslant p_f\leqslant p_f^{(3)}\leqslant p_f^{(1)}$$

不一定成立。

(3) 根据 Ditlevsen 的方法确定结构系统失效概率的界限

设结构系统各种失效形式产生的事件为 F_i ($i=1, 2, \cdots, m$)，逆事件为 $\overline{F_i}$ ($i=1, 2, \cdots, m$)，结构系统失效的事件为 F，则有

$$F=F_1\cup F_2\cup\cdots\cup F_m$$

上式可以分解为 m 个互不相容的事件之和：

$$\begin{aligned}F&=F_1\cup F_2\cup\cdots\cup F_m\\&=F_1\cup(\overline{F}_1\cap F_2)\cup\cdots\cup(\overline{F}_1\cap\overline{F}_2\cap\cdots\cap\overline{F}_{m-1}\cap F_m)\end{aligned}\tag{3-13}$$

由事件运算法，有

$$\overline{F}_1\cap\overline{F}_2\cap\cdots\cap\overline{F}_m=\overline{F_1\cup F_2\cup\cdots\cup F_m}$$

以及

$$F_i\cap(\overline{F}_1\cap\overline{F}_2\cap\cdots\cap\overline{F}_{i-1})=F_i\cap(\overline{F_1\cup F_2\cup\cdots\cup F_{i-1}})\quad(i=2,3,\cdots,m)$$

注意到

$$[F_i\cap(\overline{F_1\cup F_2\cup\cdots\cup F_{i-1}})]\cup[F_i\cap(F_1\cap F_2\cap\cdots\cap F_{i-1})]=F_i$$

于是有

$$\begin{aligned}&P[F_i\cap(\overline{F}_1\cap\overline{F}_2\cap\cdots\cap\overline{F}_{i-1})]\\&\qquad=P[F_i]-P[(F_i\cap F_1)\cup(F_i\cap F_2)\cup\cdots\cup(F_i\cap F_{i-1})]\end{aligned}$$

但

$$\begin{aligned}&P[(F_i\cap F_1)\cup(F_i\cap F_2)\cup\cdots\cup(F_i\cap F_{i-1})]\\&\qquad\leqslant P(F_i\cap F_1)+P(F_i\cap F_2)+\cdots+P(F_i\cap F_{i-1})\end{aligned}$$

所以

$$P[F_i\cap(\overline{F}_1\cap\overline{F}_2\cap\cdots\cap\overline{F}_{i-1})]\geqslant P[F_i]-\sum_{j=1}^{i-1}P[(F_i\cap F_j)]$$

对式 (3-13) 求概率，并将上式代入便得

$$P[F]\geqslant P[F_1]+\max\Big[\sum_{i=2}^{m}\Big\{P[F_i]-\sum_{j=1}^{i-1}P[F_i\cap F_j]\Big\},0\Big]\tag{3-14a}$$

上式可作为 p_f 的下限值。

另一方面，对任一个 j 有

$$\overline{F}_1\cap\overline{F}_2\cap\cdots\cap\overline{F}_{i-1}\subset\overline{F}_j$$

特别是有

$$\overline{F}_1\cap\overline{F}_2\cap\cdots\cap\overline{F}_{i-1}\subset\min_{j<i}\overline{F}_j$$

所以

$$(\overline{F}_1\cap\overline{F}_2\cap\cdots\cap\overline{F}_{i-1})\cap F_i\subset(\min_{j<i}\overline{F}_j)\cap F_i$$

注意到

$$[(\min_{j<i}\overline{F}_j)\cap F_i]\cup[(\min_{j<i}F_j)\cap F_i]=F_i\cap(\min_{j<i}\overline{F}_j\cup\min_{j<i}F_j)=F_i$$

这样有

$$P[F_i\cap(\overline{F}_1\cap\overline{F}_2\cap\cdots\cap\overline{F}_{i-1})]\leqslant P[F_i]-\max_{j<i}P[(F_i\cap F_j)]$$

故由式 (3-13) 及上式，有

$$P[F]\leqslant P[F_i]+\sum_{i=2}^{m}\{P[F_i]-\max_{j<i}P[F_i\cap F_j]\}$$

或

$$P[F]\leqslant \sum_{i=1}^{m}P[F_i]-\sum_{j=2}^{m}\max_{j<i}P[F_i\cap F_j] \tag{3-14b}$$

可知当结构系统具有 m 个失效形式时，式（3-14a）和式（3-14b）分别表示结构系统失效概率 p_f 的下界和上界，即

$$P[F_1]+\max\Big[\sum_{i=2}^{m}\Big\{P[F_i]-\sum_{j=1}^{i-1}P[F_i\cap F_j]\Big\},0\Big]\leqslant$$

$$p_f\leqslant\sum_{i=1}^{m}P[F_i]-\sum_{j=2}^{m}\max_{j<i}P[F_i\cap F_j] \tag{3-15}$$

这一方法可以给出比较窄的失效概率区间。当相关系数在 0.6 以下时，尤为理想。

2. 失效概率的近似计算

（1）室津等的方法

当 k（$<m$）维概率分布函数可以计算时，则结构系统的失效概率 p_f 可按下述方法计算。

把各失效形式的产生概率 p_{fi} 按从大到小的顺序排列，即

$p_{f1}\geqslant p_{f2}\geqslant\cdots\geqslant p_{fi}\geqslant\cdots\geqslant p_{fm}$

设 α 为一给定的常数，且设 N_α 为满足

$$p_{fi}/p_{f1}\geqslant 10^{-\alpha} \tag{3-16}$$

的 i 的最大数值。

计算时，略去 $N_\alpha+1$ 项及以后各项，只计入前 N_α 项。根据式（3-7），结构系统的失效概率可近似表示为：

$$p_f'=P[F_1]+P[\overline{F}_1\cap\overline{F}_2]+\cdots+P[\overline{F}_1\cap\overline{F}_2\cap\cdots\cap\overline{F}_{N_\alpha-1}\cap F_{N_\alpha}] \tag{3-17}$$

当 k 维以下的联合概率可以计算时，对上式存在两种情况：

① 当 $N_\alpha\leqslant k$ 时，可直接利用式（3-17）计算结构系统的失效概率，即

$$p_f\approx p_f'$$

最大误差为：

$$|p_f-p_f'|\leqslant(m-N_\alpha)\times 10^{-\alpha}p_{f1}$$

② $N_\alpha>k$ 时，设 $k+1\leqslant l\leqslant N_\alpha$，$T\triangleq\{1, 2, \cdots, l-1\}$，$R\triangleq\{r_1, r_2, \cdots, r_{l-1}\}\subset T$，$\overline{R}\triangleq(T-R)$。其中符号“$\triangleq$”表示“定义”。

根据概率的乘法公式，有

$$P[A\cap B]=P[B]\cdot P[A/B]$$

其中 A、B 为任意事件，$P[A/B]$ 为事件 B 发生的条件下事件 A 发生的条件概率，并注意到

$$0\leqslant P[A/B]\leqslant 1$$

则有

$$P[\overline{F}_1\cap\overline{F}_2\cap\cdots\cap\overline{F}_{l-1}\cap\overline{F}_l]$$

$$=P[(\bigcap_{r_i\in R}\overline{F}_{r_i})\cap F_l]\times P[\bigcap_{r_i\in R}\overline{F}_{r_i}\mid(\bigcap_{r_i\in R}\overline{F}_{r_i})\cap F_l]\leqslant \min_R P[(\bigcap_{r_i\in R}\overline{F}_{r_i})\cap F_l] \tag{3-18}$$

这样，结构系统的失效概率可由下式计算：

$$p_f\approx p_f(a,k)=P[F_1]+P[\overline{F}_1\cap F_2]+\cdots+P[\overline{F}_1\cap\overline{F}_2\cap\cdots\cap\overline{F}_{l-1}\cap F_l]$$
$$+\sum_{l=k+1}^{N_\alpha}\min_R P[(\bigcap_{r_i\in R}\overline{F}_{r_i})\cap F_l] \tag{3-19}$$

由于

$$0\leqslant P[\overline{F}_i\cap F_j]\leqslant P[F_j]$$

所以可得如下关系式：

$$p_f^{(0)}\geqslant p_f(a,k)\leqslant p_f^{(1)} \tag{3-20}$$

由式（3-16）和式（3-18），有如下不等式：

$$p_f\leqslant p_f(a,k)+(m-N_\alpha)\times 10^{-\alpha}p_{f1} \tag{3-21}$$

由式（3-19）和式（3-20）可见，p_f（α，k）给出了计算结构系统失效概率的比较合理的近似公式。

（2）PNET法

PNET法是Ma和Ang等人于1979年提出的一种近似方法，它的全称为“概率网络估算技术”（Probability Network Evaluation Technique）。

PNET法的基本思路是：认为所有主要的失效形式可以用其中m个所谓代表形式代替。这些代表形式是由所有主要形式通过下述原则选择出来的。

对$\rho_{ij}\geqslant\rho_0$的相关形式，就假设为高级相关。而相关程度低的形式$\rho_{ij}\leqslant\rho_0$，就假设为互相统计独立。其中ρ_0是给定的衡量各失效形式间相关程度的依据，称之为临界相关系数。

把主要失效形式分为几组，任一组包含的失效形式对应的安全裕度为Z_1、Z_2、$\cdots Z_k$。它们都与其中的一个失效形式Z_r高级相关（即$\rho_{rj}\geqslant\rho_0$，$j=1$，2，…，k）。此时可以用Z_r作为代表。就是说，该组的失效概率都可以用Z_r的失效概率来代替，即

$$P[(Z_1\leqslant0)\cup(Z_2\leqslant0)\cup\cdots\cup(Z_k\leqslant0)]\approx P[(Z_r\leqslant0)]$$

式中，$P[(Z_r\leqslant0)]=\max P[F_j]$（$j=1$，2，…，$k$）。进一步假设不同组的$Z_r$是相互统计独立的，及对$Z_q$和$Z_r$有$\rho_{qr}\leqslant\rho_0$。

按上述原则，这m个代表失效形式中，第i个形式的产生概率为p_{fi}，则结构系统的可靠度

$$p_r=\prod_{i=1}^{m}(1-p_{fi})=\prod_{i=1}^{m}p_{ri} \tag{3-22}$$

对应的失效概率

$$p_f=1-p_r=-\prod_{i=1}^{m}(1-p_{fi})=1-\prod_{i-1}^{m}p_{ri} \tag{3-23a}$$

当p_{fi}很小时，上式可近似地写成

$$p_f = \sum_{i=1}^{m} p_{fi} \tag{3-23b}$$

PNET法计算结构系统失效概率和可靠度的具体步骤如下：

① 选择临界相关系数 ρ_0。由上述原则可见，PNET法的计算结果与所选择的 ρ_0 值有关。它应根据失效形式的多少与工程的重要程度选取，也就是说应根据工程要求的可靠性水平选择。一般说来，当单个失效形式产生概率较高时，例如达到 10^{-1} 的数量级（即工程的重要程度较低）时，取 $\rho_0=0.5$ 就可以得到满意的结果。如果各失效形式的产生概率较小（即设计的工程很重要时），例如达到 10^{-3} 或 10^{-4}，则取 ρ_0 为0.7或0.8是合适的。

② 算出各失效形式的产生概率，按产生概率值由大到小依次将各失效形式排列，例如有 Z_1、Z_2、…、Z_n。

③ 取 Z_1 为比较依据，依次计算其余各失效形式与 Z_1 的相关系数 ρ_{12}、ρ_{13}、…、ρ_{1m}，其中 $\rho_{1j} \geqslant \rho_0$ 的失效形式所对应的 Z_j 可用 Z_1 代表。

④ 对 $\rho_{1j} < \rho_0$ 的各失效形式，再按产生概率由大到小依次排列，取产生概率最大的形式为依据，用第③步的方法，找出它所代表的失效形式。重复以上步骤，直到各个失效形式都找到代表形式为止。

⑤ 由各代表形式的概率，用式（3-22）或式（3-23a）、式（3-23b）计算结构系统的可靠度或失效概率。

由于PNET法考虑到各失效形式的相关性，因而具有一定的适应性。由于各失效形式间荷载效应一般是高级相关的，加上材料性能所决定的能力也有较高的相关性，因此各失效形式间的相关系数通常较高，故代表形式一般较少，这样可使计算工作量大大减少。同时实践证明，PNET法也具有较高的精度。因此PNET法已成为延性结构系统可靠性分析的较为可行的方法。

下面举一实例，说明PNET法的计算过程。

【例3-2】 图3-9给出一个梁索系统，梁承受均布荷载 W，服从正态分布，均值 $\mu_W=29.186\text{kN/m}$，变异系数 $CV_W=0.2$；一索和二索的截面积分别为 6.4516cm^2 和 1.6129cm^2，钢索的屈服强度 σ_y 服从正态分布，其均值 $\mu_{\sigma y}=413.6\text{MPa}$，变异系数 $CV_{\sigma y}=0.1$。梁的总长度 $2L=9.7536\text{m}$，梁为等截面。达到塑性极限的抗弯能力 M 服从正态分布，均值 $\mu_M=1.3557\text{kN}\cdot\text{m}$，变异系数 $CV_M=0.15$。设每条钢索的抗拉能力是统计独立的，梁的抗弯能力也是统计独立的。该系统具有图3-9（b）～（e）所示的四种屈服失效形式，它们的安全裕度可通过虚功原理依次得到：

$$Z_b(x)=6M-\frac{L^2}{2}W$$

$$Z_c(x)=F_1L+2F_2L-2WL^2$$

$$Z_d(x)=M+F_2L-\frac{1}{2}WL^2$$

$$Z_e(x)=2M+F_1L-WL^2$$

求系统的失效概率。

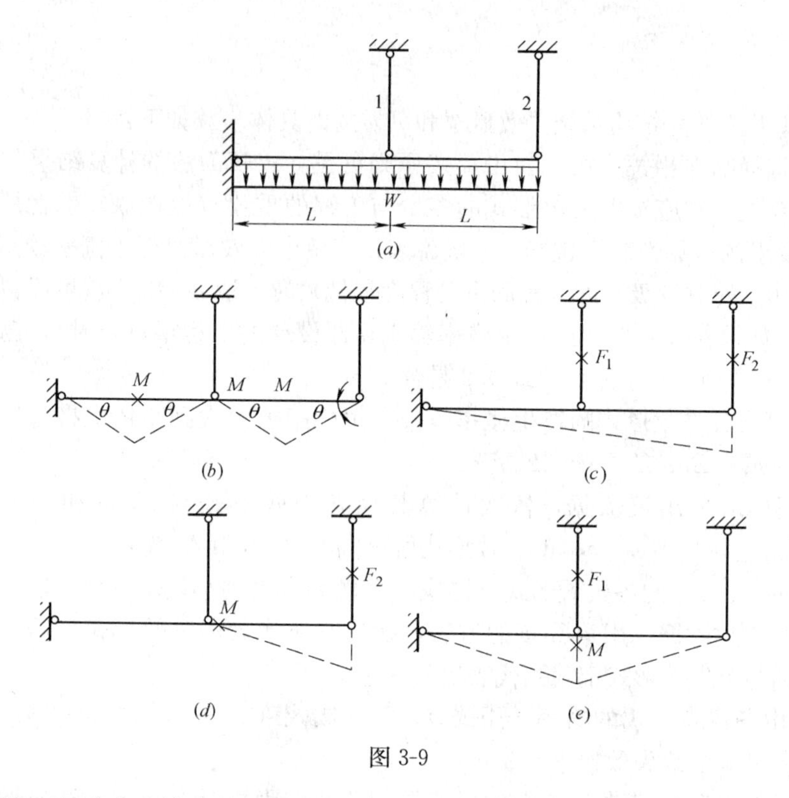

图 3-9

【解】 上述安全裕度均为线性，由式（2-75）可分别算得它们的可靠指标和相应的失效概率

$$\beta_b = 3.32$$

$$p_{fb} = \Phi(-3.32) = 4.5 \times 10^{-4}$$

同理

$$\beta_c = 3.65 \qquad p_{fc} = 1.33 \times 10^{-4}$$

$$\beta_d = 4.51 \qquad p_{fd} = 3.25 \times 10^{-6}$$

$$\beta_e = 4.51 \qquad p_{fe} = 3.25 \times 10^{-6}$$

以上各失效形式恰好是按失效概率由大到小排列的。取 $\rho_0 = 0.8$，以第一个失效形式（即失效形式 b）为依据，用式（3-9）求各安全裕度的相关系数，分别得

$$\rho_{bc} = 0.412 \qquad \rho_{bd} = 0.534 \qquad \rho_{be} = 0.534$$

可知，当取 $\rho_0 = 0.8$ 时，失效形式（c）、（d）、（e）均不能用形式（b）代表，继续以形式（c）作为依据，可求得

$$\rho_{cd} = 0.856 \qquad \rho_{ce} = 0.856$$

可见系统只有两个代表失效形式（b）和（c）。由式（3-23a）得系统的失效概率

$$p_f = 1 - [(1 - 4.5 \times 10^{-4})(1 - 1.33 \times 10^{-4})] = 5.829 \times 10^{-4}$$

如果用最大限界估计公式（3-12）可得

$$4.5 \times 10^{-4} \leqslant p_f \leqslant 5.895 \times 10^{-4}$$

如果用Ditlevsen公式（3-15）可得

$$5.822\times10^{-4}\leqslant p_f\leqslant5.855\times10^{-4}$$

3. 结构系统可靠性的综合评价

上面给出常用的结构系统失效概率的限界估计及近似估计法。可以看出，这些方法都有局限性和近似性。为使结构系统失效概率的评价接近实际，并为结构系统的优化可靠性设计提供的依据合理可靠，必须提高覆盖面足够宽的评价值。根据作者的研究结果，本书提出一个最大限界估计、一个窄限界估计及一个近似估计值作为评价结构系统失效概率的衡准。其中最大限界估计采用式（3-11），即

$$p_f^{(0)}\leqslant p_f\leqslant p_f^{(1)}$$

如前所述，$p_f^{(0)}$ 对应于失效形式完全相关，其值偏于危险。而 $p_f^{(1)}$ 对应于失效形式统计独立，其值最为保守。因此，选取这两个值用于初始检验阶段是必要的。对于窄限界选用Ditlevsen法的下限值，即

$$p_f^{(L)}=p_{f1}+\max\left[\sum_{i=2}^{m}\left(p_{fi}-\sum_{j=1}^{i-1}P[F_i\cap F_j]\right),0\right]$$

其上限值，参考室津方法中 p_f（α，k）的推导过程确定如下。

根据式（3-6）和式（3-17）可知：

$$p_f=p'_f+P[\overline{F}_1\cap\overline{F}_2\cap\cdots\cap\overline{F}_{N_\alpha}\cap\overline{F}_{N_\alpha+1}]+\cdots$$

$$+P[\overline{F}_1\cap\overline{F}_2\cap\cdots\cap\overline{F}_{m-1}\cap\overline{F}_m]\leqslant p'_f+\sum_{i=N_\alpha+1}^{m}P[F_i]$$

比较式（3-6）、式（3-18）及式（3-19）可得

$$p_f(a,k)\geqslant p'_f$$

所以有

$$p_f\leqslant p_f(\alpha,k)+\sum_{i=N_\alpha+1}^{m}p_{fi}=p_f^{(U)}$$

一般在所给定的常数 α 的控制下，N_α 以后各项的值相对来讲很小，所以上式中的第二项相对于 p_f（α，k）也是一个很小的值，因而将 $p_f^{(U)}$ 作为窄限界上限是合理的。

本章采用的近似估计值，就是室津方法的 p_f（α，k），因为此法的优点是可以根据精度的要求选择值 α 和 k 值的大小。为清楚起见，现把上述五个评价衡准集中写在下面：

① $p_f^{(0)}=\max p_{fi}$

② $p_f^{(L)}=p_{f1}+\max\left[\sum_{i=2}^{m}\left\{p_{fi}-\sum_{j=1}^{i-1}P[F_i\cap F_j]\right\},0\right]$

③ $p_f(a,k)=p_{f1}+P[\overline{F}_1\cap\overline{F}_2]+\cdots+P[\overline{F}_1\cap\overline{F}_2\cap\cdots\cap\overline{F}_{l-1}\cap\overline{F}_l]$

$$+\sum_{l=k+1}^{N_\alpha}\min_R P\left[\left(\bigcap_{r_i\in R}\overline{F}_{r_i}\right)\cap F_l\right]$$

④ $p_f^{(U)}=p_f(a,k)+\sum_{i=N_\alpha+1}^{m}P_{fi}$

⑤ $p_{\mathrm{f}}^{(1)} = \sum_{i=1}^{m} P_{\mathrm{f}i}$

3.2.2 分布函数的数值计算

由上所述可见，结构系统失效概率的计算最终要归于计算一维随机变量的概率和多维随机变量的联合概率。计算分布函数可以利用积分的严格公式，也可以在允许精度范围内使用近似公式。而在可靠性分析中，安全裕度及其联合概率密度或者非常复杂，或者难以确定，计算多重积分也是困难重重。因而往往不用积分的严格公式，而采用可用于计算机的近似公式。本节将依次叙述随机变量为正态分布和非正态分布情况下的一维及多维分布函数的数值计算。

1. 正态分布函数的计算

(1) 一维标准正态分布函数的计算

当构件强度 R_j（$j=1, 2, \cdots, n$）、荷载 L_{k}（$k=1, 2, \cdots, k$）是相互独立的正态随机变量时，由式（3-1）给出的安全裕度 Z_i 也是正态随机变量，其均值 μ_{Z_i}、方差 σ_{Z_i} 及协方差 σ_{Z_i,Z_j} 可分别用式（3-3）、式（3-4）和式（3-5）求得。

当 μ_{R_j}、σ_{R_j} 及 μ_{L_k}、σ_{L_k} 给定时，Z_i 的概率分布就可以确定了，即当 Z_i 按式（3-2）进行标准化处理时，便成为标准正态随机变量。所以失效形式 i 的产生概率

$$p_{\mathrm{f}i}=\Phi\left[-\frac{\mu_{Z_i}}{\sigma_{Z_i}}\right]=\Phi(-\beta_i)$$

式中 β_i——失效形式 i 的可靠指标。

一维标准正态分布函数及其概率密度函数由下式给出：

$$\left.\begin{aligned}\Phi(x) &= \int_{-\infty}^{x}\varphi(t)\mathrm{d}t \\ \varphi(x) &= \frac{1}{\sqrt{2\pi}}\exp\left(-\frac{x^2}{2}\right)\end{aligned}\right\}$$

一般利用数值表可以查得 $\Phi(x)$ 值。但是，在可靠性分析及最优可靠性设计中，需要能直接利用其计算过程的数值计算法。因此，必须选用满足精度要求的近似公式。计算标准正态分布函数的公式很多，其精度各不相同。本书建议采用下述公式：

$$\Phi(x) = \frac{1}{2} + \frac{1}{\sqrt{2\pi}}\exp\left(-\frac{x^2}{2}\right)\sum_{k=0}^{\infty}\frac{x^{2k+1}}{(2k+1)!!}$$

(2) 多维标准正态分布函数的计算

如前所述，在求解 Ditlevsen 方法的上、下界值及 P（α, k）时，必须计算 k 维以下的联合分布函数。对于正态分布，目前有很多能用于计算机的近似计算公式，如级数法、辅助函数法等等。考虑到结构可靠性分析的特点，本书介绍利用埃米特多项式计算多维正态分布函数的方法。

m 维标准正态密度函数用下式表示：

$$\varphi(x_1,x_2,\cdots,x_m)=\frac{1}{(2\pi)^{m/2}\mid C\mid^{1/2}}\exp\left(-\frac{1}{2}X^{T}C^{-1}X\right)$$

式中　X——把标准化的随机变量 x_i 作为第 i 个要素的 m 维向量；

C——把 x_i 和 x_j 间的相关系数作为第 i 行第 j 列要素的 $m\times m$ 阶相关矩阵。

m 维标准正态分布函数用下式给出：

$$\Phi(x_1,x_2,\cdots,x_m)=\int_{-\infty}^{x_1}\int_{-\infty}^{x_2}\cdots\int_{-\infty}^{x_m}\varphi(x_1,x_2,\cdots,x_m)\mathrm{d}x_1\mathrm{d}x_2\cdots\mathrm{d}x_m$$

根据 Kendall 的研究，m 维正态概率密度函数的特征函数可用下式给出

$$\begin{aligned}\psi(t_1,t_2,\cdots,t_m)&=\int_{-\infty}^{x_1}\cdots\int_{-\infty}^{x_1}\exp(it^{T}X)\varphi(x_1,x_2,\cdots,x_m)\mathrm{d}x_1\mathrm{d}x_2\cdots\mathrm{d}x_m\\&=\exp\left(-\frac{1}{2}t^{T}Ct\right)\\&=exp\left(-\frac{1}{2}t^{T}t\right)\exp\left(-\sum_{i>j=1}^{m}\rho_{ij}t_it_j\right)\end{aligned}$$

其中，t 是把辅助变量 t_i 作为第 i 个元素的 m 维向量，积分式中的 i 为虚数单位。将上式中的第二个指数函数展开成幂级数时，特征函数便成为：

$$\psi(t_1,t_2,\cdots,t_m)=\exp\left(-\frac{1}{2}t^{T}t\right)\times\sum_{K=1}^{\infty}\left[(-1)^{K/2}\frac{\rho_{12}^{k_{12}}\rho_{13}^{k_{13}}\cdots\rho_{(m-1)m}^{k_{(m-1)m}}}{k_{12}!k_{13}!\cdots k_{(m-1)m}!}t_1^{k_1}t_2^{k_2}\cdots t_m^{k_m}\right]\tag{3-24}$$

$$k_i=\sum_{j=1}^{i-1}k_{ji}+\sum_{j=i+1}^{m}k_{ij}\tag{3-25}$$

式中　K——矩的阶数，$K=\sum_{i=1}^{m}k_i$；

$\sum_{K=0}^{\infty}$——表示对满足下述关系 k_{ij} 的所有非负值取总和。

然后，定义

$$N=\sum_{i=1}^{m-1}\sum_{j=i+1}^{m-1}k_{ij}\tag{3-26}$$

这时 N 和 K 之间存在下述关系：

$$\begin{aligned}K&=\sum_{i=1}^{m}\left\{\sum_{j=1}^{i-1}k_{ji}+\sum_{j=i+1}^{m}k_{ij}\right\}\\&=\sum_{i=2}^{m}\sum_{j=1}^{i-1}k_{ji}+\sum_{i=1}^{m-1}\sum_{j=i+1}^{m}k_{ij}\\&=2\sum_{i=1}^{m-1}\sum_{j=i+1}^{m}k_{ij}\\&=2N\end{aligned}$$

其中 $k_{(m+1)}=k_0=0$，这样就可求得 K。利用 N 改写式（3-24）为：

$$\begin{aligned}\psi(t_1,t_2,\cdots,t_m)&=\exp\left(-\frac{1}{2}t^{T}t\right)\\&\times\sum_{N=1}^{\infty}\sum_{[k_{ij}]N}\left[(-1)^{N}\frac{\rho_{12}^{k_{12}}\rho_{13}^{k_{13}}\cdots\rho_{(m-1)m}^{k_{(m-1)m}}}{k_{12}!k_{13}!\cdots k_{(m-1)m}!}t_1^{k_1}t_2^{k_2}\cdots t_m^{k_m}\right]\end{aligned}$$

其中 $\sum\limits_{[k_{ij}]N}$ 表示对给出的 N，对满足式（3-26）的所有 k_{ij} 的非负数值求和。把上式作富氏变换，可得概率密度函数

$$\varphi(x_1,x_2,\cdots,x_m)=\int_{-\infty}^{\infty}\cdots\int_{-\infty}^{\infty}\frac{1}{(2\pi)^m}\exp(-it^TX)\psi(t_1,t_2,\cdots,t_m)dt_1dt_2\cdots dt_m$$

$$=\int_{-\infty}^{\infty}\cdots\int_{-\infty}^{\infty}\frac{1}{(2\pi)^m}\exp\left(-it^TX-\frac{1}{2}t^Tt\right)$$

$$\times\sum_{N=0}^{\infty}\sum_{[k_{ij}]N}\left[(-1)^N\frac{\rho_{12}^{k_{12}}\rho_{13}^{k_{13}}\cdots\rho_{(m-1)m}^{k_{(m-1)m}}}{k_{12}!k_{13}!\cdots k_{(m-1)m}!}t_1^{k_1}t_2^{k_2}\cdots t_m^{k_m}\right]dt_1dt_2\cdots dt_m$$

调换求和与积分的顺序，上式变为：

$$\varphi(x_1,x_2,\cdots,x_m)=\sum_{N=0}^{\infty}\sum_{[k_{ij}]N}\left[(-1)^N\frac{\rho_{12}^{k_{12}}\rho_{13}^{k_{13}}\cdots\rho_{(m-1)m}^{k_{(m-1)m}}}{k_{12}!k_{13}!\cdots k_{(m-1)m}!}\right]$$

$$\times\prod_{i=1}^{m}\int_{-\infty}^{\infty}\frac{1}{2\pi}t_i^{k_j}\exp\left(-it_jx_j-\frac{1}{2}t_j^2\right)dt_j \tag{3-27}$$

上式中的积分可作如下变形：

$$\frac{1}{2\pi}\int_{-\infty}^{\infty}t_i^{k_j}\exp\left(-it_jx_j-\frac{1}{2}t_j^2\right)dt_j$$

$$=\frac{(-1)^{k_j}}{2\pi}\int_{-\infty}^{\infty}\left(\frac{d}{dx_j}\right)^{k_j}\exp\left(-it_jx_j-\frac{1}{2}t_j^2\right)dt_j$$

$$=(-1)^{k_j}\left(\frac{d}{dx_j}\right)^{k_j}\frac{1}{2\pi}\int_{-\infty}^{\infty}\exp\left(-it_jx_j-\frac{1}{2}t_j^2\right)dt_j$$

$$=(-1)^{k_j}\left(\frac{d}{dx_j}\right)^{k_j}\varphi(x_j) \tag{3-28}$$

其中 $\varphi(x_j)=\frac{1}{2\pi}\exp\left(-\frac{x_j^2}{2}\right)$ 即一维标准正态概率密度函数；$\varphi(x_j)$ 的 n 次导数和 n 次厄米特多项式 $H_n(x_j)$ 存在下面的关系：

$$\left(\frac{d}{dx_j}\right)^n\varphi(x_j)=(-1)^nH_n(x_j)\varphi(x_j) \tag{3-29}$$

应用式（3-25）、式（3-26）、式（3-27）、式（3-28）和式（3-29），m 维标准正态概率密度函数

$$\varphi(x_1,x_2,\cdots,x_m)=\sum_{N=0}^{\infty}\sum_{[k_{ij}]N}\left[\frac{\rho_{12}^{k_{12}}\rho_{13}^{k_{13}}\cdots\rho_{(m-1)m}^{k_{(m-1)m}}}{k_{12}!k_{13}!\cdots k_{(m-1)m}!}\right]\times\prod_{j=1}^{m}H_{k_j}(x_j)\varphi(x_j)$$

由于上式把变量分离了，所以容易按项进行积分。利用厄米特多项式进行积分，m 维标准正态分布函数可用下式给出：

$$\Phi(x_1,x_2,\cdots,x_m)=\Phi_0+\sum_{N=1}^{\infty}\Delta P_{2N} \tag{3-30}$$

$$\Phi_0=\prod_{j=1}^{m}\Phi(x_j) \tag{3-31}$$

$$\Delta P_{2N}=\sum_{[k_{ij}]N}\left[\frac{\rho_{12}^{k_{12}}\rho_{13}^{k_{13}}\cdots\rho_{(m-1)m}^{k_{(m-1)m}}}{k_{12}!k_{13}!\cdots k_{(m-1)m}!}\right]\prod_{j=1}^{m}(-1)H_{kj-1}(x_j)\varphi(x_j) \tag{3-32}$$

其中

$$(-1)H_{-1}(x_j)\varphi(x_j)=\Phi(x_j)=\int_{-\infty}^{x_j}\varphi(t)\mathrm{d}t$$

Φ_0 表示随机变量 x_j（$j=1$，2，…，m）为互相独立时对联合概率的贡献。式（3-32）表示随机变量 x_i、x_j（i，$j=1$，2，…，m，$i\neq j$）对由于它们之间的相互关系而产生的联合概率分布的贡献。按上述式（3-30）～式（3-32）即可求出 m 维标准正态分布函数，且很容易编制成计算机程序。

通过用本法对数种维数的标准正态分布函数进行计算，并研究其维数 m 及 N 的取值对计算时间的影响，得出如下结论：

① 对二维正态分布，即使具有很大的相关系数，只要 N 取得足够大，可以在很短的时间内得到比较精确的计算值。

② 对于三维以上的正态分布，当所有的相关系数相等且为 0.7 以上时，收敛变坏，即使取较大的 N 值，精度也不会变好。N 值过大还会有发散的倾向。当相关系数在 0.5 以下时，N 取大值，计算值收敛，且可得到十分好的精度。另外，当一部分相关系数即使取为 0.9 那样大的值，而其他的相关系数取在 0.5 以下时，也具有收敛的倾向。

③ 计算时间随 N 的增大而增加，但对二维及三维问题影响不大，在四维以上时增加很快。

④ 从计算精度与计算时间的实用角度看，通常也只用三维以下的联合概率来评价结构系统的失效概率。一般对二维问题取 $N=20$，对三维问题取 $N=10$，就可得到满意的结果。

综上所述，本节将采用以二维概率分布近似代替多维分布的方法计算结构系统的失效概率。这样由式（3-25）、式（3-26）可得

$$k_1=k_2=k_{12}=N$$

由式（3-30）～式（3-32）可得

$$\Phi(x_1,x_2)\approx\Phi(x_1)\Phi(x_2)+\sum_{N=1}^{20}\left(\frac{\rho^N}{N!}\right)H_{N-1}(x_1)\varphi(x_1)H_{N-1}(x_2)\varphi(x_2)$$

另外，在式（3-19）中，取 $k=2$，则有

$$p_f(a,2)=p_{f1}+P[\overline{F}_1\cap F_2]+\sum_{l=3}^{N_\alpha}\min_{i\in R}P[\overline{F}_1\cap F_l]$$

或者

$$p_f(a,2)=p_{f1}+\sum_{l=2}^{N_\alpha}\min_{i\in R}P[\overline{F}_1\cap F_l]$$

至此，正态分布下结构系统的失效概率 $p_f^{(0)}$、p_f^L、$p_f(\alpha,2)$、$p_f^{(1)}$、p_f^U 均可通过

前述公式进行计算。

2. 非正态分布函数的计算

关于在结构可靠性分析中如何考虑随机变量非正态分布的影响问题，在第 2 章介绍 JC 法时曾提出当量变换的方法。这种方法是考虑了随机变量的 1～2 阶矩信息，没有考虑偏态系数与峰态系数的影响。当变异系数较大时，精度会降低。为此本章将给出采用概率分布的渐近展开法，利用 Edgeworth 级数展开式计算非正态分布函数的方法。

(1) 一维非正态分布函数的计算

设 $f(x)$ 为服从任意分布的标准化随机变量 x 的概率密度函数，Edgeworth 级数如下所示：

$$f(x)=\varphi(x)-\frac{1}{3!}\cdot\frac{\mu_3}{\sigma^3}\varphi^{(3)}(x)+\frac{1}{4!}\left(\frac{\mu_4}{\sigma^4}-3\right)\varphi^{(4)}(x)+\frac{10}{6!}\left(\frac{\mu_3}{\sigma^3}\right)^2\varphi^{(6)}(x)$$
$$-\frac{1}{5!}\left(\frac{\mu_5}{\sigma^5}-10\frac{\mu_3}{\sigma^3}\right)\varphi^{(5)}(x)-\frac{35\mu_3}{7!\sigma^3}\left(\frac{\mu_4}{\sigma^4}-3\right)\varphi^{(7)}(x)-\frac{280}{9!}\left(\frac{\mu_3}{\sigma^3}\right)^3\varphi^{(9)}(x)+\cdots \tag{3-33}$$

式中 μ_i——x 的 i 阶中心矩；

σ——x 的标准差；

$\varphi^{(i)}(x)$——$\varphi(x)$ 的 i 阶微分，与 $H_i(x)$ 的关系如式 (3-29) 所示。

对于随机变量 X 的分布函数 $F(x)$，只要将式 (3-33) 中的 $f(x)$ 和 $\varphi(x)$ 改成 $F(x)$ 和 $\Phi(x)$ 就行了。在相当普遍的情况，式 (3-33) 的有限项能给出相当好的近似展开式，其余项精度的阶数与舍去的第一项的阶数相同。实践中，通常只计算到四阶矩就可得到满意的结果。

引进偏态系数 β_1 和峰态系数 β_2，即

$$\beta_1=\mu_3/\sigma^3$$
$$\beta_2=\mu_4/\sigma^4$$

x 的分布函数 $F(x)$ 可近似表示为：

$$F(x)\approx\Phi(x)-\frac{\beta_1}{3!}\Phi^{(3)}(x)+\frac{1}{4!}(\beta_2-3)\Phi^{(4)}(x)+\frac{10\beta_1^2}{6!}\Phi^{(6)}(x) \tag{3-34}$$

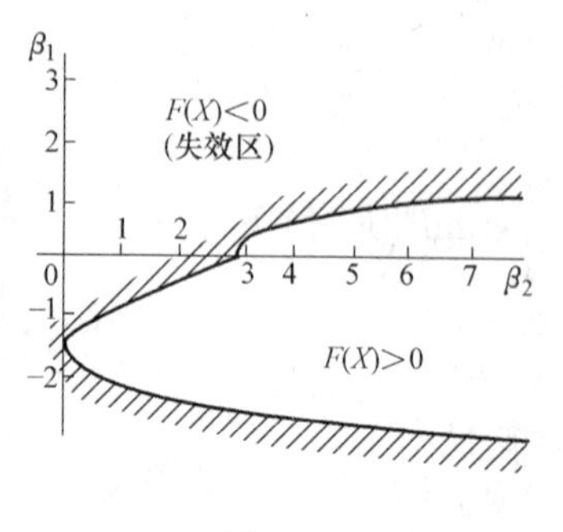

图 3-10

其中 $\Phi^{(j)}(x)$ 为标准正态分布函数由 $\Phi(x)$ 的 j 阶微分，与厄米持多项式有如下关系：

$$\Phi^{(j)}(x)=(-1)^{i-1}H_{i-1}(x)\cdot\varphi(x)$$

关于埃米特多项式有如下递推公式：

$$\left.\begin{array}{l}H_{i+1}(x)=xH_i(x)-iH_{i-1}(x)\\H_0(x)=1, H_1(x)=x\end{array}\right\}$$

利用式 (3-34)，失效形式 i 的产生概率

$$p_{fi}=P[Z_i\leqslant 0]=F(-\mu_{Z_i}/\sigma_{Z_i})$$

用式（3-34）计算失效概率时，由偏态系数和峰态系数的组合计算出的概率值，有时在分布的尾端出现负值。式（3-34）用的是4阶矩的渐近展开，即使用更高次的表达，因仍然是依据β_1、β_2、…的组合计算，仍会有负值的现象。因此，用增加展开项数的办法是不能克服此缺点的，必须对式（3-34）的计算结果加以修正。

为了确定式（3-34）的负值区域，对（β_1、β_2）的不同组合，在$-10\leqslant x\leqslant 0$的范围内反复计算$F(x)$。结果表明，在图3-10斜线区域内，$x\leqslant -1.5$，$F(x)$为负值。图3-10所示斜线区域的边界线，用最小二乘法可近似表示为：

$$\beta_2=d_0+d_1\beta_1+d_2\beta_1^2+d_3\beta_1^3+\cdots+d_7\beta_1^7 \tag{3-35}$$

式中，d_i（$i=1,2,\cdots,7$）为常系数，取值如下：

1）$\beta_1<0$时

$d_0=2.957465$　　$d_4=-245.039200$

$d_1=1.053910$　　$d_5=382.531000$

$d_2=-13.966860$　　$d_6=-306.677800$

$d_3=86.957200$　　$d_7=99.652400$

2）$\beta_1=0$时

$d_0=3.0$　　$d_i=0.0$（$i=1,2,\cdots,7$）

3）$\beta_1>0$时

$d_0=2.973593$　　$d_4=-4.027588$

$d_1=1.408276$　　$d_5=-1.667873$

$d_2=-4.342271$　　$d_6=-0.371423$

$d_3=-6.011779$　　$d_7=-0.035046$

因此，可确定某个基准点x_0（$\geqslant -1.5$），当$x\geqslant x_0$时不修正$F(x)$；当$x<x_0$时，以式（3-35）作为判别式。当（β_1、β_2）落入斜线区域时，采用标准正态分布函数$\Phi(x)$进行修正。

修正的原理是将$\Phi(x)$实行某种变形或位移，使其与$F(x)$在x_0点相接（即变换后的$\Phi(x)=F(x)$），并近似代替$F(x)$在$x<x_0$的那部分。根据对$\Phi(x)$的不同变换，可以有不同的修正方法，现举出三种方法以供选择。

①
$$\left.\begin{aligned}F^*(x)&=C_1\Phi(x)\\C_1&=F(x_0)/\Phi(x_0)\end{aligned}\right\}$$

此法以相同的比例改变$\Phi(x)$的值并保证了在x_0点有$F^*(x_0)=F(x_0)$，见图3-11（a）。

②
$$\begin{aligned}F^*(x)&=\Phi(x+x^*-x_0)\\\Phi(x^*)&=F(x_0)\end{aligned} \tag{3-36}$$

如图3-11（b）所示，此法为把$\Phi(x)$平行移动$|x^*-x_0|$，使$F^*(x_0)=F(x_0)$。

③
$$F^*=\Phi(x\cdot|x^*/x_0|)$$

式中x^*满足式（3-36）。此法实际上是调整$\Phi(x)$的方差，并使$F^*(x_0)=$

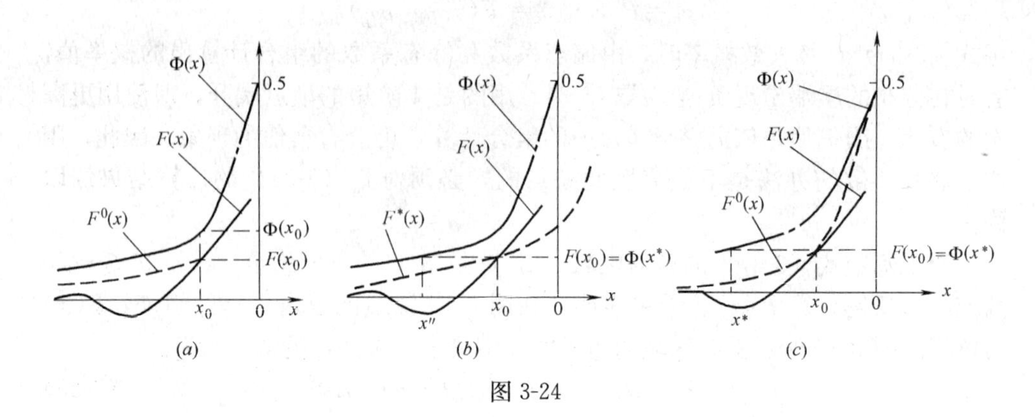

图 3-24

$F(x_0)$，如图 3-11（c）所示。

（2）多维非正态分布函数的计算

将一维随机变量理解为含有 n 个分量的向量 $X=[x_i]$（$i=1, 2, \cdots, n$），则一维 Edgeworth 级数可推广到 n 维。即任意分布的 n 维随机向量的联合概率密度函数用 n 维标准正态分布函数为标准函数，展成无穷级数的形式

$$F(x_1,x_2,\cdots,x_n)=\Phi(x_1,x_2,\cdots,x_n)+C_1\Phi^{(1)}(x_1,x_2,\cdots,x_n)$$
$$+C_2\Phi^{(2)}(x_1,x_2,\cdots,x_n)+\cdots$$

从计算精度与计算时间的实用角度出发，仍采用二维联合概率求解结构系统的失效概率。

为清楚起见，从 Z_i 中任取两个分别用 Z_1、Z_2 表示并标准化为：

$$x_1=\frac{Z_1-\mu_{Z_1}}{\sigma_{Z_1}}$$

$$x_2=\frac{Z_2-\mu_{Z_2}}{\sigma_{Z_2}}$$

对于服从任意分布的随机变量 x_1、x_2，联合概率密度函数 $f(x_1, x_2)$ 可用二维 Edgeworth 级数表示为：

$$f(x_1,x_2)=\exp\left\{\sum_{r+s\geqslant 3}(-1)^{r+s}K_{rs}\frac{D_1^rD_2^r}{r!s!}\right\}\varphi(x_1,x_2) \tag{3-37}$$

$$\varphi(x_1,x_2)=\frac{1}{2\pi(1-\rho_{12}^2)^{1/2}}\exp\left\{-\frac{1}{2(1-\rho_{12}^2)}(x_1^2-2\rho_{12}x_1x_2+x_2^2)\right\}(-\infty<x_1,x_2<\infty)$$

式中 D_i^r——微分算子，表示对 x_i 求 r 阶偏微分；

ρ_{12}——x_1 和 x_2 的相关系数；

K_{rs}——乘积累积量。

当 $r=s=0$ 时，$K_{00}\triangleq 0$。分布函数 $F(x_1, x_2)$ 为式（3-37）的积分，即

$$F(x_1,x_2)=\int_{-\infty}^{x_1}\int_{-\infty}^{x_2}f(t_1,t_2)\mathrm{d}t_1\mathrm{d}t_2$$

$$=\int_{-\infty}^{x_1}\int_{-\infty}^{x_2}\exp\left\{\sum_{r+s\geqslant 3}(-1)^{r+s}K_{rs}\frac{D_1^r D_2^r}{r!s!}\right\}\varphi(t_1,t_2)\mathrm{d}t_1\mathrm{d}t_2$$

$$=\left\{1+\frac{\mu_{30}}{3!0!}D_1^3+\frac{\mu_{21}}{2!1!}D_1^2D_2+\frac{\mu_{12}}{1!2!}D_1D_2^2+\cdots\right.$$

$$\left.+\frac{\mu_{rs}}{r!s!}D_1^rD_2^s+\cdots\right\}\Phi(x_1,x_2) \tag{3-38}$$

其中，μ_{rs}为 x_1、x_2 的（$r+s$）阶中心混合矩，即

$$\mu_{rs}=E[(x_1-\mu_{x_1})^r(x_2-\mu_{x_2})^s]$$

将式（3-38）展开并截取到4阶矩，便可得到计算二维非正态分布函数的近似公式。这样，由此公式就可计算非正态分布下的 $p_f^{(1)}$、p_f（α，2）及 $p_f^{(U)}$。

在计算中还应具体考虑与这些公式有关的一些基本计算问题，诸如包括：

① 基本随机变量的分布参数及1～4阶矩；

② 基本随机变量间及各失效形式间的相关性；

③ 安全裕度的1～4阶矩；

④ 安全裕度 Z_i 与 Z_j 的中心混合矩。

上述计算可参阅有关专门资料解决。

3.3　分析结构系统可靠性的分支界限法

前一节比较详细地介绍了计算结构系统失效概率的方法。当时，结构系统在某种失效模式下的各种失效形式及其对应的安全裕度是事先给定的。无疑，对于简单的结构系统，可以通过极限分析的方法找出各种失效形式。然后再根据虚功原理导出对应的安全裕度，进而计算系统的失效概率。但是，对于大型高次超静定结构系统，用上述传统方法进行可靠性分析显然是不可能的，必须解决安全裕度的自动生成与主要失效路径的选择等两大难题。本章介绍的分支限界法是日本学者室律羲定和罔田博雄提出的分析结构系统可靠性的一种方法。这种方法包括安全裕度的自动生成、主要失效路径的选择及计算系统失效概率等全过程。就其实质而言，分支限界法是指选择主要失效路径的方法。但为了突出这种方法的特点，仍称之为分支限界法。

3.3.1　桁架结构系统安全裕度的自动生成

设一空间桁架由形状与材料已确定的 n 个构件组成。当内力大于构件的强度构件失效时，则安全裕度由强度与内力的差表示：

$$Z_i=R_i(C_{yi},A_i)-S_i(A_1,\cdots,A_n;L_1,\cdots,L_{3l};l_1,\cdots,l_n;E_1,\cdots,E_n) \tag{3-39}$$

式中　Z_i——构架安全裕度；

R_i——构件的强度；

S_i——构件的内力；

C_{yi}——构件的抗拉强度；

A_i——构件的横截面积；

L_j——外荷载（$j=1, 2, \cdots, 3l$）；

E_i——构件的弹性模量；

l_i——构件的长度；

n——构件数；

l——节点数。

式（3-39）中，强度 R_i 在构架的材料与尺寸规定后很容易确定，而内力 S_i 的计算是很复杂的。在此介绍用矩阵位移法推导内力 S_i 的过程。

设 x_i 和 δ_i 表示构件 i 在局部坐标系中的节点力与位移向量，如图 3-12 所示，则构件的刚度方程式为：

$$x_i=k_i\delta_i \tag{3-40}$$

式中 $x_i=(F_{xi}^{L}, F_{yi}^{L}, F_{zi}^{L}, F_{xi}^{R}, F_{yi}^{R}, F_{zi}^{R})$；

$\delta_i=(V_{xi}^{L}, V_{yi}^{L}, V_{zi}^{L}, V_{xi}^{R}, V_{yi}^{R}, V_{zi}^{R})$；

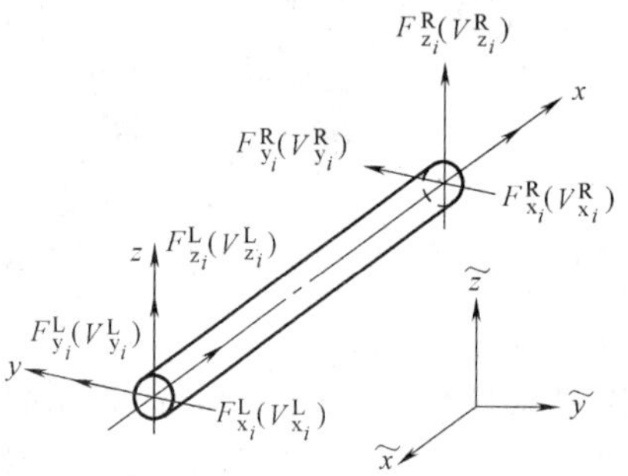

k_i——构件刚度矩阵，由下式给出：

$$k_i=\frac{E_iA_i}{l_i}\begin{bmatrix}1 & 0 & 0 & -1 & 0 & 0\\0 & 0 & 0 & 0 & 0 & 0\\0 & 0 & 0 & 0 & 0 & 0\\-1 & 0 & 0 & 1 & 0 & 0\\0 & 0 & 0 & 0 & 0 & 0\\0 & 0 & 0 & 0 & 0 & 0\end{bmatrix}$$

图 3-12

位移和节点力向量是由它们在总体坐标系中的相应向量通过下述变换而得到的：

$$\delta_i=T_id_i \tag{3-41}$$

$$x_i=T_iX_i \tag{3-42}$$

式中 d_i、X_i——构件 i 在总体坐标系中的位移和节点力向量；

T_i——变换矩阵。

所以构件在总体坐标系中的刚度方程式为：

$$x_i=K_id_i$$

$$K_i=T_i^{-1}k_iT_i=T_i^{T}k_iT_i$$

通过类似的方法，建立所有构件的刚度方程式，并由局部坐标系转换到总体坐标系中，在通过调整具体构件的位移向量 d_i，形成总体节点位移向量 d，并定义对应于 d 的总体节点力向量为 L。另外，把各个构件的刚度矩阵叠加，得到结构的总体刚度矩阵。

结构的总体刚度方程式可写为：

$$Kd=L \tag{3-43}$$

式中的 K 由下式给出：

$$K=\sum_{i=1}^{n}K_i=\sum_{i=1}^{n}T_i^{T}K_iT_i$$

上式中的 $\sum_{i=1}^{n}$ 表示所有构件的刚度矩阵叠加。根据变换式（3-41）、式（3-42），构件 i 在总体坐标系中的位移向量 d_i 变换为局部坐标系中的位移向量 δ_i，解方程式（3-43）确定 d_i。因此，节点力 x_i 可由下式给出：

$$x_i = C_i L \tag{3-44}$$

式中 $C_i = K_i T_i K_i^{-1}$，而 K_i 是由从矩阵 K^{-1} 中抽出的与构件 i 有关的元素组成的矩阵。

在桁架结构中，内力是节点力 X_i 中的轴向分力，所以 $S_i = F_{x_i}^{R} = -F_{x_i}^{L}$。根据式（3-44）它可以用外荷载的线性组合的形式给出：

$$S_i = \sum_{j=1}^{3l} b_{ij} L_j \tag{3-45}$$

式中 b_{ij} 是矩阵 C_i 中的与 S_i 和 L_j 有关的元素。应注意的是，在静定桁架中它是常数，而在超静定桁架中它是构件断面积 A_i 的函数。

将式（3-45）代入式（3-39）中，构建的失效衡准：

$$Z_i = C_{yi} A_i - \text{sign}(S_i) \sum_{i=1}^{3l} b_{ij} L_j$$

式中 sign（•）表示（•）的正负号。

上式中，在构件拉伸或压缩失效时，C_{yi} 取屈服强度 σ_{yi}，在构件屈曲失效时，取屈曲强度 σ_{ci}。σ_{ci} 的表达式为：

$$\sigma_{ci} = \frac{1}{2}\left(\sigma_{yi} + \sigma_{Ei} + \frac{\omega_{O_i}}{S_i}\sigma_{Ei}\right) \times \left\{1 - \sqrt{1 - 4\sigma_{yi}\sigma_{Ei} \Big/ \left(\sigma_{yi} + \sigma_{Ei} + \frac{\omega_{O_i}}{S_i}\sigma_{Ei}\right)^2}\right\}$$

式中　σ_{Ei}——临界应力，$\sigma_{Ei} = \pi^2 E_i I_i / (l_i^2 A_i)$；

S_i——惯性半径，$S_i = \sqrt{I_i / A_i^2}$；

ω_{O_i}——初挠度；

I_i、A_i、l_i——构件的惯性矩、截面积和长度。

下面讨论桁架结构系统的失效衡准。

对于静定桁架，任意构件失效都将导致结构系统失效，所以系统的失效衡准可由下式给出：

$$Z_i \leqslant 0 \quad 对于 \forall_i \in \{1, 2, \cdots, n\}$$

式中，$\forall_i \in$ 为任一包含于集合 $\{1, 2, \cdots, n\}$ 中的元素。

对于超静定结构，任一构件失效一般不会引起结构系统失效。所以结构系统的失效定义为：当结构成为机构时，结构系统失效。

失效形式由下述方法生成。当任一构件失效时，在其余没有失效的残存构件中产生内力的重新分布，接着就可确定下一个失效的构件。这种构件失效内力重新分布的过程，一直延续到有相当数量的构件，例如 P_q 个构件，即构件 r_1，r_2，$\cdots r_{p_q}$ 均失效时，结构形成机构，结构系统开始失效。但是，P_q 个构件失效后，结构是否会形成机构，可由（$n - P_q$）个没有失效的残存构件的总体刚度矩阵 $K^{(P_q)}$ 的奇异性来判定。当行列式

$$|K^{(P_q)}| = 0$$

时，则结构形成机构，即产生机构失效。

下面来建立一些机构失效后，其余没有失效的残存构件安全裕度的表达式。当构件（r_1，r_2，$\cdots r_{p-1}$）失效后，它们的刚度矩阵 K_i 为零。残余强度$R_i=C_{yi}A_i$作为假想外力施加到节点上。在拉伸失效的情况下，如果构件的脆性材料，残存强度取为零；是延性材料，残余强度取为屈服强度。在屈曲失效情况下，均按脆性材料处理。然后再用矩阵位移法进行应力分析。这是没有失效的残存构件的应力。

$$S_{i(r_1,r_2,\cdots,r_{p-1})}^{(p)}=\sum_{j=1}^{3l}b_{ij}^{(P)}L_j^{(P)}=\sum_{j=1}^{3l}b_{ij}^{(P)}L_j-a_{i_{r_1}}^{(P)}R_{r_1}-a_{i_{r_2}}^{(P)}R_{r_2}-\cdots-a_{i_{r_{p-1}}}^{(P)}R_{r_{p-1}}$$

其中 $a_{ij}^{(P)}$ 是残余强度影响的系数，下标（r_1，r_2，$\cdots r_{p-1}$）表示失效构件的集合和它们的失效顺序。因此安全裕度：

$$Z_{i(r_1,r_2,\cdots,r_{p-1})}^{(p)}=C_{yi}A_i-S_{i(r_1,r_2,\cdots r_{p-1})}^{(p)}$$

为简化起见，式中没有注明 $S_{i(r_1,r_2,\cdots r_{p-1})}^{(p)}$ 的正负号。

因超静定桁架在所有 P_q 各构件（如构件 r_1，r_2，$\cdots r_{p_q}$）均失效后引起的系统失效，所以结构系统的失效可用失效构件的安全裕度表示：

$$Z_{r_p(r_1,r_2,\cdots r_{p-1})}\leqslant 0\qquad(P=1,2,\cdots,P_q)$$

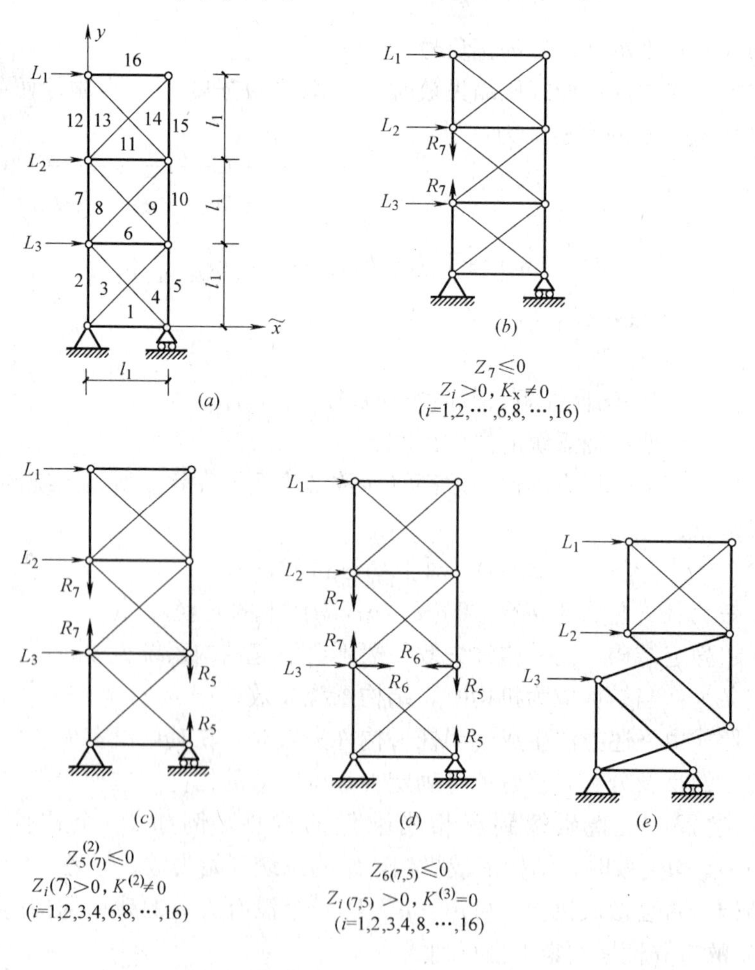

图 3-13

图 3-13（*a*）给出了一超静定桁架。结构失效形式的产生过程为：首先是构件 7 拉伸失效（图 3-13*b*），接着构件 5 压缩失效（图 3-13*c*），最后是构件 6 拉伸失效（图 3-13*d*），形成了一个失效机构（图 3-13*e*），引起结构系统失效。

【例 3-3】 图 3-14（*a*）给出一超静定桁架。为简化起见，假设构件不是拉伸失效就是压缩失效。当构件 3 拉伸失效时，试计算其他构件的安全裕度。由图 3-14（*b*）可得下列安全裕度：

$$Z_1=R_1+\frac{R_3}{\sqrt{2}}L(\text{拉伸})$$

$$Z_2=R_2+R_3-\sqrt{2}L(\text{拉伸})$$

$$Z_4=R_4+R_3-\sqrt{2}L(\text{压缩})$$

$$Z_5=R_5-\frac{R_3}{\sqrt{2}}(\text{压缩})$$

$$Z_6=R_6-\frac{R_3}{\sqrt{2}}(\text{压缩})$$

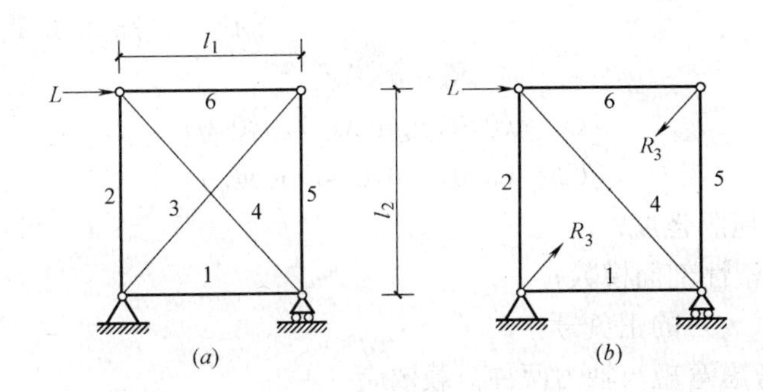

图 3-14

3.3.2 刚度结构系统安全裕度的自动生成

如前所述，对于超静定刚架结构，只有形成了一定的塑性铰组合，使结构成为机构，系统才会失效。当一个梁元端面形成塑性铰后，其余未形成塑性铰的残存端面上的内力就会重新分配。在进行新的应力分析时，产生塑性铰的杆单元，其杆元刚度矩阵要用相应的修正杆元刚度矩阵替代，而且，由于塑性铰的生成，需要在相关的节点处加上等效的节点力。反复上述应力分析过程，直到产生一定数量的塑性铰组合，形成一种失效形式，此时结构成为机构。因此，为生成刚架结构系统的安全裕度，首先必须对杆元端面的塑性条件及杆元的塑性行为进行描述，进而导出修正杆元刚度矩阵及相应于塑性铰形成的等效节点力。

1. 杆元端面的塑性条件

(1) 平面刚架杆元端面的塑性条件

根据 3.1 节的基本假定，可知当杆元达到塑性屈服极限时，杆元上的弯矩从一端到另一端是线性变化的，最大弯矩出现在一端或两端。因此，塑性铰在杆端面产生的条件可用如下线性公式近似表示：

$$F_k = R_k - C_k^T x_t = 0 \tag{3-46a}$$

式中 R_k——杆元端面 k 的基准强度；

C_k^T——由包括端面 k 在内的杆元尺寸所决定的常量；

x_t——杆元节点力向量；

k——杆元左右两个端面，$k=i$，j；

t——杆元的编号。

上述表达式具有足够的精度而且便于在可靠性分析中应用。

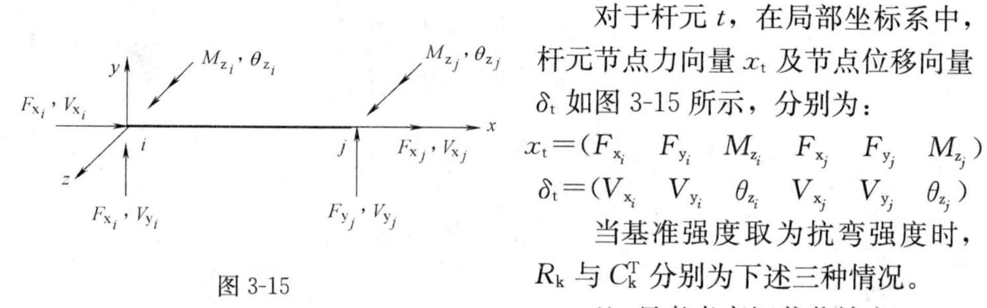

图 3-15

对于杆元 t，在局部坐标系中，杆元节点力向量 x_t 及节点位移向量 δ_t 如图 3-15 所示，分别为：

$$x_t = (F_{x_i} \quad F_{y_i} \quad M_{z_i} \quad F_{x_j} \quad F_{y_j} \quad M_{z_j})$$

$$\delta_t = (V_{x_i} \quad V_{y_i} \quad \theta_{z_i} \quad V_{x_j} \quad V_{y_j} \quad \theta_{z_j})$$

当基准强度取为抗弯强度时，R_k 与 C_k^T 分别为下述三种情况。

1）只考虑弯矩载荷效应

$$R_k = \sigma_{y_k} AZ_{p_k}$$

$$C_i^T = (0, 0, \mathrm{sign}(M_{z_i}), 0, 0, 0)$$

$$C_j^T = (0, 0, 0, 0, 0, \mathrm{sign}(M_{z_j})) \tag{3-46b}$$

式中 σ_{y_k}——屈服强度；

AZ_{p_k}——塑性剖面模数；

sign(·)——(·) 的正负号。

2）同时考虑弯矩与轴力两种荷载效应

$$R_k = \sigma_{y_k} AZ_{p_k}$$

$$C_i^T = (AZ_{p_i}/A_{p_i}\,\mathrm{sign}(F_{x_i}), 0, \mathrm{sign}(M_{z_i}), 0, 0, 0)$$

$$C_j^T = (0, 0, 0, AZ_{p_j}/A_{p_j}\,\mathrm{sign}(F_{x_j}), 0, \mathrm{sign}(M_{z_j})) \tag{3-46c}$$

式中 A_{p_i}、A_{p_j}——杆元端面积。

图 3-16 给出了考虑弯矩与轴力两种荷载效应时，平面刚架的线性化塑性条件。

3）同时考虑弯矩、轴力及剪力三种荷载效应

$$R_k = \sigma_{y_k} AZ_{p_k}$$

$$C_i^T = (aAZ_{p_i}/A_{p_i}\,\mathrm{sign}(F_{x_i}), b\sqrt{3}AZ_{p_i}/AF_{p_i}\,\mathrm{sign}(F_{y_i}), \mathrm{sign}(M_{z_i}), 0, 0, 0)$$

$$C_j^T = (0, 0, 0, aAZ_{p_j}/A_{p_j}\,\mathrm{sign}(F_{x_j}), b\sqrt{3}AZ_{p_j}/AF_{p_j}\,\mathrm{sign}(F_{y_j}), \mathrm{sign}(M_{z_j})) \tag{3-46d}$$

式中 A_{p_i}、A_{p_j}——杆元端点的断面积；

AF_{p_i}、AF_{p_j}——杆元端点承受剪力的

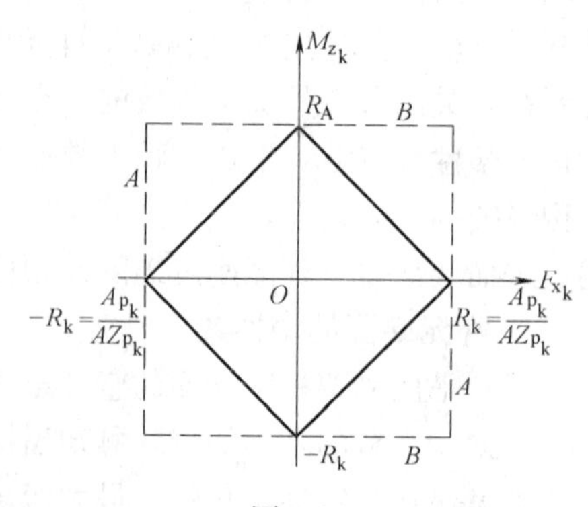

图 3-16

有效断面积；

a、b——轴力和剪力影响系数。

当 $a=1$、$b=0.5$ 时，失效面如图3-17所示。图中给出了考虑弯矩、轴力及剪力三种荷载效应时平面刚架的线性化塑性条件。

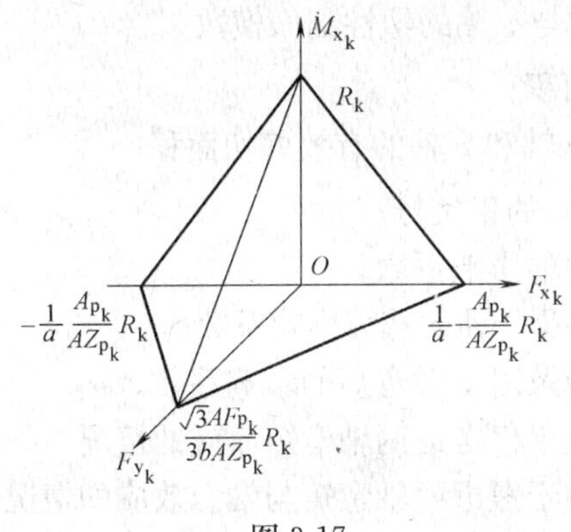

图 3-17

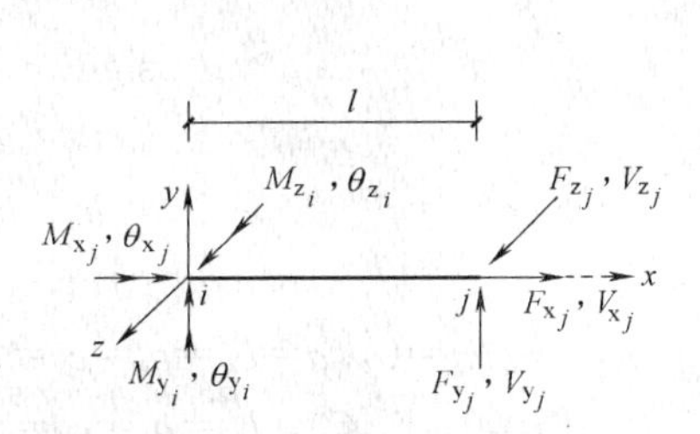

图 3-18

（2）空间刚架杆元端面塑性条件

和平面刚架一样，仍然采用线性化近似公式

$$F_k=R_k-C_k^T x_t=0(k=i,j)$$

图3-18给出局部坐标系中杆元 t 节点向量 x_t 及节点位移向量 δ_t：

$$x_t=[F_{x_i},F_{y_i},F_{z_i},M_{x_i},M_{y_i},M_{z_i},F_{x_j},F_{y_j},F_{z_j},M_{x_j},M_{y_j},M_{z_j}]$$

$$\delta_t=[V_{x_i},V_{y_i},V_{z_i},\theta_{x_i},\theta_{y_i},\theta_{z_i},V_{x_j},V_{y_j},V_{z_j},\theta_{x_j},\theta_{y_j},\theta_{z_j}]$$

在下述两种情况下，R_k 与 C_k^T 分别为：

1）同时考虑弯矩与轴力两种荷载效应

当基准强度取为对 y 轴的弯曲强度时，则

$$R_k=\sigma_{y_k}AZ_{p_k}\quad(k=i,j)$$

$$C_i^T=(AZ_{z_{p_i}}/A_{p_i}\,\mathrm{sign}(F_{x_i}),0,0,0,AZ_{z_{p_i}}/A_{y_{p_i}}\,\mathrm{sign}(M_{y_i}),\mathrm{sign}(M_{z_i}),0,0,0,0,0,0)$$

$$C_i^T=(0,0,0,0,0,0,AZ_{z_{p_j}}/A_{p_j}\,\mathrm{sign}(F_{x_j}),0,0,0,AZ_{z_{p_j}}/A_{y_{p_j}}\,\mathrm{sign}(M_{y_j}),\mathrm{sign}(M_{z_j}))$$

式中　$AZ_{z_{pk}}$、$AZ_{y_{pk}}$——分别为 z 轴及 y 轴的剖面模数。

2）同时考虑弯矩、轴力和剪力三种载荷效应

当基准强度取为对 y 轴的弯曲强度时，则

$$R_k=\sigma_{y_k}AZ_{y_{p_k}}\qquad(k=i,j)$$

$$C_i^T=\Big[a\frac{AZ_{y_{p_i}}}{A_{p_i}}\mathrm{sign}(F_{x_i}),b_y\frac{\sqrt{3}AZ_{y_{p_i}}}{AF_{y_{p_i}}}\mathrm{sign}(F_{y_i}),b_z\frac{\sqrt{3}AZ_{y_{p_i}}}{AF_{z_{p_i}}}\mathrm{sign}(F_{z_i}),$$

$$C_x\frac{AZ_{y_{p_i}}}{AZ_{x_{p_i}}}\mathrm{sign}(F_{x_i}),\mathrm{sign}(M_{y_i}),C_z\frac{AZ_{y_{p_i}}}{AZ_{z_{p_i}}}\mathrm{sign}(M_{y_i}),0,0,0,0,0,0\Big]$$

[$k=i$　杆元左端面]

$$C_i^T=\Big[0,0,0,0,0,0,a\frac{AZ_{y_{p_i}}}{A_{p_i}}\mathrm{sign}(F_{x_i}),b_y\frac{\sqrt{3}AZ_{y_{p_i}}}{AF_{y_{p_i}}}\mathrm{sign}(F_{y_i}),b_z\frac{\sqrt{3}AZ_{y_{p_i}}}{AF_{z_{p_i}}}\mathrm{sign}(F_{z_i})$$

$$c_x \frac{AZ_{y_{p_i}}}{AZ_{x_{p_i}}} \text{sign}(F_{x_i}), \text{sign}(M_{y_i}), c_z \frac{AZ_{y_{p_i}}}{AZ_{z_{p_i}}} \text{sign}(M_{y_i}) \Bigg]$$

[$k=j$ 杆元右端面]

式中 $AZ_{x_{p_k}}$——塑性扭转系数；

$AZ_{y_{p_k}}$，$AZ_{z_{p_k}}$——y 轴与 z 轴的塑性剖面模数；

A_{p_k}——断面积；

$AF_{y_{p_k}}$，$AF_{z_{p_k}}$——沿 y 轴和 z 轴的有效剪切面积；

sign(·)——(·) 的正负号；

a——轴力的影响系数；

b_y，b_z——y 轴及 z 轴的剪力影响系数；

c_x，c_z——扭转及对 z 轴弯矩的影响系数。

$c_z=0$，$a=b_y=b_z=c_z=0$——对应于仅考虑两轴弯矩效应的情况；

$a\neq0$，$c_z\neq0$，$b_y=b_z=c_x=0$——对应于考虑两轴弯矩与轴力效应的情况；

$a\neq0$，$b_y\neq0$，$b_z\neq0$，$c_x\neq0$，$c_z\neq0$——对应于考虑两轴弯矩、剪力、轴力及扭转效应的情况。

一般取 $a=1$，$b_y=b_z=0.5$，$c_x=c_z=1$。

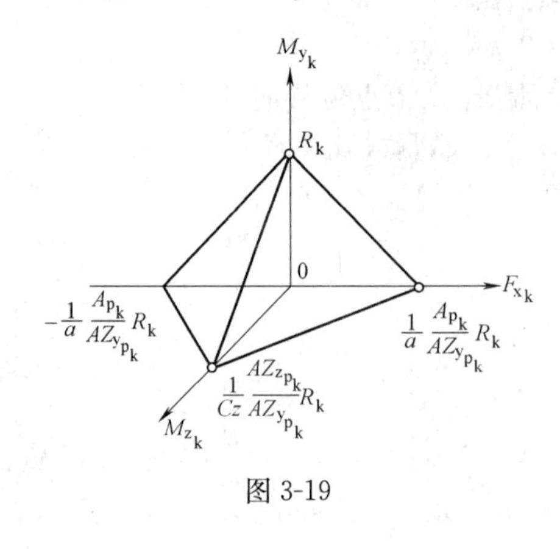

图 3-19

图 3-19 给出了考虑两轴弯矩及轴力效应时的塑性条件。

2. 修正杆元刚度矩阵与等效节点力的导出

根据塑性理论，有了塑性条件不难建立节点力与节点位移的关系，并导出修正杆元刚度矩阵和等效节点力。

当杆元处于弹性状态时，节点力向量 x_t 和节点位移向量 δ_t 间的关系为：

$$x_t = k_t \delta_t \tag{3-47}$$

式中 k_t——杆元刚度矩阵。

当杆元端面屈服，即 $F_k=0$ 时，x_t 和 δ_t 的关系可按下述过程导出。

设杆元节点位移 δ_t 可分为弹性位移 δ_t^e 和塑性位移 δ_t^p 两部分，即

$$\delta_t = \delta_t^e + \delta_t^p = \delta_t^e + \delta_t^p + \delta_j^p \tag{3-48}$$

根据塑性变形理论，塑性变形可用下式表示：

$$\delta_i^p = \lambda_i \frac{\partial F_i}{\partial x_t} = -\lambda_i C_i$$

$$\delta_j^p = \lambda_j \frac{\partial F_j}{\partial x_t} = -\lambda_j C_j$$

λ_i 与 λ_j 是表示塑性变形大小的因子，于是式 (3-48) 可写成：

$$\delta_t = \delta_t^e - \lambda_i C_i - \lambda_j C_j \tag{3-49}$$

当 $\lambda_i\neq0$，$\lambda_j=0$ 时，表示左端塑性化；当 $\lambda_i=0$，$\lambda_j\neq0$ 时，表示右端塑性化；当 $\lambda_i\neq0$，$\lambda_j\neq0$ 时，表示两端均塑性化；当 $\lambda_i=0$，$\lambda_j=0$ 时，即 $\delta_t=\delta_t^e$ 时，

表示两端均未塑性化，杆元处于完全弹性状态。

把式（3-49）代入式（3-47）有：

$$x_t = k_t\delta_t + \lambda_i k_t C_i + \lambda_j k_t C_j \tag{3-50}$$

再将式（3-50）式代入式（3-46a），整理后有：

$$\begin{aligned} R_i - C_i^T(k_t\delta_t + \lambda_i k_t C_i + \lambda_j k_t C_j) = 0 \\ R_j - C_i^T(k_t\delta_t + \lambda_i k_t C_i + \lambda_j k_t C_j) = 0 \end{aligned} \tag{3-51}$$

由式（3-51）可以导出 λ_i，λ_j 和 δ_t 之间的关系。再把这种关系代入式（3-50），可得下述公式：

$$X_t^{(P)} + (-X'^{(p)}_t) = k_t^{(p)}\delta_t \tag{3-52}$$

式中　$k_t^{(p)}$——杆元修正刚度矩阵；

$X'^{(p)}_t$——等效节点力向量。

相应于杆元端面的不同情况，$k_t^{(p)}$，$X_t^{(p)}$ 和 λ_k 可按下述各式给出：

① 杆元处于弹性状态

$$\left.\begin{aligned} \lambda_i = \lambda_j = 0 \\ k_t^{(p)} = k_t \\ X'^{(p)}_t = 0 \end{aligned}\right\} \tag{3-53}$$

② 杆元左端面塑性化

$$\left.\begin{aligned} &\lambda_i = (R_i - C_i^T k_t \delta_t)/(C_i^T k_t C_i), \lambda_j = 0 \\ &k_t^{(p)}(=k_t^{(L)}) = \begin{cases} k_t - k_t C_i C_i^T k_t/(C_i^T k_t C_i) & (\text{延性}) \\ 0 & (\text{脆性}) \end{cases} \\ &X'^{(p)}_t(=X'^{(R)}_t) = \begin{cases} R_i k_t C_i/(C_i^T k_t C_i) & (\text{延性}) \\ 0 & (\text{脆性}) \end{cases} \end{aligned}\right\} \tag{3-54}$$

③ 杆元右端面塑性化

$$\left.\begin{aligned} &\lambda_i = 0, \lambda_j = (R_j - C_j^T k_t \delta_t)/(C_j^T k_t C_j) \\ &k_t^{(p)}(=k_t^{(R)}) = \begin{cases} k_t - k_t C_j C_i^T k_t/(C_j^T k_t C_j) & (\text{延性}) \\ 0 & (\text{脆性}) \end{cases} \\ &X'^{(p)}_t(=X'^{(R)}_t) = \begin{cases} R_j k_t C_j/(C_j^T k_t C_j) & (\text{延性}) \\ 0 & (\text{脆性}) \end{cases} \end{aligned}\right\} \tag{3-55}$$

④ 杆元两端均塑性化

$$\left.\begin{aligned} &\begin{Bmatrix} \lambda_i \\ \lambda_j \end{Bmatrix} = -G^{-1}H\delta_t + G_{-1}\begin{Bmatrix} R_i \\ R_j \end{Bmatrix} \\ &k_t^{(p)}(=k_t^{(LR)}) = \begin{cases} k_t - H^T G^{-1} H & (\text{延性}) \\ 0 & (\text{脆性}) \end{cases} \\ &x_t^{(p)}(=x_t^{(LR)}) = \begin{cases} H^T G^{-1}\begin{Bmatrix} R_i \\ R_j \end{Bmatrix} & (\text{延性}) \\ 0 & (\text{脆性}) \end{cases} \end{aligned}\right\} \tag{3-56}$$

其中

$$G^{-1} = \begin{bmatrix} C_i^T k_t C_i & C_i^T k_t C_j \\ C_j^T k_t C_i & C_j^T k_t C_j \end{bmatrix} \qquad H = \begin{bmatrix} C_i^T k_t \\ C_j^T k_t \end{bmatrix}$$

相应于以上各种情况下的修正杆元刚度矩阵 $k_t^{(p)}$ 及等效节点力 $x'^{(p)}_t$ 的具体表示式，可把不同荷载效应情况下的 R_k 与 C_k^T 代入有关公式求得。表 3-2、表 3-3、表 3-4 分别给出了只考虑弯矩荷载效应、同时考虑弯矩与轴力荷载效应及同时考虑弯矩、轴力与剪力荷载效应时，平面刚架修正杆元刚度矩阵 $k_t^{(p)}$ 和等效节点力 $x'^{(p)}_t$，见文献（10）。

表 3-2

$C_i=(0,0,\mathrm{sign}(M_{z_i}),0,0,0),R'_i=\mathrm{sign}(S_i)R_i,R'_j=\mathrm{sign}(S_j)R_j,$

$C_j=(0,0,0,0,0,\mathrm{sign}(M_{z_j})),R'_i=AZ_{p_i}C_{y_i},R_j,=AZ_{p_j}C_{yj}$

（a）左端失效时

$$k_t^{(p)}=k_t^L=\begin{bmatrix} EA/l & 0 & 0 & -EA/l & 0 & 0 \\ & 3EI/l^3 & 0 & 0 & -3EI/l^3 & 3EI/l^2 \\ & & 0 & 0 & 0 & 0 \\ & & & EA/l & 0 & 0 \\ & & & & 3EI/l^3 & -3EI/l^2 \\ & & & & & 3EI/l \end{bmatrix},x'^{(p)}_t=x'^L_t=\begin{bmatrix} 0 \\ \frac{3}{2l}R'_i \\ R'_i \\ 0 \\ -\frac{3}{2l}R'_i \\ R'_i/2 \end{bmatrix}$$

（b）右端失效时

$$k_t^{(p)}=k_t^R=\begin{bmatrix} EA/l & 0 & 0 & -EA/l & 0 & 0 \\ & 3EI/l^3 & 3EI/l^2 & 0 & -3EI/l^3 & 0 \\ & & 3EI/l & 0 & -3EI/l^2 & 0 \\ & & & EA/l & 0 & 0 \\ & & & & 3EI/l^3 & 0 \\ & & & & & 3EI/l \end{bmatrix},x'^{(p)}_t=x'^R_t=\begin{bmatrix} 0 \\ \frac{3}{2l}R'_j \\ R'_i/2 \\ 0 \\ -\frac{3}{2l}R'_i \\ R'_j \end{bmatrix}$$

（c）两端都失效时

$$k_t^{(p)}=k_t^{RL}=\begin{bmatrix} EA/l & 0 & 0 & -EA/l & 0 & 0 \\ & 0 & 0 & 0 & 0 & 0 \\ & & 0 & 0 & 0 & 0 \\ & & & EA/l & 0 & 0 \\ & & & & 0 & 0 \\ & & & & & 0 \end{bmatrix},x'^{(p)}_t=x'^{RL}_t=\begin{bmatrix} 0 \\ (R'_i+R'_j)/l \\ R'_i \\ 0 \\ -(R'_i+R'_j)/l \\ R'_j \end{bmatrix}$$

表 3-3（a）

$C_i=(AZ_{p_i}/A_{p_i}\,\mathrm{sign}(F_{x_i}),0,\mathrm{sign}(M_{z_j})0,0,0),$

$C_j=(0,0,0,AZ_{p_i}/A_{p_i}\,\mathrm{sign}(F_{x_j}),0),\mathrm{sign}(M_{z_j})),$

$$k_t^{(p)}=k_i^L=\begin{bmatrix} \frac{EA}{l}\frac{1}{1+\beta} & -\frac{EA}{l}\frac{3C^L}{2(1+\beta)} & -\frac{EA}{l}\frac{C^L}{1+\beta} & -\frac{EA}{l}\frac{1}{1+\beta} & \frac{EA}{l}\frac{3C^L}{2(1+\beta)} & -EA\frac{C^L}{2(1+\beta)} \\ & 3EI/l^2\frac{1+4\beta}{1+\beta} & 6EI/l^2\frac{\beta}{1+\beta} & \frac{EA}{l}\frac{3C^L}{2(1+\beta)} & -3EI/l^2\frac{1+4\beta}{1+\beta} & 3EI/l^2\frac{1+2\beta}{1+\beta} \\ & & 4EI/l\frac{\beta}{1+\beta} & EA\frac{C^L}{1+\beta} & -6EI/l^2\frac{\beta}{1+\beta} & 2EI/l\frac{\beta}{1+\beta} \\ & & & \frac{EA}{l}\frac{1}{1+\beta} & -\frac{EA}{l}\frac{3C^L}{2(1+\beta)} & EA\frac{C^L}{2(1+\beta)} \\ & & & & 3EI/l^2\frac{1+4\beta}{1+\beta} & -3EI/l^2\frac{1+2\beta}{1+\beta} \\ & & & & & 3EI/l\frac{3+4\beta}{3(1+\beta)} \end{bmatrix}$$

续表

$$x'^{(\mathrm{p})}_{\mathrm{t}}=x'^{\mathrm{R}}_{\mathrm{t}}=\begin{bmatrix}\frac{\beta/C^{\mathrm{L}}}{1+\beta}\frac{R'_i}{l}\\ \frac{1}{1+\beta}\frac{3}{2l}R'_i\\ \frac{1}{1+\beta}R'_i\\ -\frac{\beta/C^{\mathrm{L}}}{1+\beta}\frac{R'_i}{l}\\ -\frac{1}{1+\beta}\frac{3}{2l}R'_i\\ \frac{1}{1+\beta}\frac{R'_i}{2}\end{bmatrix}$$

式中

$R_i=AZ_{\mathrm{p}_i}C_{\mathrm{y}_i}$；

$R'_i=\mathrm{sign}(M_{\mathrm{x}i})R_i$；

$C^{\mathrm{L}}=\mathrm{sign}(M_{\mathrm{x}_i})AZ_{\mathrm{p}_i}/(\mathrm{sign}(F_{\mathrm{x}_i})A_{\mathrm{p}_i}l)$；

$\beta=(EAl^2/4EI)(C^{\mathrm{L}})^2$

表 3-3（*b*）

$C_i=(AZ_{\mathrm{p}_i}/A_{\mathrm{p}_i}\,\mathrm{sign}(F_{\mathrm{x}_i}),0,\mathrm{sign}(M_{\mathrm{z}_j})0,0,0)$，

$C_j=(0,0,0,AZ_{\mathrm{p}_i}/A_{\mathrm{p}_i}\,\mathrm{sign}(F_{\mathrm{x}_j}),0),\mathrm{sign}(M_{\mathrm{z}_j}))$，

$$k^{(\mathrm{p})}_{\mathrm{t}}=k^{\mathrm{R}}_{\mathrm{t}}=\begin{bmatrix}\frac{EA}{l}\frac{1}{1+\alpha} & -\frac{EA}{l}\frac{3C^{\mathrm{R}}}{2(1+\alpha)} & EA\frac{C^{\mathrm{R}}}{2(1+\alpha)} & -\frac{EA}{l}\frac{1}{1+\alpha} & -\frac{EA}{l}\frac{3C^{\mathrm{R}}}{2(1+\alpha)} & EA\frac{C^{\mathrm{R}}}{1+\alpha}\\ & 3EI/l^2\,\frac{1+4\alpha}{1+\alpha} & 3EI/l^2\,\frac{1+2\alpha}{1+\alpha} & -\frac{EA}{l}\frac{3C^{\mathrm{R}}}{2(1+\alpha)} & -3EI/l^3\,\frac{1+4\alpha}{1+\alpha} & 6EI/l^2\,\frac{1+\alpha}{1+\alpha}\\ & & 3EI/l\,\frac{3+4\alpha}{3(1+\alpha)} & -EA\frac{C^{\mathrm{R}}}{2(1+\alpha)} & -3EI/l^2\,\frac{1+2\alpha}{1+\alpha} & 2EI/l\,\frac{\alpha}{1+\alpha}\\ & & & \frac{EA}{l}\frac{1}{1+\alpha} & -\frac{EA}{l}\frac{3C^{\mathrm{R}}}{2(1+\alpha)} & -EA\frac{C^{\mathrm{R}}}{1+\alpha}\\ & & & & 3EI/l^3\,\frac{1+4\alpha}{1+\alpha} & -6EI/l^2\,\frac{\alpha}{1+\alpha}\\ & & & & & 4EI/l\,\frac{\alpha}{1+\alpha}\end{bmatrix}$$

$$x'^{(\mathrm{p})}_{\mathrm{t}}=x'^{\mathrm{L}}_{\mathrm{t}}=\begin{bmatrix}\frac{\alpha/C^{\mathrm{R}}}{1+\alpha}\frac{R'_i}{l}\\ \frac{1}{1+\alpha}\frac{3}{2l}R'_j\\ \frac{1}{1+\alpha}\frac{R'_j}{2}\\ \frac{\alpha/C^{\mathrm{R}}}{1+\alpha}\frac{R'_i}{l}\\ -\frac{1}{1+\alpha}\frac{3}{2l}R'_j\\ \frac{1}{1+\alpha}R'_j\end{bmatrix}$$

式中

$R_j=AZ_{\mathrm{p}_j}C_{\mathrm{y}_j}$；

$R'_j=\mathrm{sign}(M_{\mathrm{x}j})R_i$；

$C^{\mathrm{R}}=\mathrm{sign}(M_{\mathrm{x}_j})AZ_{\mathrm{p}_j}/(\mathrm{sign}(F_{\mathrm{x}_j})A_{\mathrm{p}_j}l)$；

$\alpha=(EAl^2/4EI)(C^{\mathrm{R}})^2$

表 3-3（c）

$$C_i=(AZ_{p_i}/A_{p_i}\,\mathrm{sign}(F_{x_i}),0,\mathrm{sign}(M_{z_j})0,0,0),$$

$$C_j=(0,0,0,AZ_{p_i}/A_{p_i}\,\mathrm{sign}(F_{x_j}),0),\mathrm{sign}(M_{z_j}))。$$

$$k_t^{(p)}=k_t^{RL}=\begin{bmatrix} \frac{EA}{l}\frac{3}{1+\xi} & -\frac{EA}{l}\frac{3(C^L-C^R)}{\xi} & -EA\frac{3C^L}{\xi} & -\frac{EA}{l}\frac{3}{\xi} & \frac{EA}{l}\frac{3(C^L-C^R)}{\xi} & EA\frac{3C^R}{\xi} \\ & 12EI/l^3\frac{\beta+\alpha-2\gamma}{\xi} & 12EI/l^2\frac{\beta-\gamma}{\xi} & -\frac{EA}{l}\frac{3(C^L-C^R)}{\xi} & -12EI/l^3\frac{\beta+\alpha-2\gamma}{\xi} & 12EI/l^2\frac{\alpha-\gamma}{\xi} \\ & & 12EI/l\frac{\beta}{\xi} & EA\frac{3C^L}{\xi} & -12EI/l^2\frac{\beta-\gamma}{\xi} & -12EI/l\frac{\gamma}{\xi} \\ & & & EA\frac{3}{\xi} & -\frac{EA}{l}\frac{3(C^L-C^R)}{\xi} & -EA\frac{3C^R}{\xi} \\ & & & & 12EI/l^3\frac{\beta+\alpha-2\gamma}{\xi} & -12EI/l^2\frac{\alpha-\gamma}{\xi} \\ & & & & & 12EI/l\frac{\alpha}{\xi} \end{bmatrix}$$

$$x'^{(p)}_t=x'^{RL}_t=\begin{bmatrix} \frac{4\beta+2\gamma}{\xi l}\frac{R'_i}{C^L}-\frac{4\alpha+2\gamma}{\xi l}\frac{R'_j}{C^R} \\ \frac{3(1+2\alpha+2\gamma)}{\xi}\frac{R'_i}{l}+\frac{3(1+2\beta+2\gamma)}{\xi}\frac{R'_j}{l} \\ \frac{3+4\alpha+2\gamma}{\xi}R'_i+\frac{2(\beta+2\gamma)}{\xi}R'_j \\ \frac{4\beta+2\gamma}{\xi l}\frac{R'_i}{C^L}-\frac{4\alpha+2\gamma}{\xi l}\frac{R'_j}{C^R} \\ -\frac{3(1+2\alpha+2\gamma)}{\xi}\frac{R'_i}{l}+\frac{3(1+2\beta+2\gamma)}{\xi}\frac{R'_j}{l} \\ \frac{2(\alpha+2\gamma)}{\xi}R'_i+\frac{3+4\beta+2\gamma}{\xi}R'_j \end{bmatrix}$$

式中

$$\gamma=(EAl^2/4EI)(C^{L(R)});$$

$$\xi=3+4\beta+4\alpha+4\gamma$$

表 3-4（a）

$$k_{\mathrm{t}}^{(\mathrm{p})}=k_{\mathrm{t}}^{\mathrm{L}}=\begin{bmatrix} \frac{EA}{l}\frac{1+3\Delta+3\Delta^2}{\xi} & -\frac{EA}{l}\frac{3C^{\mathrm{L}}(1+2\Delta)}{2\xi} & -EA\frac{C^{\mathrm{L}}(1+3\Delta/2)}{\xi} & -\frac{EA}{l}\frac{1+3\Delta+3\Delta^2}{\xi} & \frac{EA}{l}\frac{3C^{\mathrm{L}}(1+2\Delta)}{2\xi} & -EA\frac{C^{\mathrm{L}}(1+3\Delta)}{2\xi} \\ & 3EI/l^2\frac{1+4\beta}{\xi} & 6EI/l^2\frac{\beta-\Delta/2}{\xi} & -\frac{EA}{l}\frac{3C^{\mathrm{L}}(1+2\Delta)}{2\xi} & -3EI/l^3\frac{1+4\beta}{\xi} & 3EI/l^2\frac{1+2\beta+\Delta}{\xi} \\ & & 4EI/l\frac{\beta+3\Delta^2/4}{\xi} & EA\frac{C^{\mathrm{L}}(1+3\Delta^2/2)}{\xi} & -6EI/l^2\frac{\beta-\Delta/2}{\xi} & 2EI/l\frac{\beta-3\Delta(1+\Delta)/2}{\xi} \\ & & & \frac{EA}{l}\frac{1+3\Delta+3\Delta^2}{\xi} & -\frac{EA}{l}\frac{3C^{\mathrm{L}}(1+2\Delta)}{2\xi} & EA\frac{C^{\mathrm{L}}(1+3\Delta)}{\xi} \\ & & & & 3EI/l^2\frac{1+4\beta}{\xi} & -3EI/l^2\frac{1+2\beta+\Delta}{\xi} \\ & & & & & 3EI/l\frac{3(1+\Delta)^2+4\beta}{3\xi} \end{bmatrix}$$

$$x'^{(\mathrm{p})}_{\mathrm{t}}=x'^{\mathrm{L}}_{\mathrm{t}}=\begin{bmatrix} \frac{\beta/C^{\mathrm{L}}}{\xi}\frac{R'_i}{l} \\ \frac{1+2\Delta}{\xi}\frac{3R'_i}{2l} \\ \frac{1+3\Delta/2}{\xi}R'_i \\ -\frac{\beta/C^{\mathrm{L}}}{\xi}\frac{R'_i}{l} \\ -\frac{1+2\Delta}{\xi}\frac{3R'_i}{2l} \\ \frac{1+3\Delta}{2\xi}R'_i \end{bmatrix}$$

$R_i=AZ_{\mathrm{p}_i}C_{\mathrm{y}_i}$；

$R'_i=\mathrm{sign}(M_{\mathrm{z}_i})R_i$；

$C^{\mathrm{L}}=\mathrm{sign}(M_{\mathrm{z}_i})AZ_{\mathrm{p}_i}/(\mathrm{sign}(F_{\mathrm{x}_i})A_{\mathrm{p}_i}l)\times a$；

$\beta=(EAl^2/4EI)(C^{\mathrm{L}})^2$；

$\Delta=\sqrt{3}\,\mathrm{sign}(M_{\mathrm{z}_i})AZ_{\mathrm{p}_i}/(\mathrm{sign}(F_{\mathrm{x}_i})A_{\mathrm{p}_i}F_{\mathrm{p}_i}l)\times b$；

$\zeta=1+\beta+3\Delta+3\Delta^2$；

$R'_j=\mathrm{sign}(M_{\mathrm{z}_j})R_j$；

$C^{\mathrm{R}}=\mathrm{sign}(M_{\mathrm{z}_j})AZ_{\mathrm{p}_j}/(\mathrm{sign}(F_{\mathrm{z}_j})A_{\mathrm{p}_j}l)\times a$；

$\alpha=(EAl^2/4EI)(C^{\mathrm{R}})^2$；

$\nabla=\sqrt{3}\,\mathrm{sign}(M_{\mathrm{z}_j})AZ_{\mathrm{p}_j}/(\mathrm{sign}(F_{\mathrm{y}_j})A_{\mathrm{p}_j}F_{\mathrm{p}_j}l)\times b$；

$\gamma=(EAl^2/4EI)(C^{\mathrm{R}}+C^{\mathrm{L}})$；

$\varphi=3+4\beta+4\alpha+4\gamma+3(\Delta-\nabla)(2+\Delta-\nabla)$；

a—轴向力影响系数；

b—剪切力影响系数

表 3-4（*b*）

$$
k_t^{(p)}=k_t^R=\begin{bmatrix}
\frac{EA}{l}\frac{1-3\nabla+3\nabla^2}{\vartheta} & -\frac{EA}{l}\frac{3C^R(1-2\nabla)}{2\vartheta} & EA\frac{C^R(1-3\nabla)}{\vartheta} & -\frac{EA}{l}\frac{1-3\nabla+3\nabla^2}{\vartheta} & -\frac{EA}{l}\frac{3C^R(1-2\nabla)}{2\vartheta} & EA\frac{C^R(1-3\nabla/2)}{2\vartheta} \\
 & 3EI/l^2\frac{1+4\alpha}{\vartheta} & 3EI/l^2\frac{1+2\alpha-\nabla}{\vartheta} & -\frac{EA}{l}\frac{3C^R(1+2\nabla)}{2\vartheta} & -3EI/l^3\frac{1+4\alpha}{\vartheta} & 6EI/l^2\frac{\alpha+\nabla/2}{\vartheta} \\
 & & 3EI/l\frac{3(1-\nabla)^2+4\alpha}{3\vartheta} & EA\frac{C^R(1-3\nabla)}{2\vartheta} & -3EI/l^2\frac{1+2\alpha-\nabla}{\vartheta} & 2EI/l\frac{\alpha+3\nabla(1-\nabla)/2}{\vartheta} \\
 & & & \frac{EA}{l}\frac{1-3\nabla+3\nabla^2}{\vartheta} & -\frac{EA}{l}\frac{3C^R(1-2\nabla)}{2\vartheta} & -EA\frac{C^R(1-3\nabla/2)}{\vartheta} \\
 & & & & 3EI/l^2\frac{1+4\alpha}{\vartheta} & -6EI/l^2\frac{\alpha+\nabla/2}{\vartheta} \\
 & & & & & 4EI/l\frac{\alpha+3\nabla^2/4}{\vartheta}
\end{bmatrix}
$$

$$
x'^{(p)}_t=x'^R_t=\begin{bmatrix}
-\frac{\alpha/C^R}{\vartheta}\frac{R'_j}{l} \\
\frac{1-2\Delta}{\vartheta}\frac{3R'_j}{2l} \\
\frac{1+3\Delta/2}{\vartheta}R'_j \\
\frac{\alpha/C^R}{\vartheta}\frac{R'_j}{l} \\
-\frac{1-2\Delta}{\vartheta}\frac{3R'_i}{2l} \\
\frac{1-3\Delta/2}{2\vartheta}R'_j
\end{bmatrix}
$$

式中

$R_i=AZ_{p_i}C_{y_i}$；

$R'_i=\mathrm{sign}(M_{z_i})R_i$；

$C^L=\mathrm{sign}(M_{z_i})AZ_{p_i}/(\mathrm{sign}(F_{x_i})A_{p_i}l)\times a$；

$\beta=(EAl^2/4EI)(C^L)^2$；

$\Delta=\sqrt{3}\mathrm{sign}(M_{z_i})AZ_{p_i}/(\mathrm{sign}(F_{y_i})A_{p_i}F_{p_i}l)\times b$；

$R'_j=\mathrm{sign}(M_{z_j})R_j$；

$C^R=\mathrm{sign}(M_{z_j})AZ_{p_j}/(\mathrm{sign}(F_{z_j})A_{p_j}l)\times a$；

$\alpha=(EAl^2/4EI)(C^R)^2$；

$\nabla=\sqrt{3}\mathrm{sign}(M_{z_j})AZ_{p_j}/(\mathrm{sign}(F_{y_j})A_{p_j}F_{p_j}l)\times b$；

$\vartheta=1+\beta-3\nabla+3\nabla^2$；

$\gamma=(EAl^2/4EI)(C^R+C^L)$；

$\varphi=3+4\beta+4\alpha+4\gamma+3(\Delta-\nabla)(2+\Delta-\nabla)$；

a—轴向力影响系数；

b—剪切力影响系数

表 3-4（c）

$$
k_{\mathrm{t}}^{(\mathrm{p})}=k_{\mathrm{t}}^{\mathrm{LR}}=\begin{bmatrix}
\frac{EA}{l}\frac{3(1+(\Delta-\nabla)(2+\Delta-\nabla))}{\varphi} & -\frac{EA}{l}\frac{3(C^{\mathrm{L}}-C^{\mathrm{R}})(1+\Delta-\nabla)}{\varphi} & -EA\frac{3C^{\mathrm{L}}(1+\Delta-\nabla)}{\varphi} & -\frac{EA}{l}\frac{3(1+(\Delta-\nabla)(2+\Delta-\nabla))}{\varphi} & \frac{EA}{l}\frac{3(C^{\mathrm{L}}-C^{\mathrm{R}})(1+\Delta-\nabla)}{\varphi} & EA\frac{3C^{\mathrm{R}}(1+\Delta-\nabla)}{\varphi} \\
 & 12EI/l^3\frac{\beta+\alpha-2\gamma}{\varphi} & 12EI/l^2\frac{\beta-\gamma}{\varphi} & -\frac{EA}{l}\frac{3(C^{\mathrm{L}}-C^{\mathrm{R}})(1+\Delta-\nabla)}{\varphi} & -12EI/l^3\frac{\beta+\alpha-2\gamma}{\varphi} & 12EI/l^2\frac{\alpha-\gamma}{\varphi} \\
 & & 12EI/l\frac{\beta}{\varphi} & EA\frac{3C^{\mathrm{L}}(1+\Delta-\nabla)}{\varphi} & -12EI/l^2\frac{\beta-\gamma}{\varphi} & -12EI/l\frac{\gamma}{\varphi} \\
 & & & EA\frac{3(1+(\Delta-\nabla)(2+\Delta-\nabla))}{\varphi} & -\frac{EA}{l}\frac{3(C^{\mathrm{L}}-C^{\mathrm{R}})(1+\Delta-\nabla)}{\varphi} & -EA\frac{3C^{\mathrm{R}}(1+\Delta-\nabla)}{\varphi} \\
 & & & & 12EI/l^3\frac{\beta+\alpha-2\gamma}{\varphi} & -12EI/l^2\frac{\alpha-\gamma}{\varphi} \\
 & & & & & 12EI/l\frac{\alpha}{\varphi}
\end{bmatrix}
$$

$$
x_{\mathrm{t}}^{\prime(\mathrm{p})}=x_{\mathrm{t}}^{\prime\mathrm{LR}}=\begin{bmatrix}
\frac{4\beta+2\gamma-6\nabla(\beta+\gamma)}{\varphi C^{\mathrm{R}}}\frac{R_i'}{l}-\frac{4\beta+2\gamma+6\nabla(\alpha+\gamma)}{\varphi C^{\mathrm{R}}}\frac{R_i'}{l} \\
\frac{3(1+2\alpha+2\gamma+\Delta-\nabla)}{\varphi}\frac{R_i'}{l}+\frac{3(1+2\beta+2\gamma+\Delta-\nabla)}{\varphi}\frac{R_j'}{l} \\
\frac{3+4\alpha+2\gamma+3(\Delta-\nabla)-3\nabla(1+\Delta-\nabla)}{\varphi}R_i'+\frac{3(\beta-2\gamma)-3\nabla(1+\Delta-\nabla)}{\varphi}R_j' \\
-\frac{4\beta+2\gamma-6\nabla(\beta+\gamma)}{\varphi C^{\mathrm{L}}}\frac{R_i'}{l}+\frac{4\alpha+2\gamma+6\nabla(\alpha+\gamma)}{\varphi C^{\mathrm{R}}}\frac{R_i'}{l} \\
-\frac{3(1+2\alpha+2\gamma+\Delta-\nabla)}{\varphi}\frac{R_i'}{2l}-\frac{3(1+2\beta+2\gamma+\Delta-\nabla)}{\varphi}\frac{R_j'}{2l} \\
\frac{2(\alpha+2\gamma)+3\nabla(1+\Delta-\nabla)}{\varphi}R_i'+\frac{3+4\beta+2\gamma+3(\Delta-\nabla)+3\nabla(1+\Delta-\nabla)}{\varphi}R_j'
\end{bmatrix}
$$

式中

$R_i=AZ_{\mathrm{p}_i}C_{\mathrm{y}_i}$；

$R_i'=\mathrm{sign}(M_{z_i})R_i$；

$C^{\mathrm{L}}=\mathrm{sign}(M_{z_i})AZ_{\mathrm{p}_i}/(\mathrm{sign}(F_{x_i})A_{\mathrm{p}_i}l)\times a$；

$\beta=(EAl^2/4EI)(C^{\mathrm{L}})^2$；

$\Delta=\sqrt{3}\mathrm{sign}(M_{z_i})AZ_{\mathrm{p}_i}/(\mathrm{sign}(F_{y_i})A_{\mathrm{p}_i}F_{\mathrm{p}_i}l)\times b$；

$R_j'=\mathrm{sign}(M_{z_j})R_j$；

$C^{\mathrm{R}}=\mathrm{sign}(M_{z_j})AZ_{\mathrm{p}_j}/(\mathrm{sign}(F_{z_j})A_{\mathrm{p}_j}l)\times a$；

$\alpha=(EAl^2/4EI)(C^{\mathrm{R}})^2$；

$\nabla=\sqrt{3}\mathrm{sign}(M_{z_j})AZ_{\mathrm{p}_j}/(\mathrm{sign}(F_{y_j})A_{\mathrm{p}_j}F_{\mathrm{p}_j}l)\times b$；

$\vartheta=1+\alpha-3\nabla+3\nabla^2$；

$\gamma=(EAl^2/4EI)(C^{\mathrm{R}}+C^{\mathrm{L}})$；

$\varphi=3+4\beta+4\alpha+4\gamma+3(\Delta-\nabla)(2+\Delta-\nabla)$；

a—轴向力影响系数；

b—剪切力影响系数

3. 安全裕度的自动生成

(1) 平面刚架

最多有 $3l$ 个荷载作用在 n 个构件和 l 个节点的平面刚架上。各杆元的两端依次进行编号，于是第 n 个杆元端面的失效衡准可由下式给出：

$$Z_i = R_i - C_i^{\mathrm{T}} X_i \leqslant 0 \tag{3-57}$$

如前所述，只有当形成一个塑性铰组合，使结构成为机构，刚架结构系统才会失效。当杆元端面 r_1，r_2，…，r_{p-1} 已经失效，则失效后的应力要用修正杆元刚度矩阵和等效节点力进行重新分析。这时的杆元刚度方程式已由式（3-52）给出。

在计算了所有杆元的修正刚度矩阵后，将它们组合成总体刚度方程式：

$$K^{(p)} d = L + R^{(p)}$$

$$K^{(p)} = \sum_{t=1}^{n} T_{\mathrm{t}}^{\mathrm{T}} k_{\mathrm{t}}^{(p)} T_{\mathrm{t}} \tag{3-58}$$

式中 d——对应于总体坐标系的节点位移向量；

$k^{(p)}$——修正总体刚度矩阵；

T_{t}——坐标转换矩阵；

L——外荷载向量；

$R^{(p)}$——对应于总体坐标系的等效节点力向量：

$$R^{(p)} = -\sum_{t=1}^{n} T_{\mathrm{t}}^{\mathrm{T}} X'^{(p)}_{\mathrm{t}}$$

由式（3-58）可以导出

$$d = K^{(P)^{-1}} (L + R^{(p)})$$

由上式可得杆元 t 相对于总体坐标系的节点位移向量

$$d_{\mathrm{t}} = K_t^{(P)^{-1}} (L + R^{(p)}) \tag{3-59}$$

式中的 $K_{\mathrm{t}}^{(P)^{-1}}$ 是由 $K^{(P)^{-1}}$ 中抽取的对应于节点位移向量 d_{t} 的行构成的。将 $\delta_{\mathrm{t}} = T_{\mathrm{t}} d_{\mathrm{t}}$ 及式（3-59）代入式（3-52），则杆元 t 的节点力向量 X_i 可由下式给出：

$$X_{\mathrm{t}} = b_{\mathrm{t}}^{(p)} (L + R^{(p)}) + X'^{(p)}_{\mathrm{t}} \tag{3-60}$$

式中

$$b_{\mathrm{t}}^{(p)} = K_{\mathrm{t}}^{(p)} T_{\mathrm{t}} K_{\mathrm{t}}^{(p)^{-1}}$$

塑性破坏是否会产生，是要通过下述衡准判定。当杆元端面 r_1、r_2、…、r_{p_q} 已失效，修正总体刚度矩阵 $K^{(p_q)}$ 或节点位移向量 $d^{(p_q)}$ 满足下述条件时，则认为结构系统失效：

$$|K^{(p_q)}| / |K^{(0)}| < \varepsilon_1$$

$$\| d^{(0)} \| / \| d^{(q_p)} \| < \varepsilon_2$$

式中的上标 p_q 及 0 分别表示第 p_q 失效阶段和杆元全部处于弹性状态时的情形。$\| \cdot \|$ 表示向量的欧几里得范数。ε_1 和 ε_2 是给定的判别常数。

下面讨论杆元端面安全裕度的表达式。当 r_1、r_2、…、r_{p-1} 个杆元端面已失效时，未发生失效的杆元端面 i（杆元编号为 t）的安全裕度由下式给出：

$$Z_{i(r_1, r_2, \cdots, r_{p-1})} = R_i + C_i^{\mathrm{T}} \left(b^{(p)} \sum_{k=1}^{n} T_{\mathrm{k}}^{\mathrm{T}} X'^{(P)}_{\mathrm{k}} - X'^{(P)}_{\mathrm{t}} \right) - C_i^{\mathrm{T}} b_i^{(P)} L$$

$$= R_i + \sum_{k=1}^{p-1} \alpha_{ir_k}^{(p)} R_{rk} - \sum_{j=1}^{3l} b_{ij}^{(p)} L_j \tag{3-61}$$

式（3-61）中的第一步是把式（3-60）代入式（3-57）得到的，而第二步是把第一步中的各向量与矩阵分解成分量后的表达式。

利用前面给出的安全裕度，可以得出结构系统失效的判别衡准

$$Z_i^{(P)}(r_1, r_2, \cdots, r_{p-1}) \qquad (p=1,2,\cdots,p_q)$$

如果存在一个杆元端面 r_p，它在前一个失效杆元端面的安全裕度中的系数

$$a_{r_{p_q}} r_p = 0$$

则 r_p 是对塑性破坏即对机构的形成不起直接作用的冗余杆元端面。

在跟踪失效的过程中，当式（3-53）～式（3-56）中的 λ_k（$k=i$，j）满足

$$\lambda_k \geqslant 0$$

时，表示塑性化在继续进行，当

$$\lambda_k < 0$$

时，表示开始卸载。因此，$\lambda_k<0$ 时，必须从失效杆元端面的集合中消去断面 k，以形成一个完整的失效路径。

（2）空间刚架

具有 n 个构架和 l 个节点的空间刚架，最多时有 6 l 个荷载作用在其节点上。这时杆元端面 i（其杆元编号为 t）的安全裕度

$$Z_i = R_i - C_i^T X_i^T = 0$$

为了生成空间刚架结构系统的失效衡准，定义失效是塑性破坏在节点处产生重大的位移造成的。现在对 r_1，r_2，…，r_{p-1} 个杆元端面失效后的第 p 个失效阶段下进行应力分析。根据上式可知，未产生失效的杆元端面 i 的安全裕度

$$Z_i^{(P)} = R_i + \sum_{k=1}^{p-1} a_{ir_k}^{(p)} \cdot R_{r_k} - \sum_{i=1}^{6l} b_{ij}^{(p)} L_j \tag{3-62}$$

式中　$a_{ir_k}^{(p)}$——残留强度影响系数；

　　$b_{ij}^{(p)}$——荷载影响系数；

　　L_j——外荷载。

关于空间刚架结构系统塑性破坏的产生与否，仍然用杆元断面失效后各失效阶段下的修正总体刚度矩阵 $K^{(p_q)}$ 或节点位移变量 $d^{(p_q)}$ 判定，即满足

$$|K^{(p_q)}| / |K^{(0)}| \leqslant \varepsilon_1$$

$$\| d^{(0)} \| / \| d^{(p_q)} \| \leqslant \varepsilon_2$$

的条件满足时，则认为产生塑性破坏。或者假定，当 n_f（$<p_q$）个杆元端面失效后产生塑性破坏。

根据式（3-62）给出的安全裕度，空间刚架结构系统的失效衡准为：

$$Z_{r_p}^{(p)} \leqslant 0 \qquad (p=1,2,\cdots,p_q \text{或} n_f)$$

这样，对应于最后失效的杆元端面 r_p 的安全裕度 $Z_{r_{p_q}}^{(p_q)}$ 给出了空间刚架结构系统失效形式的安全裕度。

总之，考虑复合荷载效应的杆元端面的塑性条件，无论平面或空间结构系统，均可用式（3-58）近似。因此杆元端面的安全裕度可表示为杆元端面强度和

外荷载的线性组合。这样处理，当强度与荷载为随机变量时，分析大型结构系统可靠性是非常方便的。

3.3.3 主要失效路径的选择

选择主要失效路径的方法有多种。这里主要介绍分支限界法。这种方法无论对于桁架或刚架结构系统均适用。如前所述，对于桁架而言，失效路径是一定数量的失效构件的组合；对刚架则是指一定数量的塑性铰组合。为了讨论方便，在此将失效构件和塑性铰统称为失效要素。

分支界限法选择的步骤如下。

1. 分支操作

这一步的任务是随机选择组成主要失效路径的失效要素。

(1) 选择对应失效概率高的失效要素序列

失效阶段 p 内的失效要素 r_p用下述各式选择：

$$P[Z_{r_1}^{(1)}\leqslant 0]=\max_{i_1\in I_1}P[Z_{r_1}^{(1)}\leqslant 0]\qquad (p=1)$$

$$P[Z_{r_1}^{(1)}\leqslant 0]\cap(Z_{r_p}^{(p)}\leqslant 0)=\max_{i_p\in I_p}P[Z_{i_1}^{(1)}\leqslant 0]\cap(Z_{i_p}^{(p)}\leqslant 0)\quad (p\geqslant 2)$$

式中 I_1、I_p——失效阶段 1 和失效阶段 p 内被选择的失效要素集合；

$Z_{r_1}^{(1)}$——失效阶段 1 时（即在结构中没有失效要素的状况下），要素 i_1的安全裕度；

$Z_{r_p}^{(p)}$——失效阶段 p 时（即 r_1、r_2、…、r_p（$p\geqslant 2$）个要素失效后），要素 i_p的安全裕度。

$p=1$，意味着在失效阶段 1 时，即在结构中没有失效要素的状况下，选择失效概率大的要素。$p=p$（$p\geqslant 2$），意味着在失效阶段 p，即在 r_1，r_2，…r_p（$p\geqslant 2$）个要素失效后的要素中选择失效概率大的要素。

(2) 进行失效判别

根据上述选择过程，反复操作。当选择的失效要素序列 r_1，r_2，…r_p已形成失效路径时，便按下式：

$$p'_{f_q}=\max_{p=2,3\cdots,p_q}P[Z_{r_1}^{(1)}\leqslant 0\cap(Z_{r_p}^{(p)}\leqslant 0)]$$

计算产生概率。在得到的 p'_{f_q} 中，把最大值设为 p_{fM}。这种分支操作一直持续到没有被选择的要求为止。

2. 限界操作

这一步的任务是选出可以忽略的要素。从失效阶段 p 内的可选要素集合 I_p 中，把满足下述标准的要素选出来：

$$P[Z_{r_1}^{(1)}\leqslant 0]/p_{fM}<10^{-r}\qquad (p=1)$$

$$P[Z_{r_1}^{(1)}\leqslant 0\cap(Z_{i_p}\leqslant 0)]/p_{fM}<10^{-r}\quad (p\geqslant 2)$$

其中，r 为设定的限界常数。

由上述标准可知，所谓可忽略的失效路径就是产生概率小于 $10^{-r}P_{fM}$的那些失效路径。把按上述标准选出的要素从 I_1、I_p中删除，从而缩小了下一次分支操作的可选要素集合。重复上述操作过程，直到各失效阶段的可选要素集合全部变为零集为止。得到的所有完全失效路径，即为选出的主要失效路径。

3. 方法的改进

对于大型高次超静定结构系统，即使采用上述操作过程，仍然存在分支过多、计算量过大的缺点。为此，已提出一些改进措施，具体作法如下。

① 设想结构系统存在一种临界的失效形式。计算对应于这种失效形式的完全失效路径产生概率的上限值 P_{f_q}，把此值作为限界操作的初始值 P_{fM}。

② 因为由弹塑性构件组成的结构系统的最终强度对失效路径没有依赖关系，所以可把分支操作可选要素的集合限定为满足下述二维联合概率单减性的失效要素的集合（$p \geqslant 2$），即

$$I_{p_1} = \{ i_p \mid P[(Z_{r_1}^{(1)} \leqslant 0) \cap (Z_{i_p} \leqslant 0)] \leqslant a_1 P[(Z_{r_1}^{(1)} \leqslant 0) \cap (Z_{r_{p-1}}^{p-1} \leqslant 0)] \}$$

另外，还要限定于最初失效要素贡献大的那些失效要素的集合，即

$$I_{p_2} = \{ i_p \mid a_{i_p} r_1{}^{(1)} \leqslant a_2 \}$$

式中 a_1、a_2 为特定常数，可根据实际工程的需要凭经验确定。

③ 在各失效阶段（$p \geqslant 2$）进行分支操作时，其分支数目由一个特定数 a_3 确定。

④ 把结构系统分割成有限个临界构造区域，分别在这些区域内进行分支操作。采取这种措施，可以迅速找出前面提出的临界失效形式。

为使读者能更深刻理解分支限界法的基本思路与具体分析过程，现以图 3-20 一层门形刚架（只考虑弯矩荷载效应）为例说明。

为节省篇幅，结构参数及基本随机变量的有关数据不拟列出，安全裕度及失效路径的产生概率由前面给出的方法确定。

在任何杆元端面都没有形成塑性铰的情况下，各端面的安全裕度及产生概率如表 3-5（a）所示。

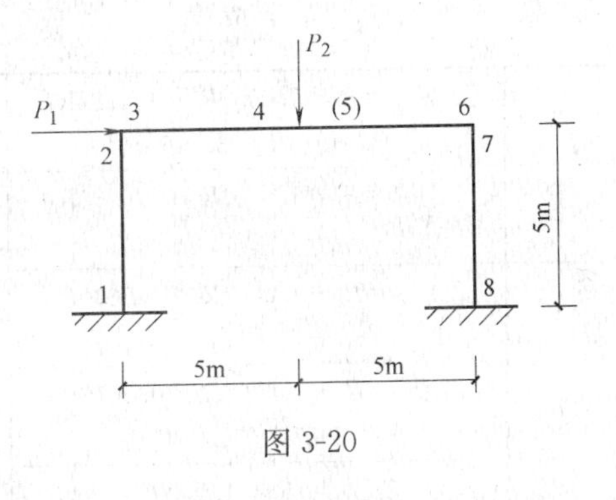

图 3-20

表 3-5（a）

塑性铰	安全裕度	失效路径产生概率①	β②	操作	顺序
7	$Z_7^{(1)} = R_7 - 0.9982P_1 - 0.9369P_2$	0.9304×10^{-1}	1.322	S③&B⑤	(1)⑦
4	$Z_4^{(1)} = R_4 - 0.0013P_1 - 1.5631P_2$	0.2389×10^{-1}	1.979	S&B	(9)
8	$Z_8^{(1)} = R_8 - 1.4971P_1 - 1.563P_2$	0.9417×10^{-1}	2.349	S&B	(14)
6	$Z_8^{(1)} = R_8 - 1.4971P_1 - 1.563P_2$	0.7396×10^{-1}	3.179	D④ BY BO⑥	1⑧
2	$Z_2^{(1)} = R_2 + 1.0009P_1 - 0.9369P_2$	0.7427×10^{-1}	4.331	DBY BO	1
1	$Z_1^{(1)} = R_1 - 1.5038P_1 + 1.4670P_2$	0.8178×10^{-1}	5.647	DBY BO	1
3	$Z_3^{(1)} = R_3 + 1.0009P_1 - 0.9369P_2$	0.5528×10^{-1}	6.093	DBY BO	1

注：①失效路径产生概率上限值；②$\beta = -\Phi^{-1}$ [P ($Z \leqslant 0$)]；③S 为被选择的失效路径；④D 为被舍去的失效路径；⑤B 为分支操作；⑥BO 为限界操作；⑦分支操作顺序；⑧为限界操作顺序。

下面的问题是继杆元端面 7 之后塑性化端面的选择问题。为此，计算以 7 为起点的失效路径的产生概率，例如 7→4 的产生概率

$$p_{f_p}(7,4)=P[(Z_{(7)}^{(1)}\leqslant 0)\cap(Z_{4(7)}^{(2)}\leqslant 0)]=0.2834\times 10^{-1}$$

同样，再计算以 7 为起点的其他失效路径的产生概率，如表 3-5（*b*）所示。

表 3-5（*b*）

塑性铰	安全裕度	失效路径产生概率①	β②	操作	顺序
4	$Z_{4(7)}^{(2)}=R_4+0.5553R_7-0.5557P_1-2.0834P_2$	0.2834×10^{-1}	1.868	S & B	(2)
8	$Z_{8(7)}^{(2)}=R_8+0.1679R_7-1.6647P_1-0.6243P_2$	0.1313×10^{-1}	2.217	S & B	(6)
2	$Z_{2(7)}^{(2)}=R_2-0.1107R_7+1.1114P_1-0.8332P_2$	0.3696×10^{-5}	4.458	S & B	1
6	$Z_{6(7)}^{(2)}=R_6-1.0000R_7$	0.3322×10^{-4}	4.133	D BY BO	1
1	$Z_{1(7)}^{(2)}=R_1+0.7215R_7-2.224P_1-0.2090P_2$	0.1952×10^{-6}	5.073	D BY BO	1
3	$Z_{3(7)}^{(2)}=R_3-0.1107R_7+1.1114P_1-0.8332P_2$	0.1820×10^{-9}	6.256	D BY BO	1

从 3-5（*b*）结果看出，产生概率以 7→4 为最大，所以就把它选出来。经判定，这时仍没有形成机构。在端面 7、4 塑性化的情况下，再进行应力分析，计算其他端面的安全裕度及其产生概率，如表 3-5（*c*）所示。

表 3-5（*c*）

塑性铰	安全裕度	失效路径概率 (下限值)上限值	β	操作	顺序
8	$Z_{8(7,4)}^{(3)}=R_8+1.0000R_7+1.4984R_4-2.4973R_1-3.7460P_2$	0.1820×10^{-1}	2.091	S & B	(3)
2	$Z_{2(7,4)}^{(3)}=R_2+1.0000R_7+2.0000R_4-5.0000P_2$	(0.6314×10^{-2}) 0.6430×10^{-2}	2.479	M	(5)
3	$Z_{3(7,4)}^{(3)}=R_3+1.0000R_7+2.0000R_4-5.0000P_2$	0.2022×10^{-2}	2.871	D BY BO	1
1	$Z_{1(7,4)}^{(3)}=R_1-1.0000R_7+0.5016R_4-2.5027P_1-1.2541P_2$	0.4634×10^{-5}	4.428	D BY BO	1
6	$Z_{6(7,4)}^{(3)}=R_6-1.0000R_7$	0.3322×10^{-4}	4.133	D BY BO	1

注：M 表示结构已形成机构。

当以失效路径产生概率的上限值作为评价标准时，可见 7→4→8 的产生概率为最大。于是把端面 8 选为新的塑性铰。这时仍没有形成机构。

在端面 7、4、8 塑性化的条件下，再进行应力分析，求其他端面的安全裕度，并计算对应的产生概率，结果示于表 3-5（*d*）。

表 3-5（*d*）

塑性铰	安全裕度	失效路径概率 (下限值)上限值	β	操作	顺序
2	$Z_{2(7,4,8)}^{(4)}=R_2+1.0000R_7+2.0000R_4-5.0000P_2$	(0.5937×10^{-2}) 0.6430×10^{-2}	2.479	M	(4)
3	$Z_{3(7,4,8)}^{(4)}=R_3+1.0000R_7+2.0000R_4-5.0000P_2$	0.2022×10^{-2}	2.871	D BY BO	1

续表

塑性铰	安全裕度	失效路径概率（下限值）上限值	β	操作	顺序
1	$Z_{1(7,4,8)}^{(4)}=R_1+2.0000R_7+2.0000R_4+1.0000R_8-5.0000P_1-5.0000P_2$	0.1783×10^{-2}	2.907	D BY BO	1
6	$Z_{6(7,4,8)}^{(4)}=R_6-1.0000R_7$	0.3322×10^{-4}	4.133	D BY BO	1

由表可知，上限值最大的失效路径是7→4→8→2，端面2成为塑性铰。经判定，这时形成机构，即失效路径7→4→8→2是完全失效路径，产生概率的下限值为0.5937×10^{-2}。

因为要寻找产生概率大的失效路径，所以没有必要寻找比完全失效路径7→4→8→2的产生概率还小的完全失效路径。7→4→8→2的产生概率的下限值为0.5937×10^{-2}，还是比较大的。

分析已经计算了产生概率的失效路径可知，产生概率随路径长度的增加而减小。所以，未分支的失效路径的产生概率的上限值比已知的完全失效路径产生概率的下限值0.5937×10^{-2}还小时，就没有必要进行分支操作了。根据这一思路，从分支对象中删除的失效路径为：

7→4→8→3，7→4→8→1，7→4→8→6，7→4→3，7→4→1，7→4→6，7→2，7→6，7→1，7→3，6，2，1，3

从分支的对象中把未分支失效路径中不必要的失效路径删除的操作称为限界操作。

作为分支的失效路径，通过限界操作，在第4失效阶段，失效路径已不存在，所以要返回第3失效阶段进行分析。由表3-5（*c*）可知，失效路径7→4→2是完全失效路径。这时结构已成为机构。7→4→2的产生概率的下限值为0.6314×10^{-2}，比第4失效阶段选出的完全失效路径7→4→8→2产生概率的下限值0.5937×10^{-2}为大，所以把此值作为进行新的限界操作的下限值。从表3-5（*c*）可见，以此值为限界操作标准，在第3失效阶段要删除的失效路径已不再存在，所以要返回到第2失效阶段。再从7→8开始，把以7→8为头的失效路径进行分支。从表3-5（*e*）可见，除失效路径7→8→4外，其他失效路径产生概率的上限值都小于前面给出的限界操作的下限值0.6314×10^{-2}，所以这些失效路径都应删除。因此就把失效路径7→8→4选为分支失效路径，而进入新的阶段。

表3-5（*e*）

塑性铰	安全裕度	失效路径概率（下限值）上限值	β	操作	顺序
4	$Z_{4(7,8)}^{(3)}=R_4+0.5833R_7+0.1666R_8-0.8330P_1+2.1874P_2$	0.1313×10^{-1}	1.942	M	(7)
2	$Z_{2(7,8)}^{(3)}=R_2+0.1666R_7-0.3332R_8+1.6661P_1-0.6252P_2$	0.3922×10^{-2}	3.626	D BY BO	3
1	$Z_{1(7,8)}^{(3)}=R_1+0.8334R_7+0.6668R_8-3.3339P_1+0.6252P_2$	0.2002×10^{-4}	4.107	D BY BO	3

续表

塑性铰	安全裕度	失效路径概率 (下限值)上限值	β	操作	顺序
6	$Z_{6\,(7,8)}^{(3)}=R_6-1.0000R_7$	0.3322×10^{-4}	4.133	D BY BO	3
3	$Z_{3\,(7,8)}^{(3)}=R_3-0.1666R_7-0.3332R_8$ $+1.6661P_1-0.6252P_2$	0.1389×10^{-7}	5.277	D BY BO	3

表 3-5（f）给出的所有失效路径已全部被限界操作删除了。

由于以 7 作为第 1 失效阶段的失效路径已不存在，所以另选以 4 作为第 1 失效阶段的失效路径进行分析。第 2 失效阶段失效路径的安全裕度及对应的产生概率列于表 3-5（g）中。由表可见以 4→7 产生概率为最大，而其他失效路径的产生概率均小于限界操作的下限值，故都应被删除。因为失效路径 4→7 没有形成机构，所以要转入下一阶段，即第 3 失效阶段。在 4、7 已塑性化的情况下，再进行应力分析，求出其他端面的安全裕度及对应的产生概率，结果列于表 3-5（h）中。

表 3-5（f）

塑性铰	安全裕度	失效路径概率 (下限值)上限值	β	操作	顺序
2	$Z_{2\,(7,4,8)}^{(4)}=R_2+1.0000R_7+2.0000R_4$ $-5.0000P_2$	(0.1494×10^{-2}) 0.6430×10^{-2}	2.479	M	(8)
3	$Z_{3\,(7,4,8)}^{(4)}=R_3+1.0000R_7+2.0000R_4$ $-5.0000P_2$	0.2022×10^{-2}	2.871	D BY BO	4
1	$Z_{1\,(7,4,8)}^{(4)}=R_1+2.0000R_7+2.0000R_4$ $+1.0000R_8-5.0000P_1-5.0000P_2$	0.1783×10^{-2}	2.907	D BY BO	4
6	$Z_{6\,(7,4,8)}^{(4)}=R_6-1.0000R_7$	0.3322×10^{-4}	4.133	D BY BO	4

表 3-5（g）

塑性铰	安全裕度	失效路径概率 (下限值)上限值	β	操作	顺序
7	$Z_{7\,(4)}^{(2)}=R_7+1.0000R_4-0.9996P_1$ $-2.5000P_2$	0.2175×10^{-1}	1.793	S & B	(10)
6	$Z_{6\,(4)}^{(2)}=R_6+1.0000R_4-0.9996P_1$ $-2.5000P_2$	0.5432×10^{-2}	2.545	D BY BO	5
8	$Z_{7\,(4)}^{(2)}=R_8+0.4984R_4-1.4978P_1$ $-1.2460P_2$	0.4306×10^{-2}	2.527	D BY BO	5
2	$Z_{2\,(4)}^{(2)}=R_2+1.0000R_4+0.9996P_1$ $-2.5000P_2$	0.1058×10^{-2}	3.073	D BY BO	5
3	$Z_{3\,(4)}^{(2)}=R_3+1.0000R_4+0.9996P_1$ $-2.5000P_2$	0.7640×10^{-4}	3.786	D BY BO	5
1	$Z_{1\,(4)}^{(2)}=R_1-0.4984R_4-1.5031P_1$ $+1.2460P_2$	0.6871×10^{-2}	2.464	D BY BO	5

由表3-5（h）结果看出，4→7→8的产生概率最大。通过限界操作，失效路径4→7→3及4→7→1被删除。另外因4→7→6是一种节点失效形式，不能作为完全失效路径。但由于4→7→8不是完全失效路径，需要进一步进行分支。在4、7、8塑性化的情况下，再进行应力分析，结果示于表3-5（i）中。由表可见，以4→7→8→2的产生概率最大。这时结构已成为机构，所以是完全失效路径。但因其下限值为0.6121×10^{-2}小于限界操作的下限值，故不能选它为新的限界操作值。在这一失效阶段，其他失效路径4→7→8→1，4→7→8→3，4→7→8→6都被限界操作而删除。

表3-5（h）

塑性铰	安全裕度	失效路径概率 （下限值）上限值	β	操作	顺序
8	$Z_{8(4,7)}^{(3)}=R_8+1.0000R_7+1.4984R_4-2.4973R_1-3.7460P_2$	0.1375×10^{-1}	2.091	S & B	(11)
2	$Z_{2(4,7)}^{(3)}=R_2+1.0000R_7+2.0000R_4-5.0000P_2$	(0.6501×10^{-2}) 0.6580×10^{-2}	2.479	M	(13)
3	$Z_{3(4,7)}^{(3)}=R_3+1.0000R_7+2.0000R_4-5.0000P_2$	0.2045×10^{-2}	2.871	D BY BO	6
1	$Z_{1(4,7)}^{(3)}=R_1+1.0000R_7+0.5016R_4-2.5027P_1-1.2541P_2$	0.4634×10^{-5}	4.428	D BY BO	6
6	$Z_{6(4,7)}^{(3)}=R_6-1.0000R_7$	0.3322×10^{-4}	4.133	D BY BO	6

表3-5（i）

塑性铰	安全裕度	失效路径概率 （下限值）上限值	β	操作	顺序
2	$Z_{2(7,4,8)}^{(4)}=R_2+1.0000R_7+2.0000R_4-5.0000P_2$	(0.6121×10^{-2}) 0.6580×10^{-2}	2.479	M	(8)
3	$Z_{3(7,4,8)}^{(4)}=R_3+1.0000R_7+2.0000R_4-5.0000P_2$	0.2045×10^{-2}	2.871	D BY BO	4
1	$Z_{1(7,4,8)}^{(4)}=R_1+2.0000R_7+2.0000R_4+1.0000R_8-5.0000P_1-5.0000P_2$	0.1704×10^{-2}	2.907	D BY BO	4
6	$Z_{6(7,4,8)}^{(4)}=R_6-1.0000R_7$	0.3322×10^{-4}	4.133	D BY BO	4

返回到第3失效阶段，选完全失效路径。4→7→2为分支失效路径。它的下限值为0.6501×10^{-2}。把它作为新的限界操作值，利用它进行限界操作。但这时已不存在新的被删除对象，也就是说，把4作为第1失效阶段的失效路径已不再存在。所以再选8作为第1失效阶段的失效路径进行分支，其结果示于表3-5（j）。失效路径8→4、8→1、8→2、8→3被删除。

选 8→7 为分支失效路径，在第 3 失效阶段被选择的分支失效路径如表 3-5（k）所示。由表可见，任何失效路径产生概率的上限值均小于限界操作的下限值 0.6501×10^{-2}，所以全部被删除。这样以 8 作为第 1 失效阶段的失效路径都不存在。

到此为止，已不存在分支对象的未分支失效路径，所以分支限界操作也就结束了。利用分支限界法得到的主要失效路径为：

7→4→8→2，7→4→2，7→8→4→2，4→7→8→2，4→7→2

表 3-5（j）

塑性铰	安全裕度	失效路径概率（下限值）上限值	β	操作	顺序
7	$Z_{7(8)}^{(2)}=R_7+0.0747R_8-1.1100P_1-0.9718P_2$	0.9187×10^{-2}	1.393	S & B	(15)
4	$Z_{4(8)}^{(2)}=R_4+0.1231R_8-0.1856P_1-1.6206P_2$	0.2159×10^{-2}	2.072	D BY BO	9
6	$Z_{6(8)}^{(2)}=R_6+0.0747R_8-0.1856P_1-1.6206P_2$	0.5299×10^{-2}	3.173	D BY BO	9
1	$Z_{1(8)}^{(2)}=R_1+0.6046R_8-2.0489P_1-0.1846P_2$	0.2432×10^{-6}	5.031	D BY BO	9
2	$Z_{2(8)}^{(2)}=R_2-0.3208R_8+1.4812P_1-0.7871P_2$	0.2385×10^{-3}	3.713	D BY BO	9
3	$Z_{3(8)}^{(2)}=R_3-0.3208R_8+1.4812P_1-0.7871P_2$	0.7994×10^{-8}	5.375	D BY BO	9

表 3-5（k）

塑性铰	安全裕度	失效路径概率（下限值）上限值	β	操作	顺序
4	$Z_{4(8,7)}^{(3)}=R_4+0.1600R_8+0.5833R_7-0.8330P_1-2.1874P_2$	0.3875×10^{-2}	1.942	D BY BO	10
1	$Z_{1(8,7)}^{(3)}=R_1+0.6668R_8+0.8334R_7-3.333P_1-0.6252P_2$	0.2002×10^{-4}	4.107	D BY BO	10
2	$Z_{2(8,7)}^{(3)}=R_2-0.3332R_8-0.1666R_7+1.6661P_1-0.6252P_2$	0.2264×10^{-3}	3.626	D BY BO	10
6	$Z_{6(8,7)}^{(3)}=R_6-1.0000R_7$	0.3322×10^{-4}	4.133	D BY BO	10
3	$Z_{3(8,7)}^{(3)}=R_3-0.3332R_8-0.1666R_7+1.6661P_1-0.6252P_2$	0.1374×10^{-7}	5.277	D BY BO	10

用失效树表示上述结果时，如图 3-21 所示。

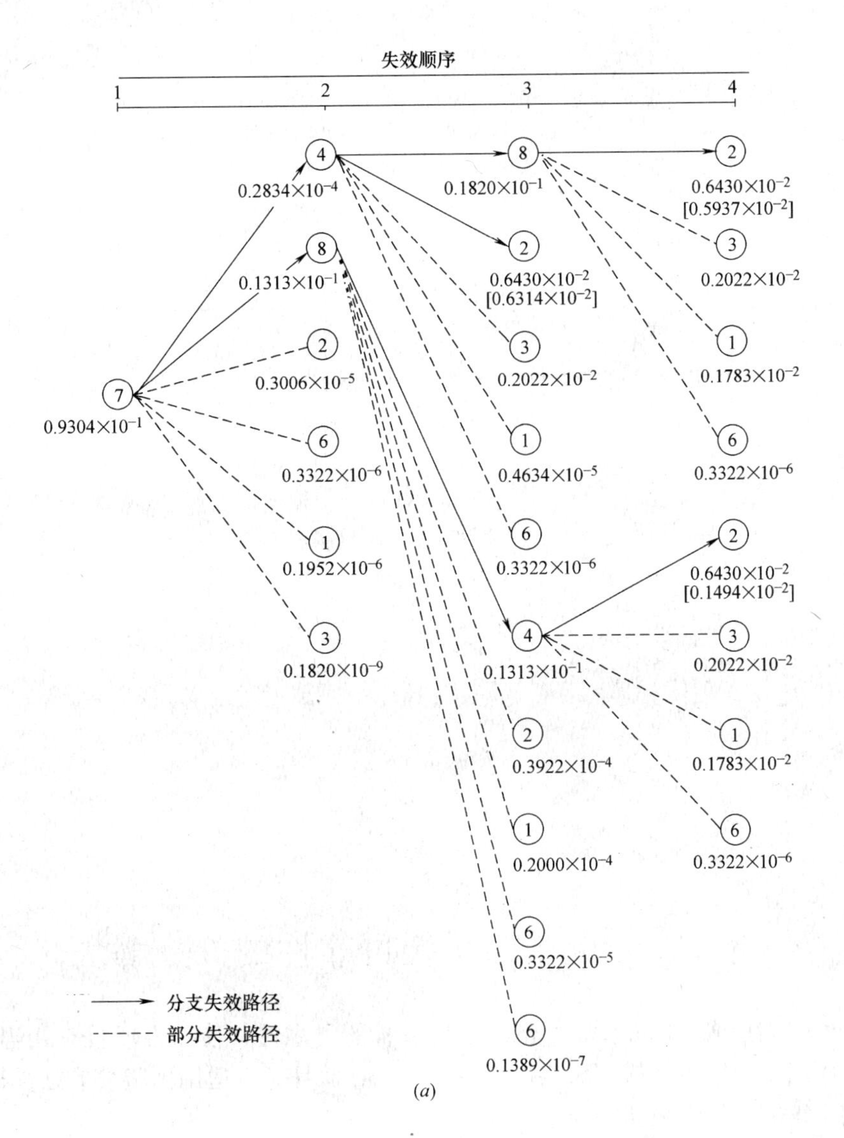

图 3-21（一）

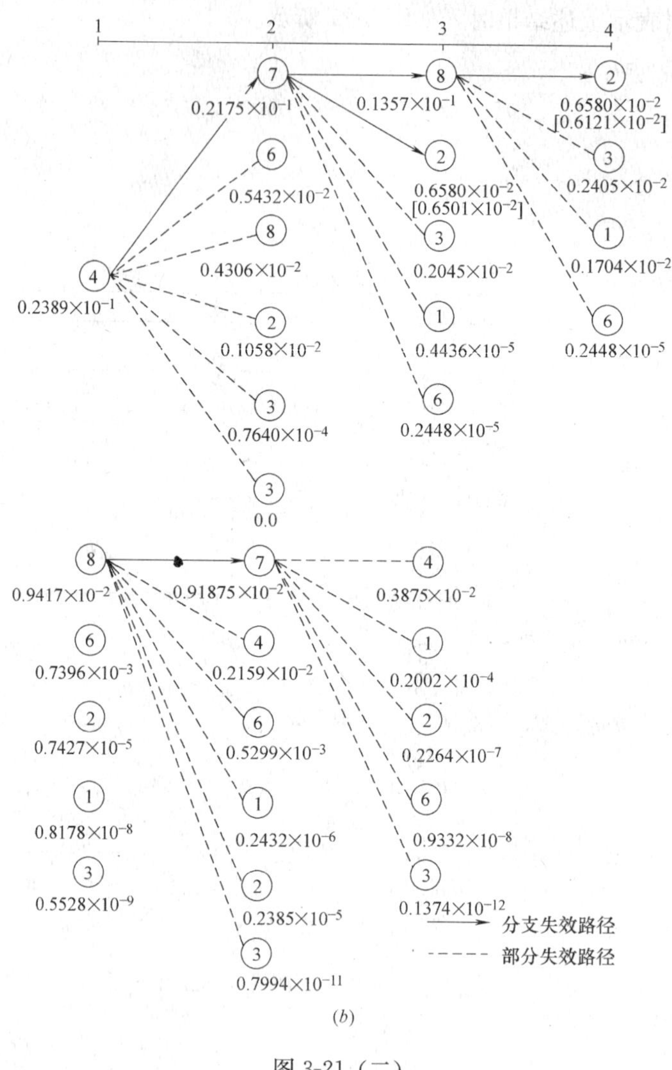

(b)

图 3-21（二）

3.4 分析结构系统可靠性的 β 分解法

β 分解法可在不同水准上预测结构系统的可靠性，使用方便且有相当精度。它可应用于二维和三维桁架与刚架结构系统，而且又可适用于脆性或延性构件的结构系统的可靠性分析。

3.4.1 综述

基于单个要素失效（该要素在所有要素中可靠指标 β 最低）的结构系统可靠性预测称为水准 0 上的可靠性分析。因此，它事实上并非是系统可靠性分析，而是构件的可靠性分析。在水准 0 上，每个构件都被认为是独立的。在预测系统的可靠性时，不考虑构件的相互作用。设某一结构系统由 n 个失效要素组成，所谓失效要素，是指可能发生失效的构件或构件上的某点。设失效要素 i 的可靠指标为β_i，则系统的可靠指标β_S可由下式给出：

$$\beta_S=\min_{i=1,\cdots,n}\beta_i$$

更满意的结构系统可靠性预测可在水准1上进行。在该水准上，是把结构系统模拟为串联系统。首先计算任一要素失效的可能性，然后再预测系统失效的可能性（图3-22）。对这种系统，任一要素失败，系统就会失效。

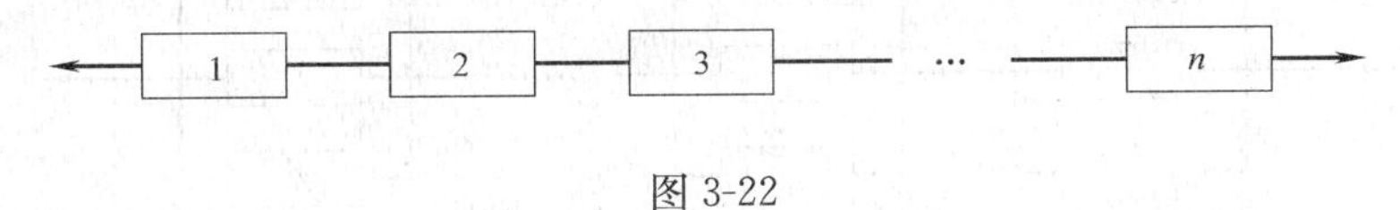

图3-22

图3-22串联系统包括n个失效要素。但是对于实际结构系统，只考虑可靠指标较低的失效要素进行可靠性预测，即可得到满意的精度。作为一种标准，可选择β值在区间［β_{min}，$\beta_{min}+\Delta\beta_1$］内的失效要素作为上述失效要素。需要特别指出的是，$\Delta\beta_1$的选值一定要适当。这些被选出的失效要素成为危险失效要素。在计算结构系统的实效概率时，危险失效要素是关键或主要的。

在水准2上进行结构系统的可靠性分析，是基于串一并联系统的方法。该系统的失效要素是两个失效要素的并联子系统（图3-23）。

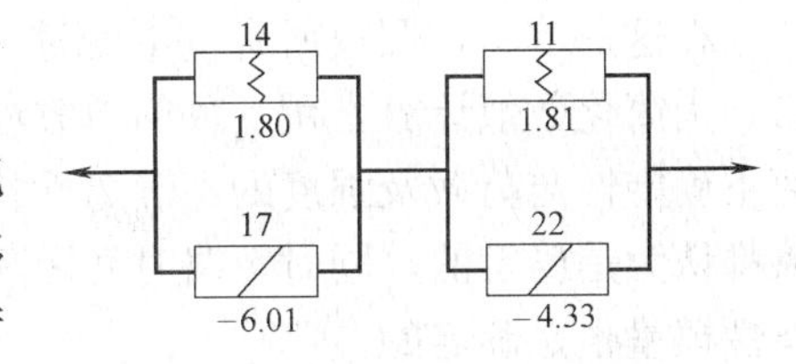

图3-23

为得到这些“危险失效要素组”，要把结构进行改造。如要素i失效，则把它移去，而附加一对被称为“假想荷载”的荷载。这个“假想荷载”相当于失效状态的承载能力。如果要素是延性的，则“假想荷载”取为失效要素的承载能力；如果要素是脆性的，则不附加“假想荷载”。再对改造后的结构作弹性分析，并对其余所有失效要素计算新的β值，将β值低的失效要素与失效要素i组合，从而定义了若干个“危险失效要素组”（图3-24）。

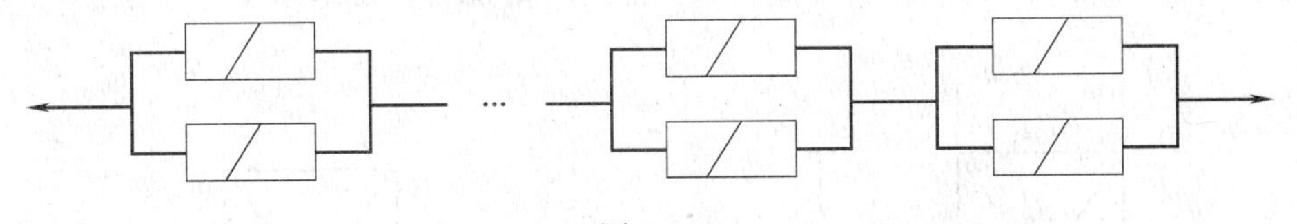

图3-24

通过分析改造后的结构（假设该结构以危险失效要素组的方式失效）继续进行上面给出的类似过程，于是便可确定由三个危险失效要素组成的“危险失效要素组”，并可基于串联系统进行水准3上的结构系统的可靠性分析。该系统的失效要素为具有3个失效要素的并联子系统（图3-25）。以同样的方法，可继续预测水准4、水准5等的可靠性，但超过水准3的可靠性分析通常没有太大意义。

应指出的是，上述β分解法可用于延性和脆性构件。这一点具有重要意义。因为某些失效模式（如疲劳失效）具有脆性性质。

对于某些弹塑性结构，系统的失效多数是由机构化失效造成的。失效机构的数目是非常多的。在进行系统可靠性分析时，无法把它们全部考虑在内。正如本

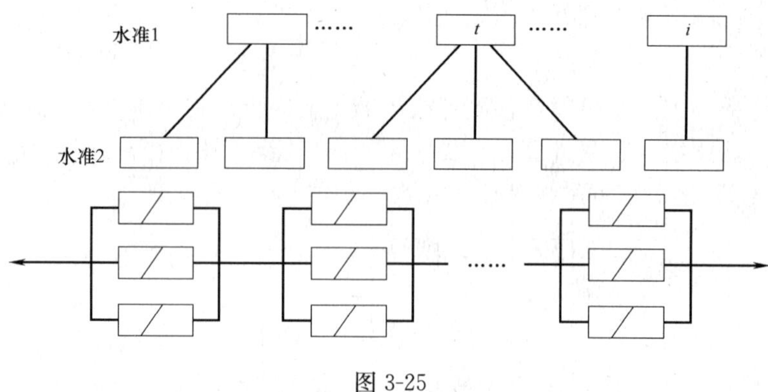

图 3-25

书多次指出，开发出一种能自动选择主要失效机构的方法是具有重大意义的。本节最后将通过具体实例详细说明应用 β 分解法有效选择主要失效机构的原理和过程。

3.4.2 单个要素的可靠性预算

在这一节中，假设所有基本变量（荷载、强度及几何尺寸等）均服从正态分布。为简化数值计算，用一种简单方法模拟实际结构是必要的。通常，结构的几何不确定性与荷载及强度的不确定性相比，可以忽略。因此，本章中所有几何参数都认为是确定的，同时忽略时间因素。这样就可以仅考虑静态特性。另外假设弹性模量也是确定的。

β 分解法主要适用于桁架结构，但通过修改也可应用于其他类型结构。纯拉（压）失效、纯弯曲失效及组合失效都可用 β 分解法处理。

下面举例说明 β 分解法在单个元素可靠性分析上的应用。

【例 3-4】 图 3-25 为一个双层刚架结构。表 3-6 给出各种构件的断面积 A、惯性矩 I 和极限弯矩 M 及极限拉伸承载能力 R 的均值。压缩承载能力为 $\frac{R}{2}$。

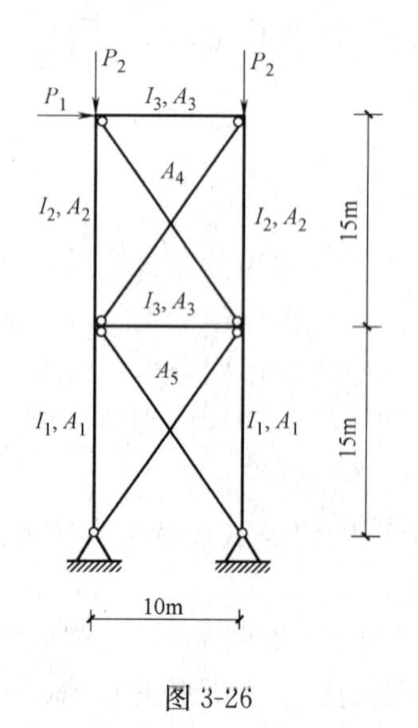

图 3-26

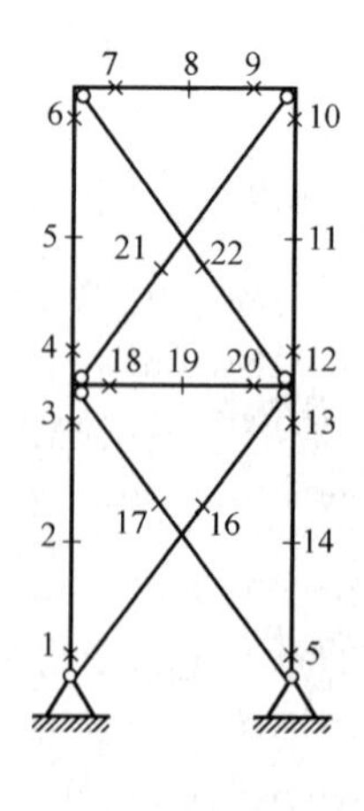

图 3-27

表 3-6

构 件	$A\times10^3(m^2)$	$I\times10^6(m^4)$	$M(kN\cdot m)$	$R(kN)$
1	4.59	57.9	135	1239
2	2.97	29.4	76	802
3	4.59	4.25	9.8	1239
4	2.60	0	0	702
5	2.80	0	0	756

【解】 荷载的均值为：

$$\overline{P}_1=100\text{kN}$$

$$\overline{P}_2=350\text{kN}$$

为简化计算，荷载和强度的变异系数均取 0.1，各构件的弹性模量 $E=210\text{GPa}$，失效要素如图 3-27 所示。图中的×表示可能塑性铰；/表示拉（压）失效。

失效要素共有 22 个，即 6 根杆的 12（2×6）个塑性铰及 10 个结构构件的拉或压失效。设下列失效要素组（1，3）、（4，6）、（7，9）、（10，12）、（13，15）和（18，20）为完全相关，而其他失效要素组为统计独立的。另外荷载 P_1 和 P_2 也是统计独立的。

β 分解法的第一步是确定所有有关力及力矩的影响系数。设作用于结构上的力是集中力 P_j（$j=1,2,\cdots,k$），并设 S_i 是描述失效要素 i 荷载效应（力或力矩）的随机变量，则

$$S_i=\sum_{j=1}^{k}a_{ij}P_j \tag{3-63}$$

其中影响系数 a_{ij} 可由线弹性分析确定。线弹性分析可通过有限元方法进行。设 R_i^+ 和 R_i^- 是描述失效要素 i 拉伸和压缩（屈服）强度的随机变量。"拉伸"表示拉力或正力矩；"压缩"表示压力或负力矩。经常有 $R_i^+=R_i^-$，于是失效要素 i 的安全裕度为：

$$Z_i=\min(R_i^+-S_i,R_i^-+S_i)$$

这样上式就把安全裕度 Z 和"拉伸"或"压缩"失效联系起来。但究竟取哪种情况，要视实际出现的状态而定。实际上是计算相应于 $Z_i^+=R_i^+-S_i$ 和 $Z_i^-=R_i^-+S_i$ 的可靠指标 β_i^+ 和 β_i^-，从中选择最小的。如果把 Z_i^+ 和 Z_i^- 都包括到可靠性分析中去，则安全裕度的数量就会加倍。失效要素 i 的失效衡准为：

$$Z_i\leqslant0$$

相应的可靠指标

$$\beta_i=\mu_{z_i}/\sigma_{z_i}$$

其中的 μ_{z_i} 和 σ_{z_i} 分别为 Z_i 的平均值与标准差。于是结构最初始的可靠指标为：

$$\beta_s=\min_{i=1,\cdots,n}\beta_i$$

式中的 n 为失效要素数。尽管这一预测是承受最大荷载的失效要素的可靠性预

测，而非结构系统可靠性预测，但为便于系统化，仍称之为水准 0 上的结构系统的可靠性预测。

通过线弹性分析，得出式（3-63）中的影响系数 a_{ij} 的具体数值，如表 3-7 所示。

表 3-7

失效要素 i	a_{i_1}	a_{i_2}	β_i
4	0.5494×10^{-2}	0.1507×10^{-3}	9.92
7	-0.1505×10^{-2}	-0.1811×10^{-4}	9.84
11	−0.7269	−0.6922	1.81
12	-0.5172×10^{-2}	-0.1507×10^{-3}	9.94
14	−2.25	−0.7610	1.80
17	−0.9009	−0.2872	4.67
20	-0.8744×10^{-3}	-0.1065×10^{-4}	9.91
22	−0.9278	−0.3699	3.34

失效要素 11 的轴向力（压力）

$$N_{11}=-0.7629P_1-0.6922P_2\,\text{kN}$$

失效要素 7 的弯矩

$$M_7=-0.1505\times10^{-2}P_1-0.1811\times10^{-4}P_2\ \text{kN}\cdot\text{m}$$

表 3-7、表 3-8 给出所有失效要素的可靠指标 β_i，失效要素 14 的可靠指标 β_{14} 是按下述方法计算出来的。

表 3-8

失效要素	2	3	4	5	6	7	8	9	10	11
β值	8.13	9.96	9.92	4.97	9.98	9.81	9.79	9.86	9.98	1.81
失效要素	12	13	14	16	17	18	19	20	21	22
β值	9.94	9.97	1.80	9.16	4.67	9.91	8.91	9.91	8.04	3.34

相对于压缩的安全裕度

$$Z_{14}^{-}=\frac{1}{2}R_{14}+(-2.250P_1-0.7610P_2)$$

于是 $\mu_{z_{14}}^{-}=\frac{1}{2}\times1239-2.250\times100-0.7610\times350=128.15\text{kN}$

$$(\sigma_{z_{14}}^{-})^2=\left(\frac{1}{2}\times123.9\right)^2+2.250^2\times10^2+0.7610^2\times35^2=5053.5\text{kN}^2$$

因此，相对应于压缩失效的可靠指标

$$\beta_{14}^{-}=\frac{128.15}{(5035.5)^{1/2}}=1.80$$

相应于拉伸失效的安全裕度

$$Z_{14}^{+}=R_{14}-(-2.250P_1-0.7610P_2)$$

于是与之相对应的可靠指标

$$\beta_{14}^{+}=13.44$$

可见，失效要素14的可能失效形式为压缩失效。因此，失效要素14的可靠指标

$$\beta_{14}=1.80$$

表3-8给出了所有失效要素（弯矩为0的1和15除外）的β值。从中可见，失效要素14的可靠指标最低，因此，结构系统在水准0上的可靠指标为：

$$\beta_S=1.80$$

3.4.3 水准1上的结构系统可靠性预测

如前所述，水准0上的可靠性分析事实上并非系统的可靠性预测。因为预测是基于承受最大荷载的单个要素的失效概率。而水准1上的可靠性分析是把结构模拟为由n个失效要素组成的串联系统。串联系统的失效概率可通过许多方法预测，通常是对其作限界估计。

设F_i（$i=1$，2，…，n）是失效要素i失效而引起的失效事件，则

$$p_f=P(F_1\cup F_2\cup\cdots\cup F_n) \tag{3-64}$$

一般F_i和$F_j(i\neq j)$由于安全裕度Z_i和Z_j间的相关而相关。安全裕度Z_i和$Z_j(i\neq j)$的协方差为：

$$\operatorname{cov}(Z_i,Z_j)=\sum_{i=1}^{m}a_ib_j\operatorname{var}[X_i]+\sum_{i,j=1,i\neq j}^{m}a_ib_j\operatorname{var}[X_i,X_j] \tag{3-65}$$

而安全裕度

$$Z_i=\sum_{i=1}^{m}a_iX_i$$

$$Z_j=\sum_{j=1}^{m}b_jX_j$$

结构系统的失效概率可用下述三种方法计算。

（1）最大限界估计

$$\max_{i=1,n}P(F_i)\leqslant p_f\leqslant 1-\prod_{i=1}^{n}(1-P(F_i)) \tag{3-66}$$

式（3-66）的左端对应于安全裕度Z_i（$i=1$，2，…，n）完全相关，式的右端对应于安全裕度完全独立，这是两种极端情况。

（2）用Ditlevsen方法做限界估计

$$p_f\leqslant\sum_{i=1}^{n}P(F_i)-\sum_{i=2}^{n}\max_{j<i}[P(F_i\cap F_j)]$$

$$p_f\geqslant P(F_1)+\sum_{i=2}^{n}\max\Big[\sum_{i=2}^{n}\Big\{P(F_i)-\sum_{j=1}^{i-1}P(F_i\cap F_j)\Big\},0\Big]$$

（3）用近似公式计算

根据式（3-64），当基本随机变量服从正态分布且安全裕度为线性时，则

$$\begin{aligned}p_f&=1-\int_{-\infty}^{\beta_1}\int_{-\infty}^{\beta_2}\cdots\int_{-\infty}^{\beta_n}\varphi_n(X,\rho)\mathrm{d}X_1\mathrm{d}X_2\cdots\mathrm{d}X_n\\&=1-\phi_n(\beta,\rho)\end{aligned}$$

式中 φ_n、ϕ_n——n个标准正态随机变量$X=(X_1$，X_2，…，$X_n)$的n维密度函

数和分布函数；

ρ——相关系数矩阵；

β——安全裕度的可靠指标，$\beta=(\beta_1, \beta_2, \cdots, \beta_n)$。

当所有相关系数 $\rho_{ij}=\rho>0$ 时，则

$$p_t=1-\int_{-\infty}^{+\infty}\varphi(t)\prod_{i=1}^{n}\Phi\left[\frac{\beta_i-\sqrt{\rho}t}{\sqrt{1-\rho}}\right]dt \tag{3-67}$$

当相关系数不相等时，可设 $\rho=\bar{\rho}$，再由式（3-67）计算 p_f的近似值。平均相关系数

$$\bar{\rho}=\frac{1}{n(n-1)}\sum_{i,j=1,i\neq j}^{n}\rho_{ij} \tag{3-68}$$

对于具有 n 个失效要素的结构系统，按有 n 个要素的串联系统进行可靠性预测时，通常只考虑那些可靠指标较小的要素就可以得到足够精确的结果。选择可靠指标较小要素的一种方法是选择 β 值位于区间 $[\beta_{min}, \beta_{min}+\Delta\beta_1]$ 内的失效要素。β_{min}是所有失效要素可靠指标中的最小值，而 $\Delta\beta_1$是指定的正数。被选做计入水准 1 上的结构系统可靠性分析失效要素称为“危险失效要素”。如果两个或更多的失效要素全相关，则仅将其中之一计入危险失效要素的串联系统中。

【例 3-5】 对例 3-4 结构进行水准 1 上的可靠性分析。

设 $\Delta\beta_1=3.0$，则可靠指标位于区间 $[\beta_{min}, \beta_{min}+3.0]=[1.8, 4.8]$ 内的失效要素为危险失效要素。由表 3-8 可知，在上述区间的危险失效要素有 4 个，分别为 14、11、22 和 17，对应的可靠指标为 1.80、1.81、3.34 和 4.67。相应的串联系统如图 3-28 所示。

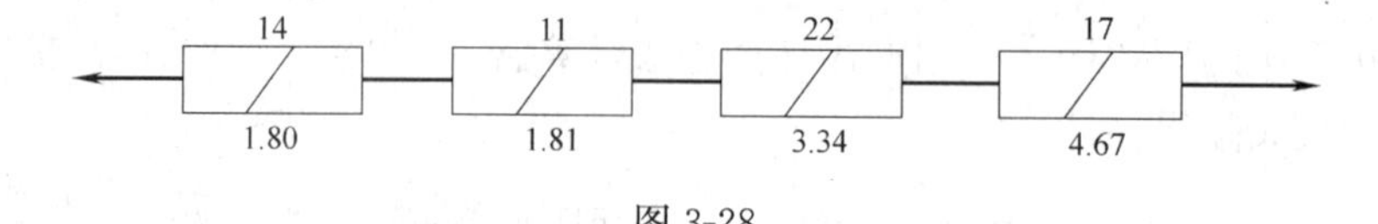

图 3-28

根据表 3-7，要素 14 和 11 的安全裕度为

$$Z_{14}=\frac{1}{2}R_{14}-(2.250P_1+0.7610P_2) \tag{3-69}$$

$$Z_{11}=\frac{1}{2}R_{11}-(0.7629P_1+0.6922P_2)$$

根据式（3-64），这两个安全裕度间的协方差为

$$\begin{aligned}\text{cov}[Z_{14},Z_{11}]&=2.25\times0.7269\text{var}[P_1]+0.7610\times0.6922\text{var}[P_2]\\&=2.250\times0.7269\times10^2+0.7610\times0.6922\times35^2=808.8\text{kN}^2\end{aligned}$$

在例 3-4 中已计算了 Z_{14}的方差 $\sigma_{Z_{14}}^2=5053.5\text{kN}^2$，$Z_{11}$的方差

$$\sigma_{Z_{11}}^2=\left(\frac{1}{2}\times80.2\right)^2+0.7269^2\times10^2+0.6922^2\times35^2=2247.8\text{kN}^2$$

因此，相关系数

$$\rho_{14,11}=\frac{808.8}{\sqrt{5053.5}\times\sqrt{2247.8}}=0.24$$

同样，可以计算出图 3-28 串联系统中任意两个危险失效要素的相关系数。其相关系数矩阵

$$\rho=\begin{bmatrix}1.00 & 0.24 & 0.20 & 0.17\\ 0.24 & 1.00 & 0.21 & 0.16\\ 0.20 & 0.21 & 1.00 & 0.14\\ 0.17 & 0.16 & 0.14 & 1.00\end{bmatrix} \tag{3-70}$$

在上述情况下，Ditlevsen 方法给出的结构系统失效概率 p_f 的限界估计值为：

$$0.06843 \leqslant p_f \leqslant 0.06849$$

相应的结构系统可靠指标 β_S的限界为：

$$1.487 \leqslant \beta_S \leqslant 1.488$$

可见，给出的上下限值是非常接近的。因此，结构系统在水准 1 上的可靠指标可预测为：

$$\beta_S = 1.49$$

由此结果可见，作为期望值，1.49 小于水准 0 上的相应值 1.80。

由相关系数矩阵式（3-70）可知，相关系数是相当小的。因此可以预测，由式（3-66）计算上限值会令人满意。其具体数值

$$p_f \leqslant 1-[1-\Phi(-1.80)][1-\Phi(-1.81)][1-\Phi(-3.34)][1-\Phi(-4.67)]$$
$$=1-0.9641\times 0.9649\times 0.9996\times 1.000=0.07011$$

则

$$\beta_S \geqslant -\Phi^{-1}(0.07011)=1.48$$

再根据式（3-67）、式（3-68）求结构系统失效概率的近似估计值。

由式（3-68）得出，平均相关系数

$$\bar{\rho}=\frac{1}{4\times 3}\times 2.24=0.19$$

对式（3-67）进行数值积分可得

$$p_f = 1-\int_{-\infty}^{+\infty}\varphi(t)\Phi\left[\frac{1.80-\sqrt{0.19}t}{\sqrt{1-0.19}}\right]\Phi\left[\frac{1.81-\sqrt{0.19}t}{\sqrt{1-0.19}}\right]\Phi\left[\frac{3.34-\sqrt{0.19}t}{\sqrt{1-0.19}}\right]$$
$$\times\Phi\left[\frac{4.67-\sqrt{0.19}t}{\sqrt{1-0.19}}\right]\mathrm{d}t$$
$$=0.06858$$

相应的结构系统可靠指标

$$\beta_S = 1.49$$

从上例可见，水准 1 上的可靠性预测，相应于定义系统失效为一失效要素的失效。这种系统称为最弱环系统，其典型结构为静定结构。

3.4.4 水准 2 上的结构系统可靠性预测

在水准 2 上对结构系统进行可靠性预测，是通过一个串联系统模拟的。该串联系统的各元素均被称为“危险失效要素组”的两个失效要素的并联子系统。

设结构有 n 个失效要素模拟，并设在水准 1 上的危险失效要素有 n_1 个。其中

危险失效要素 l 的可靠指标 β 在所有危险失效要素中最小。当要素 l 失效，则对结构进行改造，把 l 移去，而附加一对被称为“假想荷载”的荷载（轴力或力矩）。图 3-29 中，左为压缩失效情况，右为弯曲失效情况。

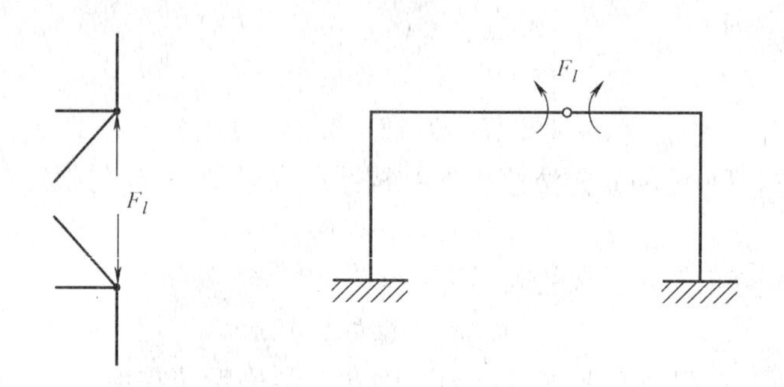

图 3-29

如果移去失效要素为脆性，则不附加“假想荷载”；如果为延性，则“假想荷载” F_l 为由下式：

$$F_l = r_l R_l$$

给出的随机荷载。式中 R_l 是失效要素 l 的能力，而 $0 < r_l \leqslant 1$。

因作用于改造后结构上的荷载为 P_1、P_2、…、P_k 和假想荷载为 F_l（轴力和力矩），所以要重新进行分析，并计算对应于 P_1、P_2、…、P_k 和 F_l 的影响系数 a_{ij} 和 a_{il}。剩余失效要素 i 的荷载效应由随机变量描述。失效要素 i 的荷载效应 $S_{i/l}$（因失效要素 l 失效而在失效要素 i 中引起的荷载效应）为

$$S_{i/l} = \sum_{i=1}^{k} a_{ij} P_j + a_{il} F_l$$

相应的安全裕度

$$Z_{i/l} = \min(R_i^+ - S_{i/l}, R_i^- + S_{i/l}) \tag{3-71}$$

其中 P_i^+ 和 P_i^- 是失效要素 i 抗“拉伸”和“压缩”的强度随机变量。以下，将 $Z_{i/l}$ 用 $R_i^+ - S_{i/l}$ 或 $R_i^- + S_{i/l}$ 近似。失效要素 i 的可靠指标（由失效要素 l 失效引起的）

$$\beta_{i/l} = \mu z_{i/l} / \sigma z_{i/l}$$

用这种方法计算所有失效要素（假设的失效要素除外）的新的可靠指标，其中最小值称为 $\beta_{\min}$。β 值在区间 $[\beta_{\min}, \beta_{\min} + \Delta\beta_2]$ 内的失效要素（$\Delta\beta_2$ 是指定的正数）依次与失效要素 l 组合，形成失效树的一部分及若干并联系统。图 3-43 给出上述过程。图中给出按此方法选择的失效要素 r、s、t。由此过程确定的并联系统计入串联系统中。

下一步是估计各“危险失效要素组”（图 3-30 中的并联系统）的失效概率及相应的可靠指标。

先讨论失效要素 l 和 r 的并联系统。在水准 1 上的可靠性分析中失效要素 l 的安全裕度 Z_l 已确定，而失效要素 r 的安全裕度 $Z_{r/l}$ 可参照式（3-71）确定。根据这些安全裕度，可靠指标（$\beta_1 = \beta_l$，$\beta_2 = \beta_{r/l}$）及相关系数（$\rho_{r,r/l}$）就可很容易地计算出来。并联系统的失效概率

$$p_f = \Phi_2[-\beta_1, -\beta_2; \rho] = \Phi(-\beta_1)\Phi(-\beta_2) + \int_0^{\rho} \varphi_2(-\beta_1, -\beta_2; Z)\,dZ$$

$\Phi_2(\cdot)$ 的预测可通过 Ditlevsen 方法进行。可以证明，当 $\rho>0$ 时，有

$$\max(P_{(1)}, P_{(2)}) \leqslant \Phi_2(-\beta_1, \beta_2; \rho) \leqslant P_{(1)} + P_{(2)} \tag{3-72}$$

式中

$$P_{(1)} = \Phi(-\beta_1)\Phi\left(-\frac{\beta_2 - \rho\beta_1}{\sqrt{1-\rho^2}}\right)$$

$$P_{(2)} = \Phi(-\beta_2)\Phi\left(-\frac{\beta_1 - \rho\beta_2}{\sqrt{1-\rho^2}}\right)$$

p_f 可按式（3-72）中的上下限的平均值计算，即

$$p_f = \frac{1}{2}[\max(P_{(1)}, P_{(2)}) + P_{(1)} + P_{(2)}] \tag{3-73}$$

式（3-72）使用非常方便。如果上下限值的间距过大，则应使用更精确的方法。

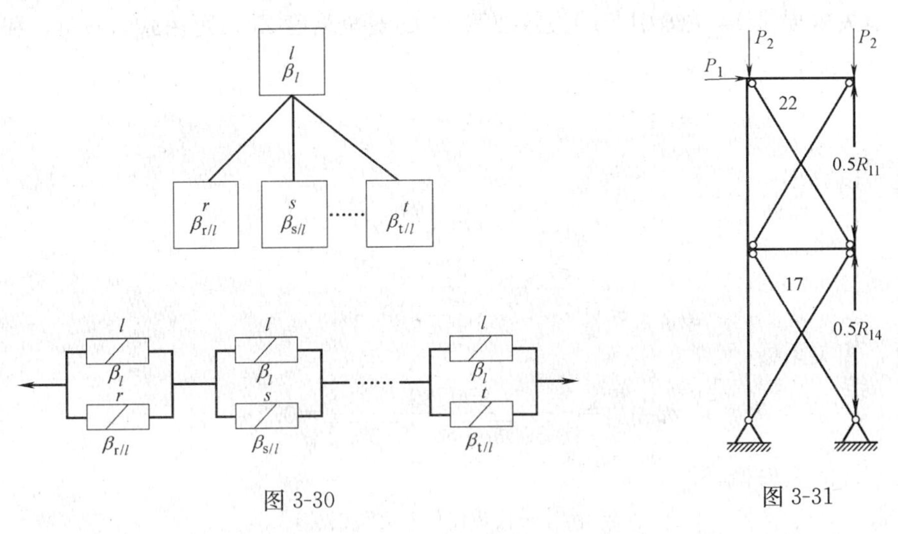

图 3-30　　　　图 3-31

【例 3-6】 以图 3-26 结构为例，在水准 0 及水准 1 的基础上进行水准 2 上的可靠性分析。

由表 3-8 可知，失效要素 14 的可靠指标最小，$\beta_{14}=1.80$。因此，在水准 2 上进行可靠性分析时，首先假设延性失效要素 14 产生压缩失效，并附加等于 $0.5R_{14}$ 的假想荷载（图 3-31）。

然后，对改造后的结构进行弹性分析。由这一分析可知，失效要素 11 的轴向压力

$$N_{11/14} = 0.01489R_{14} - 0.7940P_1 - 0.7149P_2 \tag{3-74}$$

则相应的安全裕度

$$Z_{11/14} = \frac{1}{2}R_{11} + N_{11/14} \tag{3-75}$$

参照式（3-75）可计算出其他失效要素的安全裕度，进而计算出相应的可靠指标，结果示于表 3-9。

表 3-9

失效要素	2	3	4	5	6	7	8	9	10	11
β	4.57	9.97	9.99	5.01	9.99	9.92	9.97	9.93	9.99	1.87
失效要素	12	13	14	15	16	17	18	19	20	
β	9.98	9.96	5.30	3.41	9.58	8.22	9.58	7.93	3.26	

从上表可见，失效要素 11 的 β 值最小，为 1.87。当设 $\Delta\beta_2=1.00$ 时，失效要素 11 是 β 值位于区间[1.87，1.87+$\Delta\beta_2$]内的唯一失效要素。因此，此时由失效要素 14 开始分析仅得一对危险失效要素（图 3-32）。

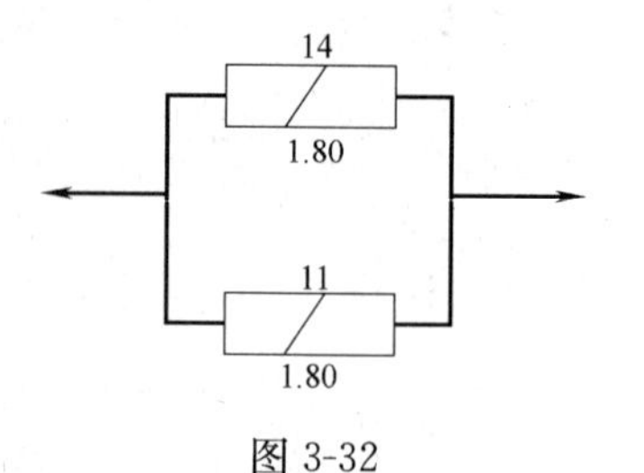

图 3-32

在例 3-5 中已给出失效要素 14 的安全裕度

$$Z_{14}=\frac{1}{2}R_{14}-(2.250P_1+0.7610P_2)$$

由失效要素 14 失效引起的失效要素 11 的安全裕度 $Z_{11/14}$ 可由式（3-74）和式（3-75）得到，即

$$N_{11/14}=\frac{1}{2}R_{11}+0.01489R_{14}-0.7940P_1-0.7149P_2 \tag{3-76}$$

于是可以算出

$$\sigma_{Z_{14}}^2=5053.5\text{kN}^2$$

$$\sigma_{Z_{14/11}}^2=2300.2\text{kN}^2$$

$$\text{cov}[Z_{14},Z_{11/14}]=959.39\text{kN}^2$$

因此，相关系数

$$\rho_{14,11/14}=\frac{959.39}{\sqrt{5053.5}\times\sqrt{2300.2}}=0.28$$

并联系统的失效概率

$$p_f=\Phi_2[-1.80,-1.87;0.28]$$

式中的 Φ_2 是二维正态分布函数，Φ_2（·）可按式（3-72）算出

$$\max(P_{(1)},P_{(2)})\leqslant\Phi_2(-\beta_1,\beta_2;\rho)\leqslant P_{(1)}+P_{(2)}$$

式中

$$P_{(1)}=\Phi(-\beta)\Phi\left(-\frac{\beta_2-\rho\beta_1}{\sqrt{1-\rho^2}}\right)=\Phi(-1.80)\Phi(-1.42)=0.00283$$

$$P_{(2)}=\Phi(-\beta_2)\Phi\left(-\frac{\beta_1-\rho\beta_2}{\sqrt{1-\rho^2}}\right)=\Phi(-1.87)\Phi(-1.32)=0.00279$$

由此得

$$0.00283\leqslant p_f\leqslant 0.00562$$

于是，按式（3-73）可得

$$p_f\approx 0.00423$$

可以证明 p_f 的精确值为 0.00347。并联子系统的可靠指标

$$\beta_{14,11}=-\Phi^{-1}(0.00423)=2.63$$

而对于精确值 $p_f=0.00347$ 的可靠指标

$$\beta_{14,11}=-\Phi^{-1}(0.00347)=2.7004\approx 2.7 \tag{3-77}$$

下例将要用到式（3-77）给出的数值。

上述分支是整个过程的第一步，这里主要是假定失效发生在所有危险失效要素中 β 值最小的要素上，并在重新分析结构后，确定若干失效要素组（图 3-30）。然后一次将同样过程用于所有危险失效要素，并进一步确定危险要素组。把这种方法用于水准 2 上的串联系统。图 3-33 给出相应的失效树。

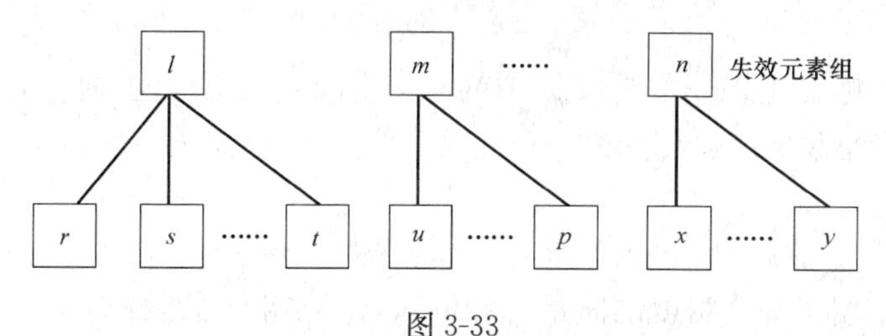

图 3-33

下一步是预测各危险失效要素组的失效概率，并确定安全裕度。当这一步完成后，计算图 3-33 中所有并联子系统的可靠指标及任意并联子系统间的相关系数。最后使用前面提出的方法预测串联系统的失效概率 p_f。

在此利用 Gollwitzer 和 Rackwitz 提出的“相当线性安全裕度”，近似表示并联子系统的安全裕度。在一般情况下，有 m 个相关基本变量（荷载和强度）X_i（$i=1, 2, \cdots, m$），其对应的“相当线性安全裕度”可用下述方法确定。设失效要素 i 的线性安全裕度

$$Z_i=\sum_{i=1}^{m} d_{ij}X_j, (i=1,2,\cdots,k)$$

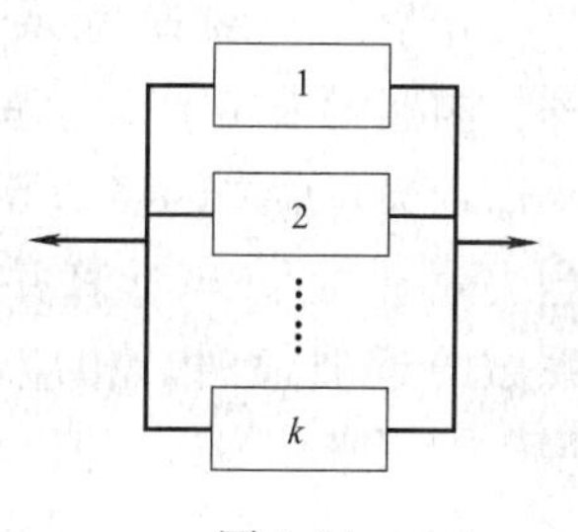

图 3-34

且设相应的可靠指标为 β_i，则具有 k 个元素的并联系统（图 3-34）的失效概率

$$p_f=P(z_1\leqslant 0\cap\cdots\cap z_k\leqslant 0)=P\left(\bigcap_{i=1}^{k}\left\{\sum_{j=1}^{m} d_{ij}X_j\leqslant 0\right\}\right)$$

$$=P\left(\bigcap_{i=1}^{k}\left\{\sum_{j=1}^{m} a_{ij}Y_j+\beta_i\leqslant 0\right\}\right)=\Phi_k(-\beta;\rho)$$

式中　Y——不相关的标准正态变量，$Y=(Y_1, Y_2, \cdots, Y_m)$；

β——对应于各失效形式的可靠指标，$\beta=(\beta_1, \beta_2, \cdots, \beta_k)$；

ρ——相关矩阵，其元素 ρ_{ij} 是安全裕度 Z_i 和 Z_j 的相关系数，$\rho_{ij}=\dfrac{1}{\sigma_{z_i}\sigma_{z_j}}\sum_{g=1}^{m}\sum_{h=1}^{m} d_{ig}d_{jh}c_{gh}=\sum_{s=1}^{m} a_{is}a_{js}$，其中 c_{gh} 是基本变量 X 的协方差矩阵 C_X 中的一个元素；

Φ_k——k 维标准正态分布函数。

由相关的正态分布基本变量 X 到不相关正态分布变量 Y 的变换 $X\rightarrow Y$ 可写为：

$$X=BY+\mu$$

式中：$\mu=[\mu_{x_1}, \mu_{x_2}, \cdots, \mu_m]$，且

$$BB^T=C_X$$

确定相当安全裕度的思路是：给 Y 增加一微小向量 ε，然后计算相应的取决于 ε 的可靠指标

$$\beta^e(\varepsilon)=-\Phi^{-1}\left(p\left(\bigcap_{i=1}^{k}\left\{\sum_{j=1}^{m}a_{ij}(Y_j+\varepsilon_j)+\beta_i\leqslant 0\right\}\right)\right)$$
$$=-\Phi^{-1}(\Phi_k(-\beta-\alpha\varepsilon;\rho))$$

在不相关标准正态分布变量 Y 中的相当安全裕度 Z^e，由向量 α^e 和 β^e 按下述方法定义，即增量 ε 产生相同的 $\beta^e(\varepsilon)$。而对应于相当安全裕度 Z^e，$\beta^e(\varepsilon)$ 可由下式求得：

$$\beta^e(\varepsilon)=-\Phi^{-1}(\Phi(-\beta^e(o)-\alpha^{el}\varepsilon))=\beta^e(o)+\alpha^{el}\varepsilon$$

因此，对应于相当安全裕度的向量 α^e 和可靠指标 β^e 由下式给出：

$$\beta^e=\beta^e(o)=-\Phi^{-1}(\Phi(\beta;\rho)) \tag{3-78}$$

$$\alpha_i^e=\frac{\dfrac{\partial\beta^e}{\partial\varepsilon_i}\Big|_{\varepsilon=0}}{\sqrt{\sum_{j=1}^{m}\left(\dfrac{\partial\beta^e}{\partial\varepsilon_j}\Big|_{\varepsilon=0}\right)^2}},\ (i=1,2,\cdots,m) \tag{3-79}$$

在 Y 坐标系中，α^e 和 β^e 定义一超过平面。图 3-35 给出的是 $m=3$ 的情况。这一平面称为对应于图 3-34 并联子系统的“相当失效平面”。当计算并联子系统间相关系数的近似值时，相应的“相当安全裕度”被用来作为近似值。

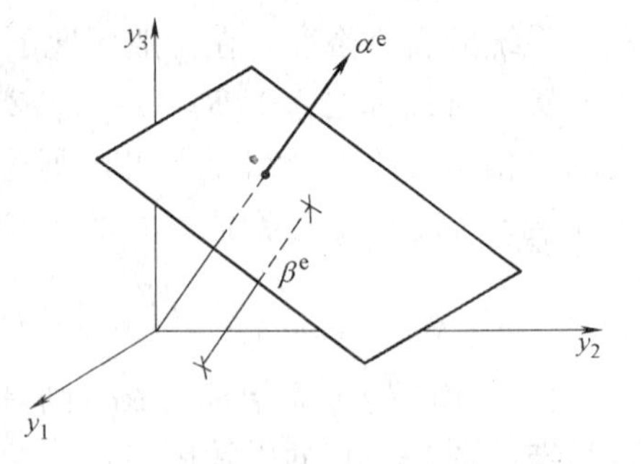

图 3-35

利用式（3-78）和式（3-79）则相当安全裕度

$$Z^e=\sum_{i=1}^{m}\alpha_i^eY_i+\beta^e=\sum_{i=1}^{m}d_i^eX_i+\Delta\beta^e$$

其中 d_i^e 是 $d_i^e=B^{-1}\alpha^e$ 的元素，而

$$\Delta\beta^e=\beta^e-\sum_{i=1}^{m}d_i^e\mu_i$$

变量 $X=(X_1, X_2, \cdots, X_n)$ 中的一部分经常是全相关的。因此，要削减 X 的维数，使剩余变量均为全无关。通过这一削减，在 d 中对应于除去变量的要素将被删除。

当基本变量 X 为全相关或全无关时，使用上述过程将非常简单。例 3-7 就是这种情况。

【例 3-7】 仍以图 3-36 结构进一步说明。在例 3-6 中，曾假设危险失效要素 14 首先失效，从而选出了一组危险失效要素 14 和 11。对其他三个危险失效要素 11、22 和 17，通过相同的过程，便可选择出用于水准 2 上可靠性预测的所有危

险失效要素组。

如果假设失效要素 11 首先失效，并分析改造后的结构，则失效要素 14 的可靠指标最小 $\beta_{14/11}=1.84$。所有其他失效要素的 β 值均大于 $\beta_{14/11}+\Delta\beta_2=1.84+1.00=2.84$。因此，失效要素 11 最先失效所确定的危险失效要素组仅有一组。这与例 3-6 所选出的相同。

当失效要素 22 首先失效时，也只有一组危险失效要素（所用 $\Delta\beta_2=1.00$），即失效要素 22 和 14 组成的一组。通过例 3-6 中选择失效要素 14 和 11 一组的相同程序，可以求出可靠指标

$$\beta_{22,14}=3.86$$

同样，设失效要素 17 失效，则又可确定出由失效要素 17 和 11 组成的失效要素组，相应的可靠指标

$$\beta_{17,11}=5.05$$

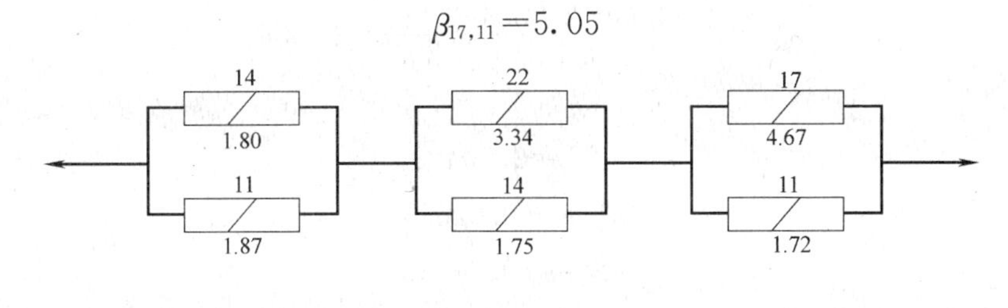

图 3-36

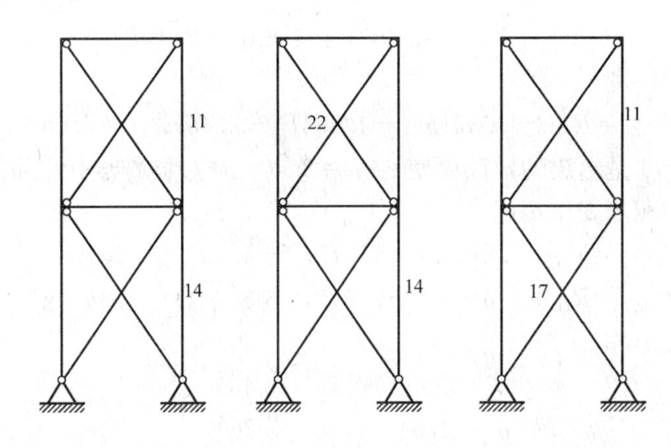

图 3-37

则在水准 2 上的结构系统可靠性，可通过图 3-36 给出的串联系统预测。图 3-37 给出了相应的失效状况。注意，这些失效状况还没有失效机构。

计算图 3-36 串联系统失效概率的第一步是计算系统中并联子系统的安全裕度。这可采用前面提出的计算相当安全裕度的方法。

不全相关的基本变量共 18 个，其中有 16（22-6）个能力变量，有 2 个荷载变量。根据前面提出的相关假设，扣除了 6 个能力变量，则共有 18 个基本变量为非相关，从而简化了相关安全裕度的确定。

首先讨论失效要素 14 和 11 组成的并联子系统。在变换后的 Y 空间依次给 18 个基本变量增加一微小量 $\varepsilon_i=-0.1$，计算相当可靠指标 $\beta^e=[0\cdots\varepsilon_i\cdots0]$，并

和例 3-6 求出的 β 值（2.7004，见式 3-77）相比。能力变量 R_{11} 和 R_{14} 及荷载变量 P_1 和 P_2 增值，便引起可靠指标的改变。表 3-10 给出 β_i^e 的新值。

表 3-10

变量	R_{11}	R_{14}	P_1	P_2
β_i^e	2.6503	2.6475	2.7291	2.7541

Y 空间的增量 $\varepsilon_i=-0.1$ 对应于 X 空间的增量 $\varepsilon_i\sigma_{X_i}$。因此，相当安全裕度系数和

$$\frac{1}{\sigma_{X_i}}\frac{\partial\beta^e}{\partial\varepsilon_i}\Big|_{\varepsilon=0}\approx\frac{1}{\sigma_{X_i}}\frac{\beta_i^e-\beta_i}{\varepsilon_i}$$

成比例。式中的 $\beta_i=2.7004$。因此，有

$$\alpha_{R_{11}}^e=\frac{2.6503-2.7004}{-0.1}\times\frac{1}{80.2}=0.00625$$

同样

$$\alpha_{R_{14}}^e=0.00429$$

$$\alpha_{p1}^e=-0.02871$$

$$\alpha_{p2}^e=-0.01535$$

相应的向量 $\alpha^e=[\alpha_{R_{11}}^e\ \alpha_{R_{14}}^e\ \alpha_{p1}^e\ \alpha_{p2}^e]$ 被正态化后，第一坐标为 1（仅包括非零元素）

$$\alpha_i^e=[1.0000\quad 0.6871\ -4.597\ -2.457]$$

相应的相当安全裕度

$$Z_{14,11}=R_{11}+0.6871R_{14}-4.597P_1-2.457P_2+77.46$$

式中的常数 77.46 是给定的，以便使 $\beta_{14/11}=2.70$。通过同样步骤也可求出其余两个并联子系统的相当安全裕度。

$$Z_{22,14}=R_{14}+3.824R_{22}-11.75P_1-4.403P_2+157.85$$

$$Z_{17,11}=R_{11}+3.580R_{17}-7.951P_1-3.484P_2+394.92$$

进而可求出相关矩阵

$$\rho=\begin{bmatrix}1.00 & 0.54 & 0.43\\ 0.54 & 1.00 & 0.25\\ 0.43 & 0.25 & 1.00\end{bmatrix}$$

串联系统失效概率的 Ditlevsen 限界值为：

$$0.3505\times10^{-2}\leqslant P_f\leqslant0.3503\times10^{-2}$$

相应的系统可靠指标为：

$$2.697\leqslant\beta_S\leqslant2.697$$

因此，结构系统在水准 2 上的可靠指标

$$\beta_S=2.70$$

应注意的是，β_S 与危险失效要素组 14 和 11 的可靠指标 $\beta_{14,11}$ 相等。这是因为其他两个并联子系统的可靠指标比 2.70 大许多。

同时也给出了对应于式（3-66）的最大区间估计值

$$\beta_S = 2.70$$

【例 3-8】 试分析图 3-38 给出的空间刚架。刚架承受垂直荷载 P 作用，$E(P)=60\text{kN}$，$\sigma_P=6\text{kN}$。刚架的横剖面为工字形。$E=2.1\times10^2\text{GPa}$，横剖面积 $A=4.59\times10^{-3}\text{m}^2$，$G=0.7\times10^8\text{kPa}$，剖面形状如图 3-39 所示。$x$ 轴为水平轴，y 轴为垂直轴。表 3-11 给出惯性矩 I_x、I_y 及极矩 I_{xy} 的值，同时给出抗弯力矩 R_x 和 R_y 与抗扭力矩 R_{xy} 的期望值。R_x、R_y 与 R_{xy} 的变异系数均为 0.1。

表 3-11

$I_x(\text{m}^4)$	$I_y(\text{m}^4)$	$I_{xy}(\text{m}^4)$	$E[R_x](\text{kN}\cdot\text{m})$	$E[R_y](\text{kN}\cdot\text{m})$	$E[R_{xy}](\text{kN}\cdot\text{m})$
57.9×10^{-6}	4.25×10^{-6}	119×10^{-3}	134.9	9.8	124

假设失效为绕 x 轴或 y 轴的弯曲失效或扭转失效，则相应的安全裕度

$$Z_x = R_x - M_x$$

$$Z_y = R_y - M_y$$

$$Z_{xy} = R_{xy} - M_{xy}$$

式中　M_x、M_y、M_{xy}——弯矩及扭矩。

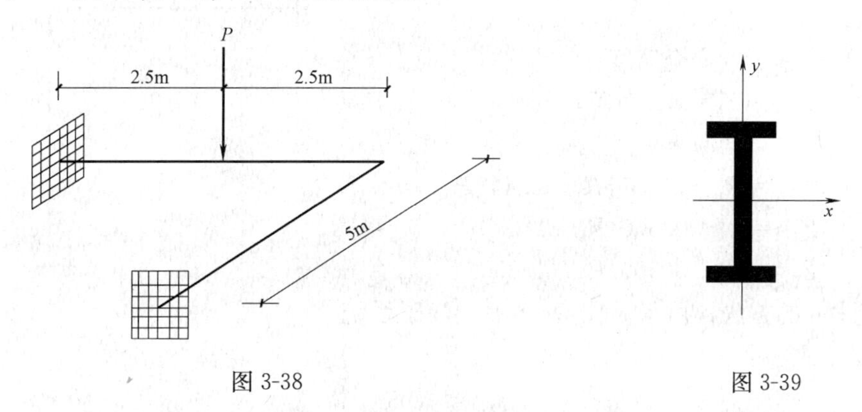

图 3-38　　　　图 3-39

图 3-40 表示此空间刚架的分析模型。图 3-40 给出了 15 个失效要素。其中失效要素 1、2、6、7、11 和 12 相应于绕 y 轴的弯曲失效。失效要素 3、4、8、9、13、和 14 相应于绕 x 轴的弯曲失效，失效要素 5、10 和 15 相应于扭转失效。下列相关系数 $\rho_{1,2}$、$\rho_{1,6}$、$\rho_{1,7}$、$\rho_{2,6}$、$\rho_{2,7}$、$\rho_{6,7}$、$\rho_{3,4}$、$\rho_{3,8}$、$\rho_{3,9}$、$\rho_{4,8}$、$\rho_{4,9}$、$\rho_{11,12}$ 和 $\rho_{13,14}$ 均等于 1，其余相关系数均为零。

通过线弹性分析可知，表 3-12 给出的荷载效应 $S_i\neq0$，失效要素的影响系数 α_i 和可靠指标 β_i 是确定的。当 $\Delta\beta_1=3.00$ 时，仅可选出一个危险失效要素，即绕 x 轴弯曲失效的要素 3。因此，结构系统在水准 1 上的可靠指标

$$\beta_S = 1.88$$

表 3-12

i	3	4	5	8	10	13	14
α_i	−1.7190	−0.3908	−0.0003	0.0003	−0.0003	−0.7811	−0.0003
β_i	1.88	8.14	~10	8.14	~10	6.17	~10

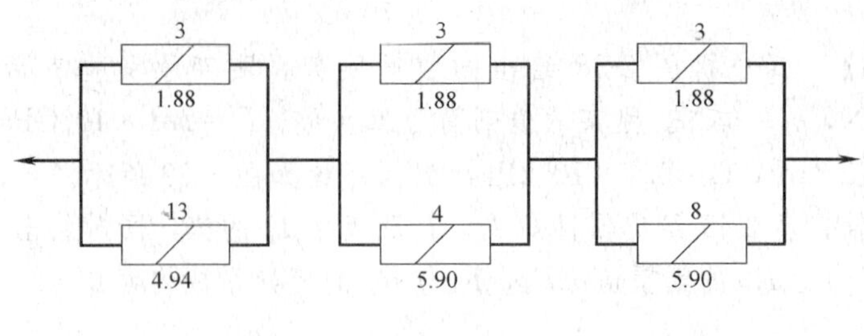

图 3-40

然后修正此刚架结构。设在 3 处形成塑性铰，它对应于绕 x 轴的弯曲屈服，但绕 y 轴的抗弯能力不改变。附加假设荷载（弯矩），分析改造后的结构，确定出表 3-13 中的可靠指标。

表 3-13

i	4	5	8	9	10	13	14	15
β_{i3}	5.90	~10	5.90	~10	10	4.94	~10	~10

当 $\Delta\beta_2=3.00$ 时，选出图 3-41 所示的危险失效要素组。

失效要素 3 的安全裕度

$$Z_3=R_x-1.719P$$

安全裕度

$$Z_{13/3}=R_x+0.9995R_x-2.449P$$
$$Z_{4/3}=R_x+0.5001R_x-1.250P$$
$$Z_{8/3}=R_x+0.5001R_x-1.250P$$

图 3-41

使用例 3-6 的方法，可得出图 3-40 中并联子系统的近似可靠指标

$$\beta_{13,3}=4.95$$
$$\beta_{4,3}=5.90$$
$$\beta_{8,3}=5.90$$

相当安全裕度 $Z_{4/3}$ 和 $Z_{8/3}$ 为全相关。因此，在计算结构系统在水准 2 上的可靠指标时，图 3-40 的并联子系统可减去一个。相当安全裕度 $Z_{13/3}$ 和 $Z_{4/3}$ 的相关系数 $\rho=0.74$。

图 3-40 的串联系统得失效概率 p_f 用 Ditlevsen 方法计算时是定值，即

$$p_f=0.3831\times10^{-6}$$

相应的可靠指标为 4.94。因此刚架在水准 2 上可靠指标

$$\beta_S=4.94$$

β 分解法的一个重要特性是，当结构出现脆性失效要素时，此法的使用与前述完全相同，唯一的区别是不引入任何假想拉伸荷载。例如，桁架结构的杆件在拉伸的情况下脆性失效时，仅将杆件简单移去，而不附加假想拉伸荷载。同样，如果发生弯曲脆性失效，仅引入一塑性铰，而不附加假想弯曲力矩。

【例 3-9】 以图 3-36 结构为例，讨论存在脆性失效要素时，结构系统在水准 2 上的可靠性分析方法。

设失效要素 2、5、11 和 14 为脆性（图 3-42），这一变化可以更好的模拟屈曲失效，其他失效要素仍为延性。

通过线弹性分析，可以求出所有脆性与延性失效要素的可靠指标。表 3-7 给出的结果无变化，现在表 3-14 中再次给出。因此，危险失效要素为 14 和 11，且结构系统在水准 1 上的可靠指标与前相同，仍为：

$$\beta_S = 1.49$$

表 3-14 中的 β_i 为初始可靠指标，$\beta_{i/14}$ 为由失效要素 14 脆性失效而引起的可靠指标，$\beta_{i/11}$ 为由失效要素 11 脆性失效而引起的可靠指标。

表 3-14

i	4	7	11	12	14	17	20	22
β_i	9.92	9.84	1.81	9.94	1.80	4.67	9.91	3.34
$\beta_{i/14}$	9.59	9.45	1.49	9.69	—	−6.01	9.14	3.86
$\beta_{i/11}$	9.66	9.53	—	9.70	1.63	5.05	9.55	−4.33

下一步是假设失效要素 14 脆性失效，但不附加假想荷载，而移去结构的相应部分（图 3-43*a*）。然后对改造后的结构进行线弹性分析，并求出所有其余失效要素的可靠指标 $\beta_{i/14}$。表 3-14 列出一些主要的 $\beta_{i/14}$ 的值。从中可见，在这种情况下失效要素 17 的可靠指标最小，即

$$\beta_{17/14} = -6.01$$

这一极小负值表明，失效要素 14 失效后要素 17 立即失效。用此方法确定的失效形式已成为机构。当 $\Delta\beta_2 = 1.00$ 时，机构数仅为 1。还可以看到，$\beta_{16/14} = -3.74$，因此失效要素 16 也随失效要素 14 失效而立即失效。

假设失效要素 11 脆性失效（图 3-43），这时仅确定了一个危险失效要素组，即失效要素 11 和 22。由表 3-14 可见

$$\beta_{22/11} = -4.33$$

但这一失效形式不是机构，故可用图 3-44 的串联系统对结构进行水准 2 上的可靠性预测。由于可靠指标 $\beta_{17/14}$、$\beta_{22/11}$ 很小，所以，强度变量 17 和 22 对图 3-44 的两个并联子系统的安全裕度的影响并不明显（常数项被省略），它们的安全裕度是

$$Z_{14,17} = R_{14} - 4.508P_1 - 1.525P_2$$

$$Z_{11,22} = R_{11} - 1.456P_1 - 1.387P_2$$

由此可得 $\beta_{14/17} = 1.80$，$Z_{11/22} = 1.81$，相关系数 $\rho = 0.24$。

串联系统的失效概率

$$p_f = 1 - \int_{-\infty}^{+\infty} \varphi(t)\Phi\left[\frac{1.80 - \sqrt{0.24}t}{\sqrt{1-0.24}}\right]\Phi\left[\frac{1.81 - \sqrt{0.24}t}{\sqrt{1-0.24}}\right]\mathrm{d}t = 0.06813$$

相应的水准 2 上的可靠指标

$$\beta_S = 1.49$$

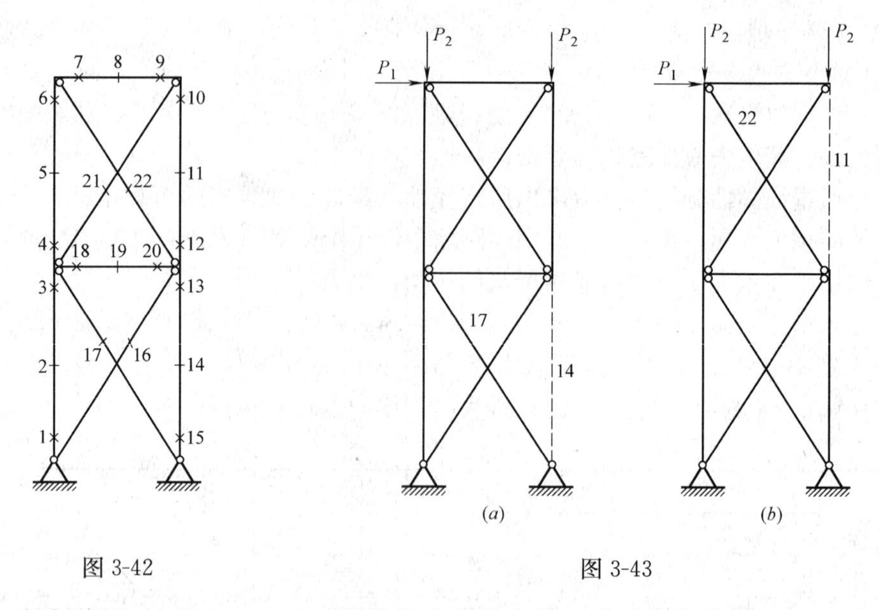

图 3-42　　　　图 3-43

如事先所料，$\beta_S=1.49$，小于结构仅有延性失效要素时求出的值 2.70。这一事实证明了对结构系统进行可靠性模拟的重要性。

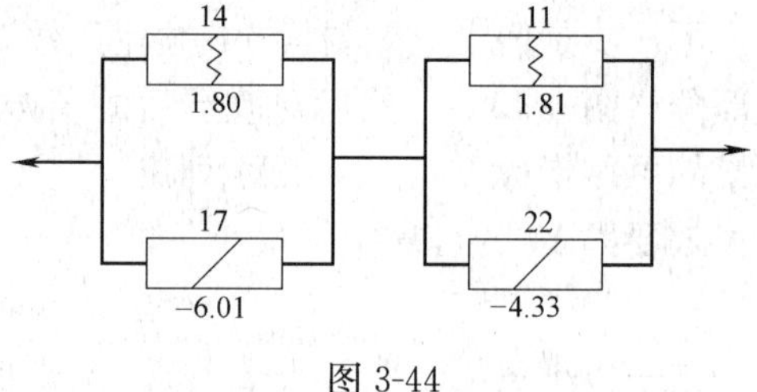

图 3-44

应注意的是，β 分解法揭示了例 3-9 中的结构在失效要素脆性失效时无法继续存在。因此，当结构产生脆性失效时，只要有一个要素失效，系统就会失效。这样定义常常是合理的。这相当于结构系统在水准 1 上可靠性预测。

3.4.5　水准 $N>2$ 上的结构系统可靠性预测

结构系统在水准 2 上的可靠性预测是基于串联系统。该串联系统的元素均为有两个失效要素的并联子系统。这些并联子系统称为危险失效要素组。在 4.3.4 中详细论述了如何利用 β 分解法确定这些危险失效要素组的方法。现在阐述 $N>2$ 的更高水准上的一般情况。

首先讨论 $N=3$ 的情况。在水准 3 上结构系统得可靠性预测也是基于一个串联系统，但是该串联系统的元素是由三个失效要素组成的并联子系统。这样，结构系统的可靠性定义为该串联系统的可靠性。

设结构由 n 个失效要素模拟，且水准 1 上的危险失效要素为 n_1，在水准 2 上的危险失效要素组的个数为 n_2，并假设在所有危险失效要素组中危险失效要素组 (l, m) 的可靠指标 $\beta_{l,m}$ 最小。设失效要素 l 和 m 失效，并改造结构，移去相应的失效要素 l 和 m，附加两个假想荷载 F_l 和 F_m（轴向力和力矩）。附加假想荷载的方法与前面介绍的完全相同。

改造后的结构受荷载 P_1、P_2、…、P_k 及假想荷载 F_l 和 F_m 的作用，然后重新进行分析求出对应于 P_1、P_2、…、P_k 和 F_l 和 F_m 的影响系数。其余各失效要素的荷载效应（力和力矩）由一随机变量 $S_{i/l,\mathrm{m}}$ 描述（失效要素 l 和 m 失效而引起的荷载效应），且

$$S_{i/l,\mathrm{m}} = \sum_{j=1}^{k} a_{ij} P_j + a'_{il} F_l + a'_{i\mathrm{m}} F_{\mathrm{m}}$$

相应的安全裕度

$$Z_{i/l,\mathrm{m}} = \min(R_i^+ - S_{i/l,\mathrm{m}}, R_i^- + S_{i/l,\mathrm{m}}) \tag{3-80}$$

式中的 R_i^+ 和 R_i^- 是失效要素 i 的抗拉和抗压强度（屈服）。以后，$Z_{i/l,\mathrm{m}}$将由 $R_i^+ - S_{i/l,\mathrm{m}}$和 $R_i^- + S_{i/l,\mathrm{m}}$近似。由失效要素 l 和 m 失效引起的失效要素 i 的可靠指标

$$\beta_{i/l,\mathrm{m}} = \mu_{Zi/l,\mathrm{m}} / \sigma_{Zi/l,\mathrm{m}}$$

用这一方法可以求出所有失效要素（l 和 m 除外）的可靠指标，最小值 $\beta_{\min}$。数值位于区间［$\beta_{\min}$，$\beta_{\min} + \Delta\beta_3$］（$\Delta\beta_3$ 为给定的正数）内的失效要素依次和失效要素 l 与 m 组合，形成失效树的一部分。图 3-45 给出按此方法选择的三个失效要素 r、s、t。然后把由该过程所确定的三个失效要素的并联子系统计入串联系统中。

下一步是估计图 3-45 中由三个失效要素组成的并联子系统的失效概率及相应的可靠指标。

现考虑由失效要素 l、m 和 r 组成的并联子系统。如前所述，通过水准 1 上的可靠性分析确定了失效要素 l 的安全裕度 Z_l，而通过水准 2 上的可靠性分析确定了失效要素 m 的安全裕度 $Z_{\mathrm{m}/l}$，而失效要素 r 的安全裕度 $Z_{\mathrm{r}/l,\mathrm{m}}$，形式上如式 (3-80) 所示。通过这些安全裕度便可求出可靠指标 $\beta_1 = \beta_l$、$\beta_2 = \beta_{\mathrm{m}/l}$、$\beta_3 = \beta_{\mathrm{r}/l,\mathrm{m}}$及相关矩阵 ρ，并得出并联子系统的失效概率。进而可用 Ditlevsen 方法求出 Φ_3（·）的区间估计值。如果上下限值相差较大，应采用更精确的方法确定 p_{f}。

$$p_{\mathrm{f}} = \Phi_3(-\beta_1, -\beta_2, -\beta_3; \rho)$$

【例 3-10】 现仍以图 3-26 给出的结构为例讨论结构系统在水准 3 上的可靠性。

图 3-46 给出用于水准 2 上可靠性预测失效要素对应的失效树，并进一步扩展到水准 3 上。在水准 2 上进行可靠性预测时，省略了失效要素组 11 和 14，在本例中将详细讨论包括它们在内的图 3-46 左端的失效要素组。

假设延性失效要素 14 和 11 压缩失效，附加假想荷载为 $0.5R_{14}$和 $0.5R_{11}$，如图 3-47 所示。对这一改造后的结构进行弹性分析。由分析可知，失效要素 22 中的轴向力

$$N_{22/14,11} = -0.5841 \times 10^{-3} R_{14} + 0.6002 R_{11} - 1.798 P_1 - 1.200 P_2 \tag{3-81}$$

失效要素 17 中的轴向力

$$N_{17/14,11} = 0.6009 R_{14} + 0 R_{11} - 3.606 P_1 - 1.201 P_2 \tag{3-82}$$

则相应的安全裕度

$$Z_{22/14,11} = \frac{1}{2} R_{22} + N_{22/14,11}$$

$$Z_{17/14,11} = \frac{1}{2} R_{17} + N_{17/14,11}$$

由式（3-81）、式（3-82）及其他失效要素的安全裕度，可求出对应的可靠指标，见表 3-15。如果 $\Delta\beta_3=1.00$，则 β 值位于区间 $[2.56,\ 2.56+\Delta\beta_3]$ 内失效要素仅为 5、22 和 17。因此，通过初始分支失效要素 14（图 3-48）确定水准 3 上的危险失效要素。

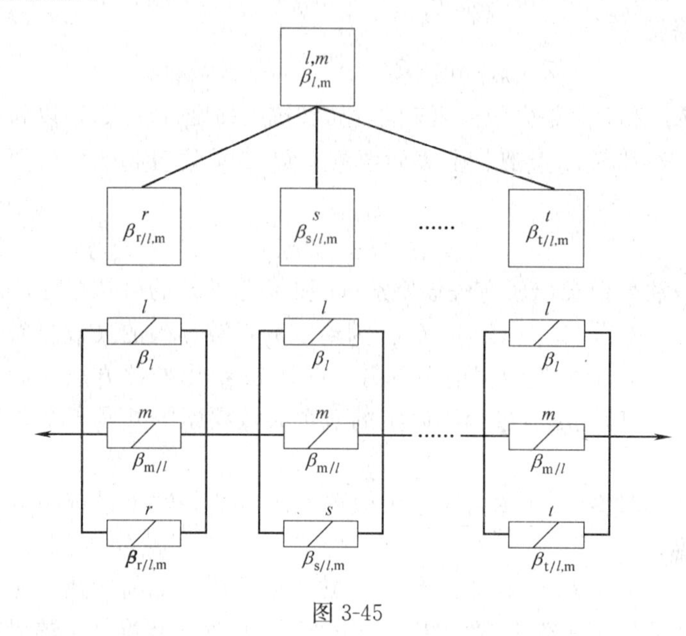

图 3-45

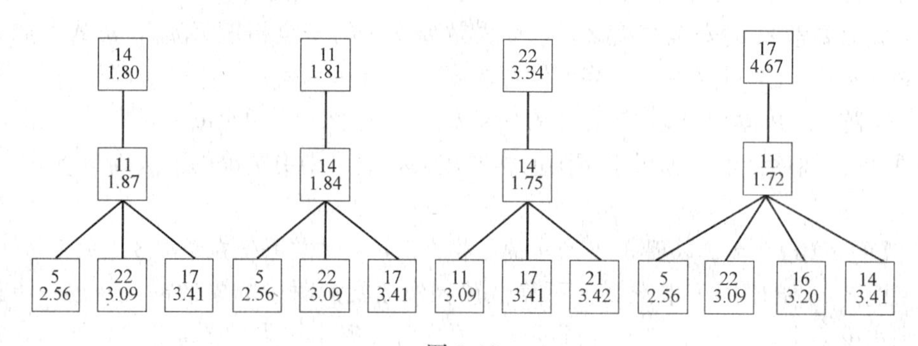

图 3-46

表 3-15

失效要素	2	3	4	5	6	7	8	9	10
β	4.57	9.93	9.89	2.56	9.97	9.72	8.20	9.73	9.97
失效要素	12	13	16	17	18	19	20	21	22
β	9.90	9.93	5.31	3.41	9.68	6.45	9.68	5.65	3.09

失效要素 14 的安全裕度 Z_{14} 已由式（3-69）给出，即

$$Z_{14}=\frac{1}{2}R_{14}-(2.250P_1+0.761P_2)$$

由失效要素 14 失效引起的对应要素 11 的安全裕度 $Z_{11/14}$ 已由式（3-76）给出，即

$$Z_{11,14}=0.01489R_{14}+\frac{1}{2}R_{11}-0.7940P_1-0.7149P_2$$

而由失效要素14和11失效引起的对应失效要素22的安全裕度 $Z_{22/14,11}$，可根据式（3-21）和式（3-23）给出，即

$$Z_{22/14,11}=\frac{1}{2}R_{22}-0.5841\times10^{-3}R_{14}+0.6002R_{11}-1.798P_1+1.200P_2$$

于是可以求出可靠指标 $\beta_1=\beta_{14}$、$\beta_2=\beta_{11/14}$、$\beta_3=\beta_{22/14,11}$ 及相关矩阵 ρ。最后由数值积分可得

$$p_f=\Phi_3(-\beta_1,-\beta_2,-\beta_3;\rho)\approx1.87\times10^{-4}$$

相应的可靠指标

$$\beta_{14,11,22}=-\Phi^{-1}(1.87\times10^{-4})=3.56$$

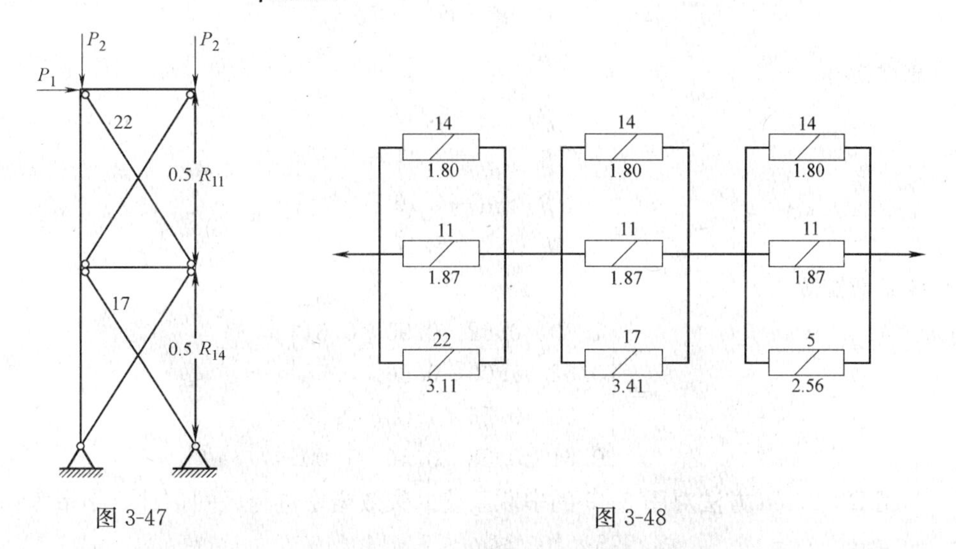

图 3-47　　图 3-48

通过前面的分析及实例可以知道，通过假设水准2上的所有危险失效要素组依次失效，便可确定水准3上若干危险失效要素组。对水准3上的危险失效要素组（i，j，k）求出其近似可靠指标，再通过前面提出的程序确定相当安全裕度 $Z_{i,j,\mathrm{k}}$。但是，确定 $Z_{i,j,\mathrm{k}}$ 比较复杂的。为此，在下例中省略了详细计算。当水准3上的所有失效要素组的相当安全裕度确定之后，他们之间的相关矩阵便可容易求出。最后一步是将所有由三个要素组成的失效要素组定为一个串联系统的元素，并预测该串联系统的失效概率 p 和可靠指标 β_S。

【例3-11】 例3-10给出了三个水准3上的危险失效要素组。假设水准2上的危险失效要素组（11，14）、（22，14）、（17，11）依次失败，则可按例3-10的同样程序确定水准3上的其他危险失效要素组。这一过程的结果如图3-46的失效树所示。从图可见，水准3上的危险失效要素组共13个。然而，由相关系数的计算表明，其中仅有四组的安全裕度不完全相关。它们是图3-49的四个并联子系统。其对应的相当安全裕度（常数项省略）为

$$Z_{14,11,12}=R_{11}+0.4220R_{14}+0.7988R_{22}-4.833P_1-2.635P_2$$

$$Z_{14,11,17}=R_{14}+0.8321R_{17}-6.000P_1-2.000P_2\text{（机构）}$$

$$Z_{22,14,11}=R_{11}+0.8014R_{14}+3.382R_{22}-11.520P_1-5.193P_2$$

$$Z_{17,11,22}=R_{11}+2.593R_{17}+0.7868R_{22}-7.641P_1-3.497P_2$$

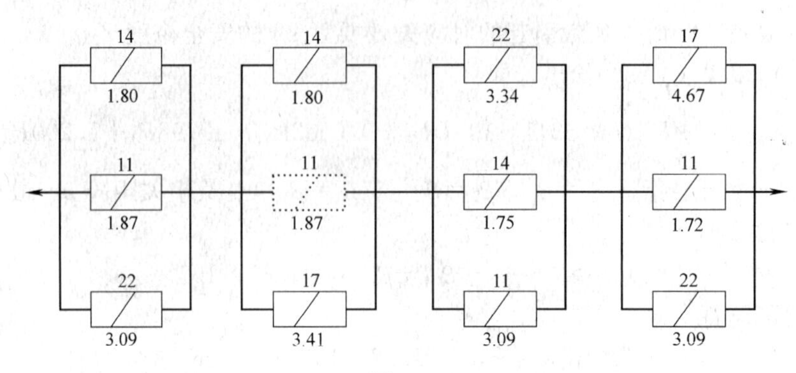

图 3-49

可靠性指标

$$\beta_{14,11,22}=3.56$$
$$\beta_{14,11,27}=3.41$$
$$\beta_{22,14,11}=4.16$$
$$\beta_{17,11,22}=5.47$$

相关系数矩阵

$$\rho=\begin{bmatrix}1.00 & 0.62 & 0.90 & 0.61\\ 0.62 & 1.00 & 0.56 & 0.58\\ 0.90 & 0.56 & 1.00 & 0.56\\ 0.61 & 0.58 & 0.56 & 1.00\end{bmatrix}$$

用 Ditlevsen 方法对图 3-49 的串联系统的失效概率进行区间估计，结果为：

$$4.995\times10^{-4}\leqslant p_{\mathrm{f}}\leqslant5.014\times10^{-4}$$

可靠指标的相应区间估计为：

$$3.290\leqslant\beta_{\mathrm{S}}\leqslant3.291$$

因此，结构系统在水准 3 上的可靠指标

$$\beta_{\mathrm{S}}=3.29$$

根据式（3-67）及式（3-68）可求出结构系统失效概率的第二种估计值。由式（3-68）得平均相关系数

$$\bar{\rho}=\frac{1}{4\times3}\times7.66=0.64$$

按式（3-67）进行数值积分得

$$p_{\mathrm{f}}=1-\int_{-\infty}^{+\infty}\varphi(t)\Phi\left[\frac{3.41-\sqrt{0.64}t}{\sqrt{1-0.64}}\right]\Phi\left[\frac{3.56-\sqrt{0.64}t}{\sqrt{1-0.64}}\right]$$
$$\times\Phi\left[\frac{4.16-\sqrt{0.64}t}{\sqrt{1-0.64}}\right]\Phi\left[\frac{5.47-\sqrt{0.64}t}{\sqrt{1-0.64}}\right]\mathrm{d}t=5.239\times10^{-4}$$

相应的可靠指标

$$\beta_{\mathrm{S}}=3.28$$

上述 β 分解法同样可用于水准 $N>3$ 上结构系统的可靠性预测，但是，在这种情况下已无实际意义。另外值得注意的是，水准 1、水准 2、水准 3 上的可靠

指标的预测值相差较大，前面实例的计算结果已证明这点。

上述 β 分解法也可应用于机构水准上的机构系统的可靠性分析上，这将在例 3-12 及例 3-13 中说明。其结果由表 3-16 给出。然而在后面将提出一种更有效的 β 分解法。这是基于基本机构的可靠性分析方法。它比基于失效要素的可靠性分析更有效。

现讨论与机构失效（机构水准）相联的 β 分解法的应用。机构的形成是通过相应刚度矩阵奇异性判定的。

【例 3-12】 仍以前面几个例子讨论的结构为例。而上述例子中的一些结果，将在本例中再次使用。在水准 3 上选出了第一个机构，即由三个失效要素（14，11，17）组成的失效要素组。实际上，失效要素组（14，17）已形成一个机构，但该机构在水准 2 上并未被选出来。现再考虑图 3-46 失效树最左面分支的延续部分。该分支继续分支的结果是下列失效要素列：

1：14—11—5—7—9—22—4—12

2：14—11—5—7—9—20—17

3：14—11—5—7—9—20—21

4：14—11—5—7—9—20—22

所有这些系列可产生失效机构。但通常系列中消去某些失效要素后仍可为一失效机构。例如在第一系列中，失效要素 11-22-4-12 也可形成机构。从上述 4 个系列中选出 4 个失效机构的程序与它们的可靠指标列于表 3-16 中，相应的相关矩阵为：

$$\rho=\begin{bmatrix}1.00 & 0.32 & 0.75 & 0.55\\0.32 & 1.00 & 0.24 & 0.24\\0.75 & 0.24 & 1.00 & 0.33\\0.55 & 0.24 & 0.33 & 1.00\end{bmatrix}$$

表 3-16

机构	失效要素	β
1	4—11—12—22	3.33
2	14—17	3.41
3	7—9—11—21	5.68
4	5—7—9—22	5.68

应指出的是，在此仅选出了有限个失效形式（失效机构）。此结构在机构水准上的可靠性模型为一串联系统，如图 3-50 所示。系统在机构水准上的可靠指标见表 3-17。

表 3-17

机构	失效要素	β
1	8—7—1—2	4.37
2	8—7—1—4	4.43
3	8—6—1—4	4.43
4	6—4—3	5.38

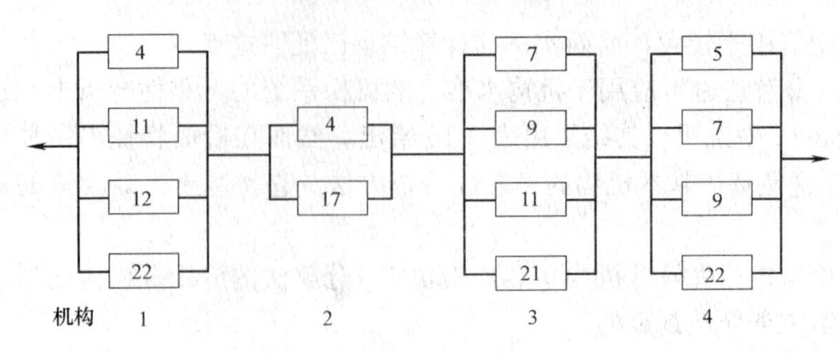

图 3-50

【例 3-13】 现讨论图 3-51 所示一层门形刚架。用例 3-12 中介绍的同样程序可选出 4 个不全相关的失效机构（表 3-17）。其相关矩阵

$$\rho=\begin{bmatrix}1.00 & 0.87 & 0.52 & 0.00\\0.87 & 1.00 & 0.85 & 0.48\\0.52 & 0.85 & 1.00 & 0.84\\0.00 & 0.48 & 0.84 & 1.00\end{bmatrix}$$

相应的系统可靠指标

$$\beta_S=4.19$$

图 3-51 给出对应于表 3-17 的失效机构。该简单刚架将要在后面详细讨论。

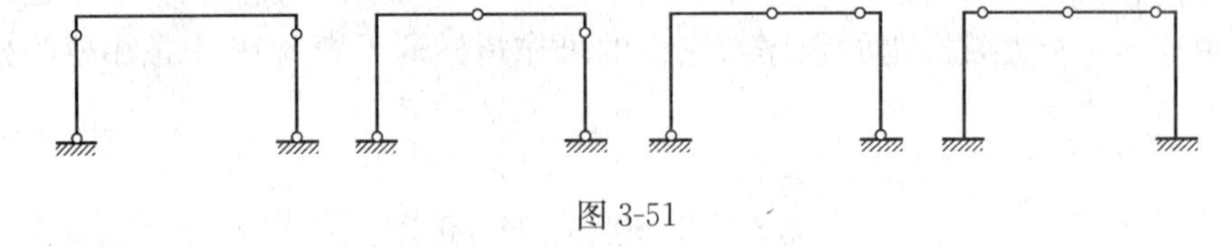

图 3-51

【例 3-14】 现以图 3-38 空间刚架为例，对结构系统进行水准 3、水准 4 和机构水准上的可靠性分析。

在例 3-8 中曾选出了 3 个危险失效要素组（图 3-41），它们分别是（3，13）、（3，4）、（3，8）。先改造此空间刚架，在失效要素 3 和 13 中插入塑性铰，它对应于绕水平轴 x 的弯曲屈服。分析改造后的结构并计算出表 3-18 的可靠指标。当 $\Delta\beta_3=2.00$ 时，选出图 3-52 水准 3 上的危险失效要素组（并联子系统）对应的相当安全裕度（常数项省略）：

表 3-18

I	4	5	8	9	10	14	15
$\beta_{i/3,13}$	5.97	3.69	5.97	6.18	3.69	6.18	3.69

$$Z_{3,13,15}=R_x-1.762P$$
$$Z_{3,13,10}=R_x-1.762P$$
$$Z_{3,13,5}=R_x-1.762P$$

$Z_{3,13,15}$、$Z_{3,13,10}$ 和 $Z_{3,13,5}$ 是全相关的。因此，在以后的计算中可省去其中两个相应的可靠指标

$$\beta_{3,13,15}=8.13$$

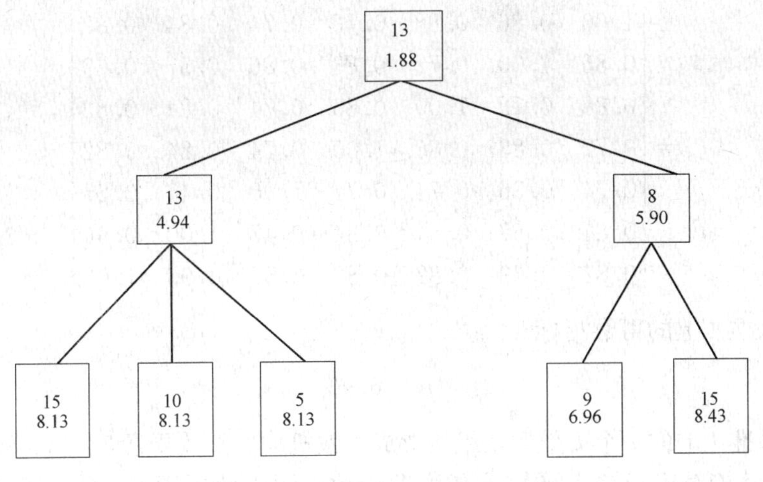

图 3-52

设危险失效要素组（3，4）和（3，8）依次失效。采用同样的程序，最后得到水准 3 上的 3 个失效要素组，即（3，13，15）、（3，8，9）和（3，8，15）。水准 3 上的可靠性可用图 3-53 的失效树模拟。上式给出其中一个可靠指标，其余两个为：

$$\beta_{3,8,9}=6.96$$

$$\beta_{3,8,15}=8.43$$

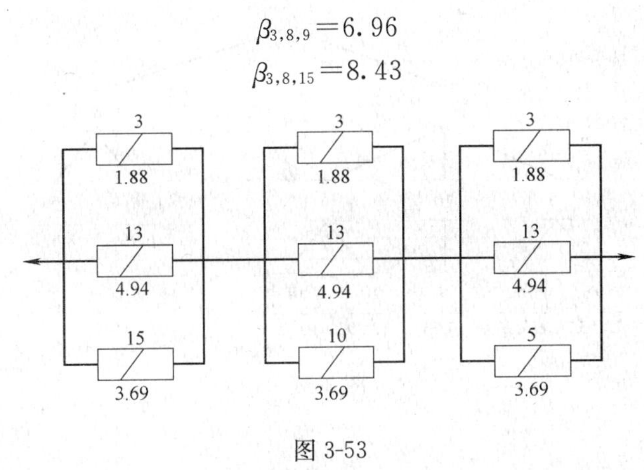

图 3-53

相应的相关矩阵为：

$$\rho=\begin{bmatrix}1.00 & 0.92 & 0.96\\0.92 & 1.00 & 0.92\\0.96 & 0.92 & 1.00\end{bmatrix}$$

失效概率的近似值

$$p_{\mathrm{f}}=0.1717\times10^{-11}$$

系统在水准 3 上的可靠指标

$$\beta_{\mathrm{S}}=6.69$$

在水准 4 上，当 $\Delta\beta_4=2.00$ 时，可选出 7 个不完全相关的由 4 个要素组成的危险失效要素组。相应的失效树和可靠指标 $\beta_{i,j,k,l}$ 在图 3-54 中给出。相应的相关矩阵

$$\rho=\begin{bmatrix}1.00 & 0.86 & 0.88 & 0.72 & 0.74 & 0.84 & 0.82\\ 0.86 & 1.00 & 0.72 & 0.83 & 0.86 & 0.57 & 0.69\\ 0.88 & 0.72 & 1.00 & 0.86 & 0.74 & 0.84 & 0.82\\ 0.72 & 0.83 & 0.86 & 1.00 & 0.74 & 0.84 & 0.82\\ 0.74 & 0.86 & 0.74 & 0.74 & 1.00 & 0.47 & 0.57\\ 0.84 & 0.57 & 0.84 & 0.84 & 0.47 & 1.00 & 0.96\\ 0.82 & 0.69 & 0.82 & 0.82 & 0.57 & 0.96 & 1.00\end{bmatrix}$$

系统在水准 4 上的可靠指标

$$\beta_S=6.96 \tag{3-83}$$

在水准 4 上的 7 个失效要素组均形成失效机构。失效要素 3、13、8、14、9、4 中的塑性铰对应于绕水平轴 x 的弯曲失效；而失效要素 5、10、15 中的塑性铰，对应于梁轴的扭转屈服。图 3-68 给出这 7 个机构，其中机构 6 与机构 7 仅包括 3 个失效要素。因此系统在机构水准上的可靠指标与式（3-83）的值相同，即

$$\beta_S=6.96$$

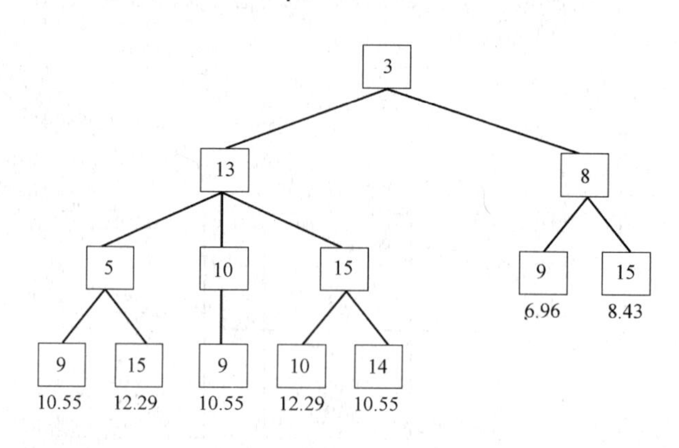

图 3-54

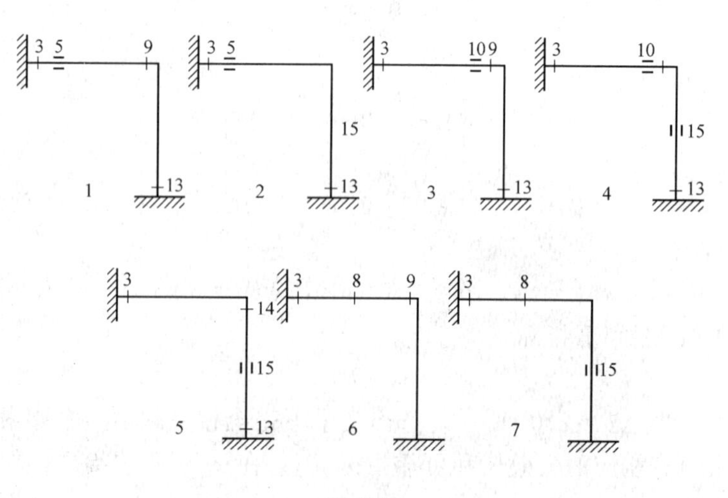

图 3-55

3.4.6 机构水准上的结构系统可靠性预测

前面曾指出，机构水准上的可靠性可通过前几节提出的β分解法预测，并曾强调指出β分解法与基本机构联合使用将更加有效。本节详细讨论这一问题。

现考虑一弹塑性结构，并设可能失效要素（如塑性铰）的数目为n。由塑性理论可知，基本机构的个数为$m=n-r$。其中r为超静定次数，而其他机构可通过基本机构的线性组合形成。

设荷载数为k，基本机构i的安全裕度

$$Z_i=\sum_{j=1}^{n}|a_{ij}|R_j-\sum_{j=1}^{k}b_{ij}P_j$$

式中 a_{ij}、b_{ij}——影响系数；

R_j——失效要素j的屈服强度；

P_j——荷载。

a_{ij}选用绝对值，是为使累加中各项均为非负值。

结构系统中机构的数目可能非常多，进行可靠性预测时无法全部考虑在内。况且，全部考虑在内也无必要。因为其中大部分的产生概率非常小。因此，考虑最危险或最主要的失效形式就可以了。问题是如何选出最主要的机构，即主要失效形式。本节将证明β分解法是选择主要失效形式的较好的方法之一。虽然β分解法能给出满意的结果，但由于选择过程中舍掉了一些机构，因此求出的失效概率是下限值，相应的可靠指标是上界。

首先选出一组基本机构并计算相应的可靠指标。当结构比较简单时，基本机构可以人工确定，而当结构比较复杂时，只能用3.4.5介绍的方法自动生成。

【例3-15】 考虑图3-56刚架，各随机变量的期望值和变异系数如表3-19所示。其中$P_j(i=1,\cdots,4)$是荷载，$R_j(i=1,\cdots,19)$屈服力矩，同一行的屈服力矩是全相关的，不同行的屈服力矩互相独立。可能塑性铰的个数$n=19$，超静定次数$r=9$。所以，基本机构数

$$n-r=19-9=10$$

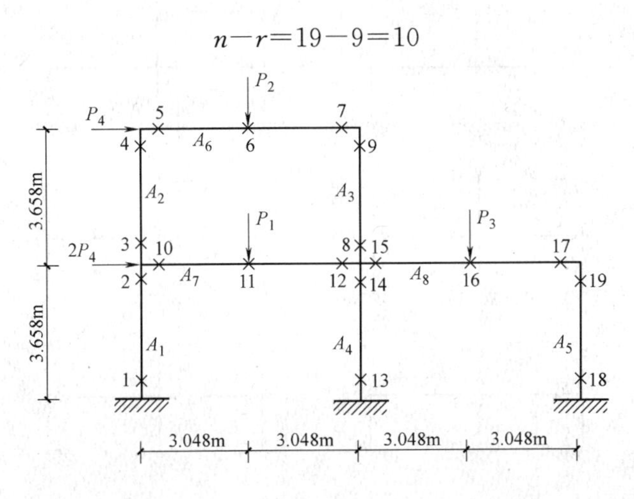

图3-56

表 3-19

变 量	期 望 值	变异系数
P_1	169kN	0.15
P_2	89kN	0.25
P_3	116kN	0.25
P_4	31kN	0.25
$R_1,R_2,R_{13},R_{14},R_{15},R_{19}$	95kN	0.15
R_3,R_4,R_8,R_9	95kN	0.15
R_5,R_6,R_7	122kN	0.15
R_{10},R_{11},R_{12}	204kN	0.15
R_{15},R_{16},R_{17}	163kN	0.15

图 3-57 基本机构的安全裕度

$$Z_i = \sum_{j=1}^{19} |a_{ij}| R_j - \sum_{j=1}^{4} b_{ij} P_j \quad (i=1,\cdots,10)$$

式中的影响系数 a_{ij} 和 b_{ij} 可通过机构处于变形状态确定，于是可得

$$Z_1: a_{1\,1}=1, a_{1\,2}=-1, a_{1\,13}=1$$

$$a_{1\,14}=-1, a_{1\,18}=1, a_{1\,19}=-1$$

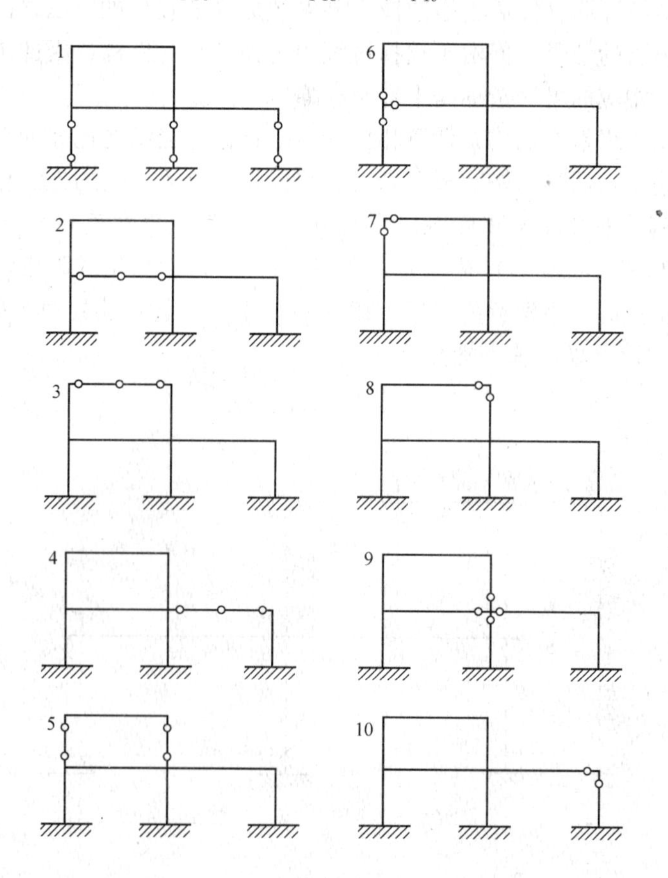

图 3-57

$$b_{14}=2\times3.658+1\times3.658=10.974$$

Z_2：$a_{2\,10}=1$，$a_{2\,11}=-2$，$a_{2\,12}=1$，$b_{2\,1}=3.048$

Z_3：$a_{3\,5}=1$，$a_{3\,6}=-2$，$a_{3\,7}=1$，$b_{3\,2}=3.048$

Z_4：$a_{4\,15}=1$，$a_{2\,16}=-2$，$a_{2\,17}=1$，$b_{4\,3}=3.048$

Z_5：$a_{5\,3}=1$，$a_{5\,4}=-1$，$a_{5\,8}=1$，$a_{5\,9}=-1$，$b_{5\,4}=3.658$

Z_6：$a_{6\,2}=1$，$a_{6\,3}=-1$，$a_{6\,10}=-1$

Z_7：$a_{7\,4}=1$，$a_{7\,5}=-1$

Z_8：$a_{8\,7}=1$，$a_{8\,9}=1$

Z_9：$a_{9\,8}=1$，$a_{9\,12}=1$，$a_{9\,14}=1$，$a_{9\,15}=-1$

Z_{10}：$a_{10\,17}=1$，$a_{10\,19}=1$

上述10个基本机构的可靠指标$\beta_i(i=1，\cdots，10)$可根据计入屈服力矩相关性的安全裕度求出，结果如表3-20所示。

表3-20

i	1	2	3	4	5	6	7	8	9	10
β_i	1.91	2.08	2.17	2.26	4.19	10.75	9.36	9.36	12.65	9.12

如上所述，在机构水准上预测弹塑性结构系统可靠性的第一步是选择一组基本机构，并计算相应的可靠指标。第二步是选择若干基本机构作为分支的始点。由β分解法可知，这一步是根据实际结构的最小可靠指标$\beta_{\min}$及预先选择的常数ε_1（例如$\varepsilon_1=0.5$）完成的。选择β处于$[\beta_{\min}，\beta_{\min}+\varepsilon_1]$内的实际基本机构作为初始基本机构。设$\beta_1\leqslant\beta_2\leqslant\cdots\leqslant\beta_f$为根据上述程序选出的$f$个实际基本机构1、2、…、$f$的一组有序可靠指标。

上述选出的f个基本机构依次与所有m个机构（实际的与组合的）线性组合形成新的机构。首先把基本机构1与基本机构2、3、…、m组合，并求出新机构的可靠指标$\beta_{1,2}$、$\beta_{1,3}$、…、$\beta_{1,m}$，进而找出最小的可靠指标；把可靠指标与最小可靠指标的差距小于ε_2的新机构选出，再进一步探索。对基本机构2、3、…、f使用同样的程序，并建立图3-58所示的失效树。如前所述、被组合的两个基本机构i和j的安全裕度

$$Z_i=\sum_{r=1}^{n}|a_{ir}|R_r-\sum_{s=1}^{k}b_{is}P_s$$

$$Z_j=\sum_{r=1}^{n}|a_{jr}|R_r-\sum_{s=1}^{k}b_{js}P_s$$

则组合机构$i\pm j$的安全裕度

$$Z_{i\pm j}=\sum_{r=1}^{n}|a_{ir}\pm a_{jr}|R_r-\sum_{s=1}^{k}(b_{is}\pm b_{js})P_s \tag{3-84}$$

式中“+”或“−”的选择取决于哪一个符号将产生最小的可靠指标。根据上式给出的线性安全裕度，组合机构的可靠指标$\beta_{i\pm j}$很容易求出来。

【例3-16】 仍以图3-56结构为例分析。根据$\varepsilon_1=0.5$选出的基本机构1、2、3和4（表3-20和图3-57）为初始机构。首先把基本机构1与基本机构2、3、

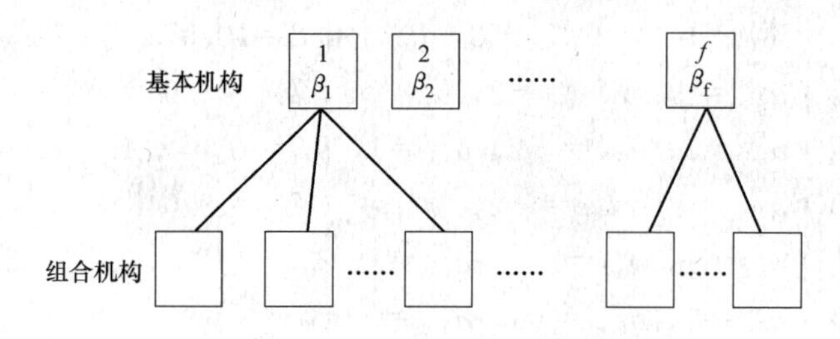

图 3-58

…、10 组合，列出对应的安全裕度 $Z_{1\pm2}$、…、$Z_{1\pm10}$，并求出相应的可靠指标。

当设 $\varepsilon_2=1.2$，则组合机构 1+6 和 1+10 被选出来继续进行探索。下面仅以 1+6 为例，说明组合机构可靠指标的计算过程。由例 3-17 可知：

$$Z_1=R_1+|-1|R_2+R_{13}+|-1|R_{14}+R_{18}+|-1|R_{19}-10.974P_4$$

$$Z_6=R_2+|-1|R_3+|-1|R_{10}$$

因此，组合机构 1+6 的安全裕度

$$Z_{1+6}=R_1+|-1|R_3+|-1|R_{10}+R_{13}+|-1|R_{14}+R_{18}+|-1|R_{10}-10.974P_4$$

由于有些随机变量完全相关，则上式可写为：

$$Z_{1+6}=5R_1+R_3+R_{10}-10.974P_4$$

由上式和表 3-19 可得

$$\mu z_{1+6}=5\times95+95+204-10.974=433.81\text{kN}$$

$$\sigma^2 z_{1+6}=25\times(0.15\times95)^2+(0.15\times95)^2+(0.15\times204)^2+10.974(0.25\times31)^2$$
$$=13449.23\text{kN}^2$$

因此

$$\beta_{1+6}=\frac{443.81}{\sqrt{13449.32}}=3.74$$

用同样方法也可确定安全裕度 Z_{1+10}，并可求出相应的可靠指标

$$\beta_{1+10}=2.62$$

对于基本机构 2、3 和 4 可用同样的程序确定出新的机构，从而得出新机构 2+6、3+7 和 4-10。后一机构是 4-10，而不是 4+10，是因为机构 4-10 比 4+10 有更小的可靠指标。图 3-59 给出这一阶段的失效树，它包含 9 个机构。相应的可靠指标和基本机构也在同一图中给出。

图 3-59 是图 3-57 结构失效树的前两行。显而易见，图 3-58 失效树第二行的组合机构，将它加上或减去基本机构可以确定更多的机构。注意，在某些情况下需要改进式（3-83），改进形式为：

$$Z_{i+kj}=\sum_{r=1}^{n}|a_{ir}+ka_{jr}|R_r-\sum_{s=1}^{k}(b_{is}+kb_{js})P_s \tag{3-85}$$

式中的 k 可选为 −1、−2、+2、−3 或 +3，但究竟选哪个 k 值，取决于谁会产生最小的可靠指标。由式（3-85）可以很容易地计算出组合机构 $i+kj$ 的可靠指标。

反复使用同一程序，可构造出被讨论结构的失效树。失效树的最大行数一般

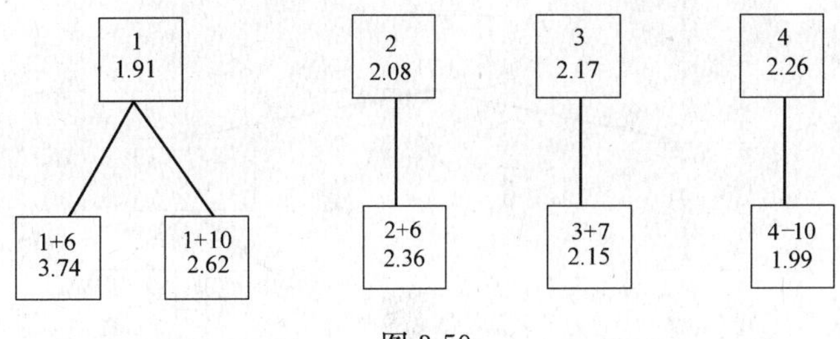

图 3-59

取为 $m+2$（m 为基本机构的个数）。如对失效树的所有行都使用相同的 ε_2，常常可满意地预测结构系统可靠指标。

在确定新机构时，常会发生已确定的机构再次出现的情况。此时，相应的失效树分支正好终止在上一阶段，这样就不会使同一机构在失效树中出现多次。在某些情况下，按上述方法构造的新机构可能因物理原因变为不成立的机构。这类机构包括在失效树中。因为连续的程序可能会产生没有意义的机构，但不包括在最后选出的主要机构中。

【例 3-17】 仍以图 3-56 给出的结果为例进一步分析。在例 3-15 中选出一组基本机构，并在例 3-11 中论述了如何确定失效树的前两行（图 3-59）。图 3-60 及图 3-61 给出失效树前 10 行的主要要素。失效树的第一部分（图 3-60）是根据基本机构 1 构造的，而第二部分（图 3-61）是根据基本机构 2、3 和 4 构造的。图中给出了被选择的前 5 行的所有机构，其他部分仅给出了指向主要机构的分支。本章最后将要讨论主要机构的最终选择。在图 3-60 及图 3-61 中机构用方框表示。框中给出被讨论的机构是如何由基本机构组合而成的。如第 4 行的第 1 个机构是依照 1+6+2+5 的顺序组合的。同时还给出相应的可靠指标为 2.18。现就以该机构为例详细讨论可靠指标的计算过程。

例 3-17 中已给出安全裕度

$$Z_1=R_1+|-R_2|+R_{13}+|-R_{14}|+R_{18}+|-R_{19}|-10.974P_4$$

$$Z_6=R_2+|-R_3|+|-R_{10}|$$

$$Z_2=R_{10}+|-2R_{11}|+R_{12}-3.048P_1$$

$$Z_5=R_3+|-R_4|+R_8+|-R_9|-3.658P_4$$

当 $k=1$ 时，则由式（3-85）得出安全裕度

$$Z_{1+6+2+5}=R_1+|-R_4|+R_8+|-R_9|+|-2R_{11}|+R_{12}+R_{13}+|-R_{14}|+R_{18}+|-R_{19}|-3.048P_1-14.632P_4$$

相应的可靠性指标

$$\beta_{1+6+2+5}=2.18$$

在机构水准上用 β 分解法预测弹塑性结构可靠性的最后一步，是从失效树中确定的机构中选择主要机构。这一选择可依照构造失效树时采用的选择标准，首先确定最小的 β 值（即失效树中所有机构的 $\beta_{\min}$），然后选定常数 ε_3，再定义 β 值位于区间［$\beta_{\min}$，$\beta_{\min}+\varepsilon_3$］内的哪些机构为主要机构。而结构系统的失效概率可通过把结构系统模拟为一串联系统预测。该串联系统的元素为主要机构。

【例 3-18】 仍以图 3-56 结构为例分析。失效树的主要部分（$\varepsilon_3=0.5$，$\varepsilon_1=$

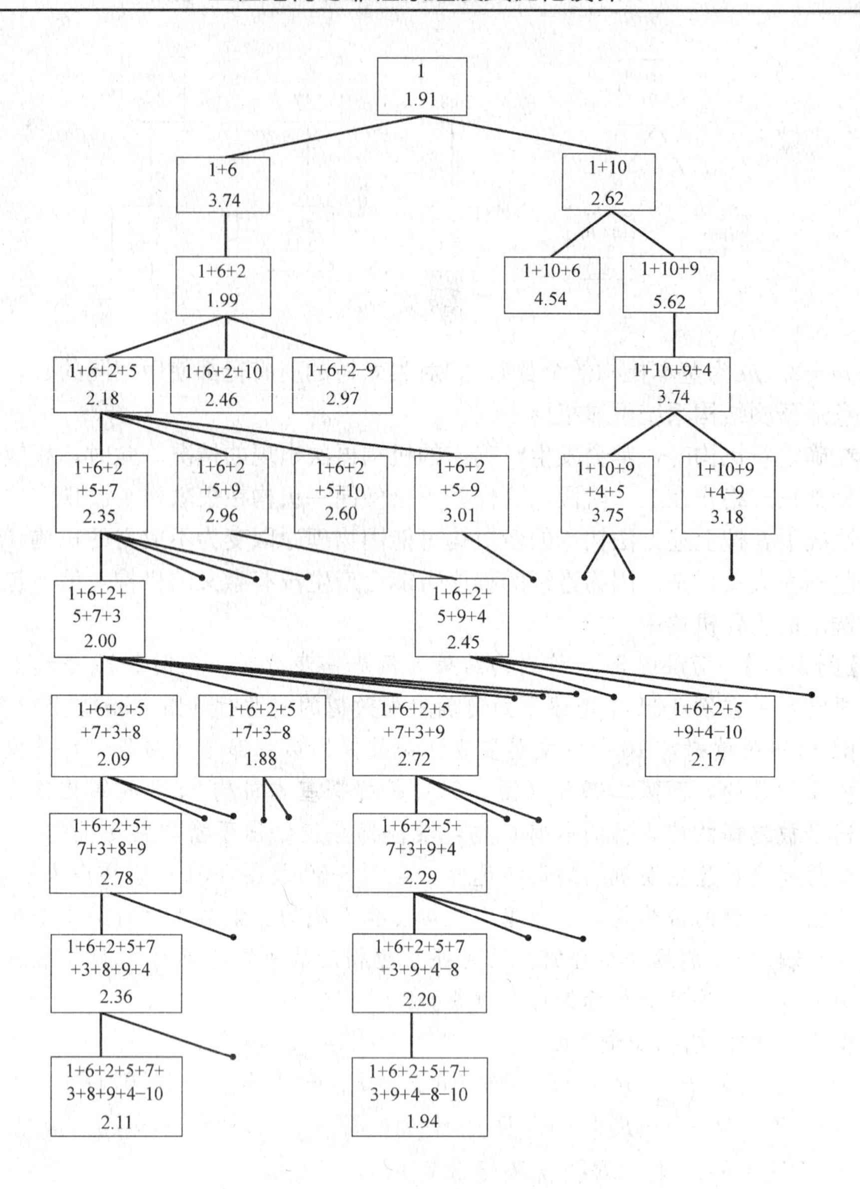

图 3-60

1.20）已由图 3-60 及图 3-61 给出。最小可靠指标

$$\beta_{\min}=\beta_{1+6+2+5+7+3+8}=1.88$$

如果 $\varepsilon_3=0.31$，则 β 值位于区间 $[1.88, 1.88+\varepsilon_3]=[1.88, 2.19]$ 内的机构为主要机构。某些主要机构为全相关，则在预测系统失效概率时不需包括在内。考虑这一因素且删除物理上不成立的机构后，选出 12 个不完全相关的主要机构。图 3-60 与图 3-61 中以粗线力框表示这 12 个主要机构。值得注意的是，从图 3-60 及图 3-61 可以看出被选出的主要机构多数位于失效树的左侧。这 12 个主要机构的安全裕度为：

$$Z_{1+6+2+5+7+3-8}=R_1+2R_6+R_8+2R_9+2R_{11}+R_{12}+R_{13}+R_{14}+R_{18}+R_{19}-3.048P_1-3.048P_2-14.632P_4$$

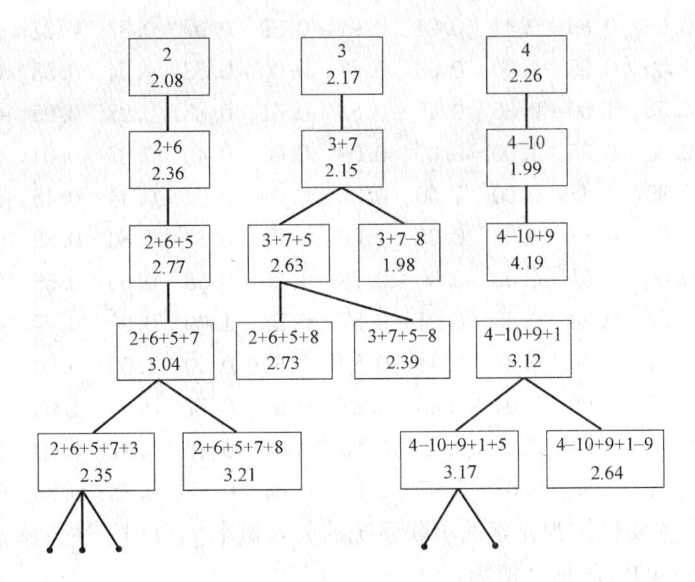

图 3-61

$$Z_1 = R_1 + R_2 + R_{13} + R_{14} + R_{18} + R_{19} - 10.974P_4$$

$$Z_{1+6+2+5+7+3+9+4-8-10} = R_1 + 2R_6 + R_9 + 2R_{11} + 2R_{12} + R_{13} + 2R_{16} + R_{18} + 2R_{19} - 3.048P_1 - 3.048P_2 - 3.048P_3 - 14.632P_4$$

$$Z_{3+7-8} = R_4 + 2R_6 + R_9 - 3.048P_2$$

$$Z_{4-10} = R_{15} + 2R_6 + R_{19} - 3.048P_3$$

$$Z_{1+6+2} = R_1 + R_3 + 2R_{11} + R_{12} + R_{13} + R_{14} + R_{18} + R_{19} - 3.048P_1 - 10.974P_4$$

$$Z_2 = R_{10} + 2R_{11} + R_{12} - 3.048P_1$$

$$Z_{1+6+2+5+7+3+8} = R_1 + 2R_6 + 2R_7 + R_8 + 2R_{11} + R_{12} + R_{13} + R_{14} + R_{18} + R_{19} - 3.048P_1 - 3.048P_2 - 14.632P_4$$

$$Z_{1+6+2+5+7+3+8+9+4-10} = R_1 + 2R_6 + 2R_7 + 2R_{11} + 2R_{12} + R_{13} + 2R_{16} + R_{18} + 2R_{19} - 3.048P_1 - 3.048P_2 - 3.048P_3 - 14.632P_4$$

$$Z_{1+6+2+5+9+4-10} = R_1 + R_4 + R_9 + 2R_{11} + 2R_{12} + R_{13} + 2R_{16} + R_{18} + 2R_{19} - 3.048P_1 - 3.048P_2 - 14.632P_4$$

$$Z_3 = R_5 + 2R_6 + R_7 - 3.048P_2$$

$$Z_{1+6+2+5} = R_1 + R_4 + R_8 + R_9 + 2R_{11} + R_{12} + R_{13} + R_{14} + R_{18} + R_{19} - 3.048P_1 - 14.632P_4$$

相应的可靠指标（按相同顺序）为 1.88，1.91，1.94，1.98，1.99，1.99，2.08，2.09，2.10，2.17，2.17，2.18。

相应的矩阵为：

$$\rho=\begin{bmatrix}
1.00 & 0.65 & 0.89 & 0.44 & 0.04 & 0.91 & 0.59 & 0.97 & 0.87 & 0.81 & 0.86 & 0.92\\
0.65 & 1.00 & 0.55 & 0.00 & 0.09 & 0.67 & 0.00 & 0.63 & 0.54 & 0.58 & 0.00 & 0.71\\
0.89 & 0.55 & 1.00 & 0.35 & 0.45 & 0.83 & 0.61 & 0.88 & 0.98 & 0.95 & 0.81 & 0.83\\
0.44 & 0.00 & 0.35 & 1.00 & 0.00 & 0.03 & 0.00 & 0.45 & 0.37 & 0.04 & 0.89 & 0.08\\
0.04 & 0.09 & 0.45 & 0.00 & 1.00 & 0.05 & 0.00 & 0.04 & 0.44 & 0.48 & 0.00 & 0.05\\
0.91 & 0.67 & 0.83 & 0.03 & 0.05 & 1.00 & 0.73 & 0.87 & 0.80 & 0.88 & 0.00 & 0.98\\
0.59 & 0.00 & 0.61 & 0.00 & 0.00 & 0.73 & 1.00 & 0.58 & 0.60 & 0.65 & 0.00 & 0.64\\
0.97 & 0.63 & 0.88 & 0.45 & 0.04 & 0.87 & 0.58 & 1.00 & 0.90 & 0.77 & 0.48 & 0.87\\
0.87 & 0.54 & 0.98 & 0.37 & 0.44 & 0.80 & 0.60 & 0.90 & 1.00 & 0.90 & 0.41 & 0.78\\
0.81 & 0.58 & 0.95 & 0.04 & 0.48 & 0.88 & 0.65 & 0.77 & 0.90 & 1.00 & 0.00 & 0.88\\
0.86 & 0.00 & 0.81 & 0.89 & 0.00 & 0.00 & 0.00 & 0.48 & 0.41 & 0.00 & 1.00 & 0.00\\
0.92 & 0.71 & 0.83 & 0.08 & 0.05 & 0.98 & 0.64 & 0.87 & 0.78 & 0.88 & 0.00 & 1.00
\end{bmatrix}$$

以 12 个主要机构为元素的串联系统的失效概率 p_f 可用下述方法预测。

Ditlevsen 的区间估计值为：

$$0.08646 \leqslant p_f \leqslant 0.1277$$

相应的可靠性指标

$$1.14 \leqslant \beta_S \leqslant 1.36$$

如果采用最大区间估计，则机构水准上的可靠指标

$$\beta_S = 1.25$$

如果采用 Hohenbichler 的方法，则 p_f 的预测值为：

$$p_f = 0.1133$$

相应的

$$\beta_S = 1.21$$

用 Monte-Carlo 法模拟给出的可靠指标

$$\beta_S = 1.20$$

第 4 章　大型土建结构可靠性分析方法

4.1　斜拉桥可靠性分析

大跨度斜拉桥是现代桥梁技术发展的一个重要方向，其结构复杂，使用期限长，造价高，环境条件极为恶劣。一旦出现事故，就将造成极为恶劣的社会影响及巨大的经济损失。结构的非线性动力可靠性分析是工程设计和施工中必须考虑的重要问题之一。

本节提出了大型柔性结构非线性动力可靠性研究方法，并对大型斜拉桥结构进行了非线性动力可靠性研究，工程计算实例表明，该研究方法可以成功应用于大型斜拉桥柔性结构非线性动力可靠性研究。

4.1.1　梁结构非线性动力可靠性研究

1. 斜拉索非线性动力响应求解模型

索-梁组合结构参数共振力学模型：根据索-梁组合结构实际，选用图 4-1 所示模型。

为体现结构的实际特点且简化分析，本研究作以下基本假设：

① 由于索的抗弯刚度对其自振频率影响很小，在此予以忽略；

② 参照以往研究，视索的垂度曲线为抛物线；

③ 斜拉索各点受力均匀且变形本构关系服从胡克定律；

④ 在考虑索-梁之间的耦合振动时，不考虑桥塔振动对索的影响。

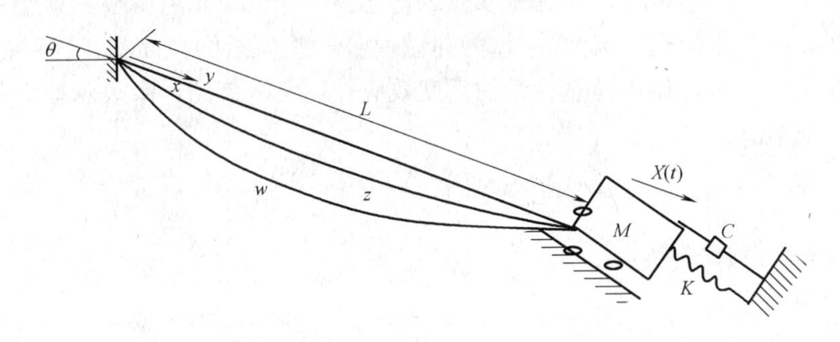

图 4-1　参数振动（内共振）模型

斜拉索振动方程：

$$\ddot{W}+(\omega_1^2+\alpha_3\cdot X)\cdot W+\alpha_1\cdot W^3+\alpha_2\cdot W^2+\alpha_4\cdot X=0 \tag{4-1}$$

式中　$\alpha_1=\dfrac{224\pi^2h^2EA}{9ml^6}+\dfrac{\pi^4EA}{2ml^4}-\dfrac{8\pi^4h^2EA}{ml^6}$

$$\alpha_2=\frac{6\pi^3hEA}{ml^4}$$

$$\alpha_3=\frac{\pi^2EA}{ml^3}-\frac{16\pi^2h^2EA}{ml^5}+\frac{64h^2EA}{ml^5} \tag{4-2}$$

$$\alpha_4=\frac{4\pi hEA}{ml^3}$$

$$\omega_1^2=\frac{64h^2H}{ml^4}+\frac{\pi^2H}{ml^2}+\frac{16\pi^2h^2EA}{ml^4}-\frac{8\pi^2h^2H}{ml^4}$$

2. 垂度效应对斜拉索振动方程的影响

斜拉索由于本身自重的作用，一般是呈悬垂状态而不是直的，它不能简单地按一般拉伸杆件来计算，在建立拉索的振动方程时应考虑垂度的影响。对于比较短的斜拉索来说，其垂度效应影响较小，在近似计算时可以忽略而不会对计算结果有较大的影响；但对于比较长的斜拉索来说，其垂度效应就比较明显，为了获得更精确的计算结果，从而作出合理的判断，在建立索振动方程时则应考虑垂度的影响。

对于已建立的斜拉索振动方程，其一阶固有频率 ω_1 的计算式为：

$$\omega_1^2=\frac{64h^2H}{ml^4}+\frac{\pi^2H}{ml^2}+\frac{16\pi^2h^2EA}{ml^4}-\frac{8\pi^2h^2H}{ml^4} \tag{4-3}$$

为了说明垂度对斜拉索振动频率的影响，现将 ω_1 按如下形式表达：

$$\omega_1^2\approx\omega_0^2\left[1+\frac{1}{2}\left(\frac{2}{\pi}\right)^4\lambda^2\right] \tag{4-4}$$

$$\omega_0^2=a^2\frac{H}{m} \tag{4-5}$$

$$\lambda^2=[mgL\cos\theta/H]^2L/(HL_e/EA) \tag{4-6}$$

式中：$a=\frac{\pi}{L}$，ω_0 为张紧弦的一阶固有频率（没有考虑垂度影响时），m 为单位长度质量，g 为重力加速度，H 为张紧弦的静态水平分力，θ 为斜拉索索端的倾斜角（索轴线与水平方向的夹角），E 为弹性模量，A 为索的截面积，λ 为垂跨比，是一个独立的参数，用以衡量拉索的垂度效应，L 表示跨度，L_e 表示拉索张紧后的长度，其表达式如下：

$$L_e\approx L\left[1+8\left(\frac{h}{L}\right)^2\right] \tag{4-7}$$

对于 h，其计算公式为：

$$h\approx\frac{mgL^2}{8H} \tag{4-8}$$

对于 H 可通过下式进行计算：

$$\frac{e^{\frac{mgL}{2H}}-e^{-\frac{mgL}{2H}}}{2}=\frac{mgL_0}{2H} \tag{4-9}$$

上式中，L 表示跨度，L_0 表示拉索的长度，其中 $L_0>L$。

3. 主梁振动方程

由图 4-1 可知，由主梁简化成的质量块的振动方程为：

$$M\cdot\ddot{X}+C\cdot\dot{X}+K\cdot X+\frac{EA}{L}\cdot\int_0^L\varepsilon\mathrm{d}x=0 \tag{4-10}$$

将式（4-6）代入，并整理可得：

$$\ddot{X}+2\omega_2\xi\cdot\dot{X}+\omega_2\cdot X+a_5\cdot W+a_6\cdot W^2=0 \tag{4-11}$$

其中，ξ为主梁阻尼比，ω_2为主梁自振频率（$\omega_2=(K+EA/L)/M$）。

$$a_5=2EAmg\cdot\cos\theta/(M\cdot H\cdot\pi) \tag{4-12}$$

$$a_6=EA\pi^2/(4M\cdot L^2) \tag{4-13}$$

4. 索-梁组合结构振动方程组

联立式（4-12）和式（4-13），可得索塔组合结构非线性振动方程组

$$\begin{cases}\ddot{W}+(\omega_1^2+\alpha_3\cdot X)\cdot W+\alpha_1\cdot W^3+\alpha_2\cdot W^2+\alpha_4\cdot X=0\\ \ddot{X}+2\omega_2\xi\cdot\dot{X}+\omega_2\cdot X+a_5\cdot W+a_6\cdot W^2=0\end{cases} \tag{4-14}$$

此方程组可用龙格库塔方法进行数值求解。

5. 斜拉索参数共振失效的可靠指标计算表达式

由于当扰动频率等于或接近拉索某一阶自振频率的二倍时，小的扰动会使拉索产生极大的响应，不妨假定拉索发生耦合参数共振时，放大的振幅将使结构达到极限状态，即视失效模式为共振即失效。

将$h=mg\cos\theta\cdot L^2/8H$代入式（4-3）可知：

$$\omega_1=\left(-\frac{\pi^2mg^2\cos^2\theta}{8H}+\frac{mg^2\cos^2\theta}{H}+\frac{\pi^2mg^2\cos^2\theta E_cA_c}{4H^2}+\frac{\pi^2H}{mL^2}\right)^{-1/2} \tag{4-15}$$

假设索-梁组合结构参数共振区间为（a，b），则参照前述动力分析可建立如下安全裕度方程：

$$\begin{cases}g_1(H,A,L,m,\omega_2)=\omega_1(H,A,L,m)-a\cdot\omega_2=0\\ g_2(H,A,L,m,\omega_2)=\omega_1(H,A,L,m)-b\cdot\omega_2=0\end{cases} \tag{4-16}$$

令$X_1=H$，$X_2=A$，$X_3=L$，$X_4=m$，$X_5=\omega_2$。设其正态分布函数或当量正态化后的分布函数的均值为μ_{X_1}、μ_{X_2}、…、μ_{X_5}，方差为σ_{X_1}、σ_{X_2}、…、σ_{X_5}，令P^*为设计验算点，则可靠指标为：

$$\begin{cases}\beta_1=\dfrac{\sum\limits_{i=1}^{5}\left[-\left(\dfrac{\partial g_1}{\partial U_{X_i}}\right)_{P^*}\cdot U_{X_i}{}^*\right]+g_1(U_{X_1}{}^*\cdot\sigma_{X_1}+\mu_{X_1},\cdots,U_{X_5}{}^*\cdot\sigma_{X_5}+\mu_{X_5})}{\left[\sum\limits_{i=1}^{5}\left(\dfrac{\partial g_1}{\partial U_{X_i}}\right)_{P^*}^2\right]^{1/2}}\\ \beta_2=\dfrac{\sum\limits_{i=1}^{5}\left[-\left(\dfrac{\partial g_2}{\partial U_{X_i}}\right)_{P^*}\cdot U_{X_i}{}^*\right]+g_2(U_{X_1}{}^*\cdot\sigma_{X_1}+\mu_{X_1},\cdots,U_{X_5}{}^*\cdot\sigma_{X_5}+\mu_{X_5})}{\left[\sum\limits_{i=1}^{5}\left(\dfrac{\partial g_2}{\partial U_{X_i}}\right)_{P^*}^2\right]^{1/2}}\end{cases} \tag{4-17}$$

通过反复迭代，可获得满足精度要求的可靠指标。

显然，$\Phi(\beta_1)$表示索－梁频率比$\omega_1/\omega_2>a$的概率，而$\Phi(\beta_2)$表示频率比$\omega_1/\omega_2>b$的概率，则可知斜拉索可靠指标β为：

$$\beta=\Phi^{-1}\{1-[\Phi(\beta_1)-\Phi(\beta_2)]\} \tag{4-18}$$

4.1.2 风致颤振非线性动力可靠性研究

桥梁颤振的研究目前主要有三种方法：

1. 以计算流体动力学为手段，重点研究引起桥梁颤振的风场特性，包括压力、速度分布和涡旋的生成、运动规律等；

2. 以二维颤振分析方法为手段，重点研究桥梁颤振的驱动机理、颤振形态，即自由度参与程度和各断面的气动性能；

3. 以三维颤振分析方法为手段，重点研究桥梁颤振发生的模态参与程度与作用。

桥梁颤振动力可靠性的计算关键是确定极限状态方程的具体表达形式。为了保证桥梁不至于由于发生颤振而引发结构的破坏，桥梁的临界风速必须大于荷载风速。因此，极限状态方程可取如下形式：

$$Z=U_{cr}-U \tag{4-19}$$

式中 U_{cr}——桥梁的临界风速；

U——桥梁桥址处的荷载风速。

1. 临界风速计算

(1) 二维三自由度耦合颤振分析

二维颤振分析的研究对象，是根据片条假定沿桥梁跨长方向截取的单位长度的桥梁节段，利用 h、p、α 分别表示二维桥梁节段在竖向、侧向和扭转三个方向的位移。

在自激力、阻力和升力矩的作用下，二维桥梁节段的颤振运动方程为：

$$m_h(\ddot{h}+2\xi_{h0}\omega_{h0}\dot{h}+\omega_{h0}^2 h)=\frac{1}{2}\rho U^2(2B)\left[KH_1^*\frac{\dot{h}}{U}+KH_2^*\frac{B\dot{\alpha}}{U}+K^2H_3^*\alpha +K^2H_4^*\frac{h}{B}+KH_5^*\frac{\dot{p}}{U}+K^2H_6^*\frac{p}{B}\right] \tag{4-20}$$

$$m_p(\ddot{p}+2\xi_{p0}\omega_{p0}\dot{p}+\omega_{p0}^2 p)=\frac{1}{2}\rho U^2(2B)\left[KP_1^*\frac{\dot{h}}{U}+KP_2^*\frac{B\dot{\alpha}}{U}+K^2P_3^*\alpha +K^2P_4^*\frac{h}{B}+KP_5^*\frac{\dot{p}}{U}+K^2P_6^*\frac{p}{B}\right] \tag{4-21}$$

$$m_\alpha(\ddot{\alpha}+2\xi_{\alpha0}\omega_{\alpha0}\dot{\alpha}+\omega_{\alpha0}^2 \alpha)=\frac{1}{2}\rho U^2(2B)\left[KA_1^*\frac{\dot{h}}{U}+KA_2^*\frac{B\dot{\alpha}}{U}+K^2A_3^*\alpha +K^2A_4^*\frac{h}{B}+KA_5^*\frac{\dot{p}}{U}+K^2A_6^*\frac{p}{B}\right] \tag{4-22}$$

式中 m_h、m_p和 I——分别是结构竖向、侧向和扭转方向的广义质量和广义质量惯性矩；

ξ_{h0}、ξ_{p0}和 $\xi_{\alpha0}$——分别是结构竖向、侧向和扭转方向的结构阻尼比；

ω_{h0}、ω_{p0}和 $\omega_{\alpha0}$——分别是结构竖向、侧向和扭转方向的固有频率；

ρ——空气密度；

U——来流平均速度；

B——桥梁横断面宽度；

H_i^*、P_i^* 和 A_i^*——分别是无量纲的气动力导数、气动阻力导数和气动升力矩导数，也称为颤振导数；

K——无量纲的折减频率：

$$K=B\omega/U$$

ω——系统振动圆频率。

当运动系统具有扭转、竖向和侧向三个自由度时，要研究二维三自由度系统的系统扭转牵连运动的运动规律，关键是在求解中引入不同自由度运动间的激励一反馈机制。

(2) 平板颤振临界风速

气流绕过一个振动着的物体时将对物体产生空气作用力。即使对于气流是均匀流并且物体是流线形的理想状态，空气力也是非定常的，即随时间而不断变化的。桥梁的实际情况要复杂得多。

实用上可以用 R. T. Jones 的近似表达式：

$$F(k)=1-\frac{0.165}{1+\left(\frac{0.0455}{k}\right)^2}-\frac{0.335}{1+\left(\frac{0.3}{k}\right)^2} \tag{4-23}$$

$$G(k)=1-\frac{\frac{0.165\times0.0455}{k}}{1+\left(\frac{0.0455}{k}\right)^2}-\frac{\frac{0.335\times0.3}{k}}{1+\left(\frac{0.3}{k}\right)^2}$$

式 (4-23) 整理后可得：

$$C(k)=1-\frac{0.165}{1-\frac{0.0455}{k}i}-\frac{0.335}{1-\frac{0.3}{k}i} \tag{4-24}$$

斜拉桥桥面的二维颤振方程可写成：

$$\left.\begin{aligned} mh+m\omega_h^2h(1+ig_h)h=L \\ I\alpha+I\omega_\alpha^2\alpha(1+ig_\alpha)\alpha=M \end{aligned}\right\} \tag{4-25}$$

式中　m、I——分别为桥面每延长米的质量和质量惯矩；

ω_h、ω_α——分别为悬索桥的弯曲基频和扭转基频；

$g_h=\frac{\theta_h}{\pi}=2\zeta_h$，$g_\alpha=\frac{\theta_\alpha}{\pi}=2\zeta_\alpha$——分别为弯曲及扭转振动的复阻尼系数。

引入符号 $f_1=C(k)$，$f_2=1+C(k)$，$f_3=1-C(k)$ 以及 $S=2\pi\rho b$，则上式中的 Theodorson 平板空气动力可改写为：

$$\left.\begin{aligned} L=-sv^2\left[f_1\left(\alpha+\frac{\dot{h}}{v}\right)+f_2\frac{b}{2v}\dot{\alpha}\right] \\ M=\frac{bv^2}{2}\left[f_1\left(\alpha+\frac{\dot{h}}{v}\right)-f_3\frac{b}{2v}\dot{\alpha}\right] \end{aligned}\right\} \tag{4-26}$$

为了考虑振型的三维影响，用广义坐标使振型分解：

$$\left.\begin{aligned} h&=\sum p_i\phi_i \\ \alpha&=\sum q_i\psi_i \end{aligned}\right\} \tag{4-27}$$

式中，有意义的是 h 的第一阶振型和 α 的第一阶振型，即取：

$$\left.\begin{aligned} h&=\sum p_1\phi_1 \\ \alpha&=\sum q_1\psi_1 \end{aligned}\right\} \tag{4-28}$$

并注意到 $I=mr^2$，于是上式可改写为：

$$\left.\begin{aligned} \ddot{p}_1+\omega_h^2(1+ig_h)p_1+\frac{sbv^2}{mb^2}\left[f_1\left(q_1D+\frac{b}{v}\dot{p}_1\right)+f_2\frac{b}{2v}\dot{q}_1D\right]=0 \\ \ddot{q}_1+\omega_\alpha^2(1+ig_\alpha)q_1-\frac{sbv^2}{2mr^2}\left[f_1\left(q_1+\frac{b}{v}D\,\dot{p}_1\right)-f_3\frac{b}{2v}\dot{q}_1\right]=0 \end{aligned}\right\} \tag{4-29}$$

设发生颤振时简谐横幅耦合振动为：

$$\left.\begin{aligned} p_1&=h_0e^{i\omega t} \\ q_1&=\alpha_0e^{(i\omega t+\phi)} \end{aligned}\right\}(\omega\text{ 为颤振频率}) \tag{4-30}$$

代入式（4-29）后即得 h_0 和 α_0 的复系数联立奇次方程组，由分母行列式为零的条件 $\Delta=\Delta_1+i\Delta_2$，必须 $\Delta_1=0$ 和 $\Delta_2=0$，即可求得临界的 k_c 和 ω_c，最后得出发生颤振时的临界风速：

$$v_{c0}=\frac{\omega_c b}{k_c} \tag{4-31}$$

将上述计算步骤编成计算机程序并取无量纲参数可计算得到便于实用的诺模图。

对于非平板的实际桥道界面可以采用折减系数的方式考虑其不利影响，即：

$$v_c=\eta v_{c0} \tag{4-32}$$

可以看出，比较扁平的流线形桥面以及桁架式桥道，其折减系数一般在 0.7 以上，并且随 ε 的变化不大，这说明桥道的气动性能与平板类似。然而，一些不很扁平的 H 形和⌒形截面，折减系数随 ε 的增大而下降，用折减的办法将可能导致较大的误差。

注意到在影响平板耦合颤振临界风速的诸参数中，可以偏安全地忽略阻尼的影响，同时折算风速 $\frac{v_{c0}}{\omega_b b}$ 和主要参数 ε 之间接近直线关系，并且考虑其余两个参数 μ 和 $\frac{r}{b}$ 的影响所形成的一群直线都可近似地看做汇交于一点 $\left(\varepsilon=0.5,\ \frac{v_{c0}}{\omega_b b}=1\right)$，如图 4-2 所示。

于是，可用直线式表示为：

$$\frac{v_{c0}}{\omega_b b}=1+K(\varepsilon-0.5) \tag{4-33}$$

式中 $K=F\left(\mu\,\frac{r}{b}\right)$。

通过回归分析得到：

$$K=\sqrt{\left(\frac{r}{b}\right)0.72\mu} \tag{4-34}$$

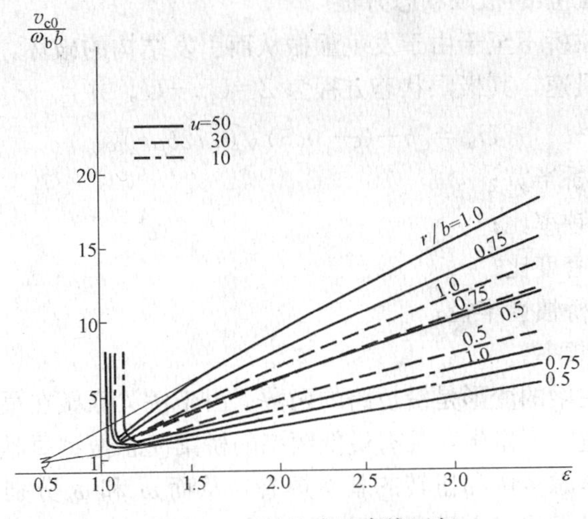

图 4-2 近似公式的直线回归

最后，平板的颤振临界风速的计算公式可表示为：

$$v_{c0}=\left[1+(\varepsilon-0.5)\sqrt{\left(\frac{r}{b}\right)0.72\mu}\right]\omega_h b \tag{4-35}$$

2. 桥址荷载风速的计算

风速的统计分析，风速和风压均采用极值Ⅰ型分布曲线。

用 V 表示风速，则标准方向上风速样本分布函数为：

$$F(V)=\exp\left[-\exp\left(-\frac{V-b}{a}\right)\right] \tag{4-36}$$

标准方向上风速样本概率密度函数为：

$$f(V)=\frac{1}{a}\exp\left[-\frac{1}{a}(V-b)\right]\exp\left\{-\exp\left(-\frac{1}{a}(V-b)\right)\right\} \tag{4-37}$$

即风速 V 服从参数为 a、b 的极值Ⅰ型分布。

其中，a 和 b 分别表示标准方向上的偏差尺度和位置尺度，且

$$a=\frac{\sqrt{6}\sigma_v}{\pi},b=E(V)-0.45a$$

当样本充足时，a 和 b 可采用下式估计：

$$\sum_{i=1}^{n}V_i\exp\left(-\frac{V_i}{\hat{a}}\right)-(\mu_i-\hat{a})\sum_{i=1}^{n}\exp\left(-\frac{V_i}{\hat{a}}\right)=0 \tag{4-38}$$

$$\hat{b}=-\hat{a}\ln\left[\frac{1}{n}\sum_{i=1}^{n}\exp\left(-\frac{V_i}{\hat{a}}\right)\right] \tag{4-39}$$

式中 V_i（i=1，2，…，n）——风速样本；

μ_i——风速样本均值。

风速分布的期望值 $E(V)=b+\frac{\gamma}{a}$。其中，$\gamma=0.57722$；方差 $D(V)=\frac{\pi^2}{6\sigma^2}$；变异系数 $CV=\frac{\pi}{\sqrt{6}(\lambda+ab)}$。

3. 主梁风致颤振的极限状态方程

为了保证斜拉桥不至于由于发生颤振从而引发结构的破坏，斜拉桥的临界风速必须大于荷载风速，其极限状态方程为 $Z=U_{cr}-U$。并且

$$U_{cr}=[b+(\varepsilon-0.5)\sqrt{0.72b\mu r}]\omega_h \tag{4-40}$$

式中 b——斜拉桥半宽；

ε——扭弯频率比；

μ——空气密度比；

r——斜拉桥惯性半径；

ω_h——弯曲频率。

对于全桥，主梁的变形是沿桥跨的函数。由于桥梁颤振在最临界条件（即对应于最低临界风速）下发生，具有最低频率的桥梁模态振型贡献最大，因此在本桥颤振分析中只考虑竖弯和扭转的基本模态，从而 ω_h 和 ω_α 分别为竖弯和扭转的基本频率，代入极限状态方程中得到：

$$Z=[b+(\varepsilon-0.5)\sqrt{0.72b\mu r}]\omega_h-U \tag{4-41}$$

然后，便可计算可靠指标。

4.1.3 纺锤形桥塔非线性涡激动力可靠性研究

桥塔是构成斜拉桥的三大主要构件之一，其可靠度对于斜拉桥整体结构的可靠度具有重要影响。圆柱形桥塔动力失效模式是当涡激脱落频率和结构自振频率一致时发生涡激共振，使桥梁整体结构破坏，故对圆柱形桥塔进行涡激共振动力可靠性分析具有重要意义。

1. 涡激振动概念

（1）涡激振动的形成机理

圆柱绕流形成的卡门涡旋在圆柱上下面的不对称发放成为诱发圆柱震荡的根源。风作用在斜拉桥上，在其后侧将产生旋涡现象，当涡的发放频率接近斜拉桥的某一级自振频率时就会激起某一级的共振，此时引起的斜拉桥的动力响应最大。涡旋发放尾流区的形状受雷诺数的影响很大。雷诺数以 Re 表示：

$$Re=DU/\nu \tag{4-42}$$

式中 U——来流的速度；

D——构件的外径；

ν——流体的运动黏性系数。

（2）频率锁定现象

涡旋发放引发的振动响应的各种形式，都与频率锁定现象有关。具体表现为：未出现共振现象前，来流速度与涡旋发放频率之间呈简单的线性关系；当 Strouhal 数控制的涡旋发放频率与构件的某阶固有频率相近时，共振现象出现，构件振幅加大，来流速度与发放频率之间超越了简单的 Strouhal 数的线性关系，流速的变化不再引起涡旋发放频率的变化，涡旋发放频率锁定在构件的固有频率处；随着流速的继续增大，超过某临界值之后，构件的运动不再能控制涡旋的发放过程，频率锁定现象结束，发放频率与流速间重新遵循线性关系。

频率锁定现象的出现，使涡旋发放的相关长度增加，涡旋发放的相位角不再是随机的，而是被迫与构件振动的相位角一致。更重要的是，它客观上加大了涡激共振发生时流速的变化范围，从而使结构涡激共振引发的破坏成为突发性损坏的主要因素。

(3) 构件的涡激振动失效

伴随着空气流经构件时可能产生的周期性的涡旋发放，构件将产生周期性的振动，即涡激振动。当涡旋发放频率达到构件的各阶固有频率时，构件将发生涡激共振；当涡旋发放频率远离构件的各阶固有频率时，构件将发生微幅振动，在幅度不大的情况下由于循环应力较小可以不予考虑疲劳失效问题。涡激共振是引发构件发生涡激振动失效的主要因素，也是对构件进行可靠性设计、可靠性评估工作所要面对和解决的主要问题。

2. 桥塔涡激共振可靠性分析

如果涡频与结构固有频率很接近或者成倍数关系将引发强烈的振动响应，进而有可能对结构造成严重的破坏。

(1) 可靠性衡准的确定

桥塔是高耸结构，但其根部锚固视为固结，顶端四周利用斜拉索拉紧如图 4-3，因此考虑将其简化为如下模型：

鉴于 Galerkin 方法得到的桥塔一阶共振位移响应值远远大于高阶共振响应值，因此，计算发生一阶共振响应即基频共振响应的情况作为桥塔涡激共振可靠性的衡准。

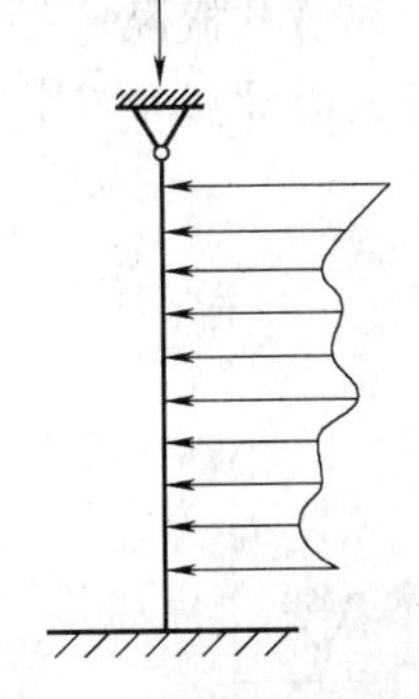

图 4-3 桥塔涡激振动计算模型

(2) 结构固有特性计算

结构的自振频率对涡激共振临界风速有直接影响，而圆截面结构的自振频率与多种因素有关，除了结构自身材料的杨氏模量、截面的轴惯性矩、结构长度、结构轴力外还与两端连接的约束刚度有密切关系。此外，结构的固有振型直接影响结构涡激共振响应的计算，而结构发生弯曲振动时其固有振型直接由边界条件决定，因此结构的固有特性将直接影响并决定涡激共振时响应结果，对整个计算有重要意义。

考虑到桥塔结构实际所处环境建立了如图 4-3 所示的模型，对于该模型其自由弯曲振动方程为：

$$EI\frac{\partial^4 x}{\partial z^4}+N\frac{\partial^2 x}{\partial z^2}+\overline{m}\frac{\partial^2 x}{\partial t^2}=0 \tag{4-43}$$

边界条件为：

$$\left.\begin{aligned}x(0,t)&=0\\x'(0,t)&=0\\x(h,t)&=0\\x''(h,t)&=0\end{aligned}\right\} \tag{4-44}$$

一阶振型为：

$$\phi(z)=D_1\left[(\sin\mu z-sh\mu z)-\frac{(\sin\mu h-sh\mu h)}{(\cos\mu h-ch\mu h)}(\cos\mu z-ch\mu z)\right] \tag{4-45}$$

(3) 涡激发放频率计算

设涡激发放频率为 f，则由流体力学的相关理论可知，涡激发放频率 f 可以表示为如下的函数形式：

$$f=f(Re,D,S_t,U) \tag{4-46}$$

式中 Re——雷诺数；

D——圆柱直径；

S_t——Strouhal 数，无量纲数；

U——风速。

实验表明，当 $Re<3\times10^5$，即亚临界范围时，旋涡脱落比较规则，出现确定性周期振动的特性；当 $3\times10^5\leqslant Re\leqslant3.5\times10^6$，即超临界范围时，旋涡脱落相当混乱，出现随机振动特性；但当 $Re>3.5\times10^6$，即跨临界范围时，旋涡脱落又开始有规律起来，产生以确定性振动为主的现象，但也伴有随机振动。

涡激共振风速一般在 10m/s 以上。由于风速大，发生频率远较亚临界风振为低。因此涡激发放频率可以表达为如下的形式：

$$f=\begin{cases}\dfrac{US_t}{D} & Re<3\times10^5\\ \text{随机量} & 3\times10^5\leqslant Re\leqslant3.5\times10^6\\ \dfrac{US_t}{D} & Re>3.5\times10^6\end{cases} \tag{4-47}$$

实际上，正如前面所述，当大尺度结构发生跨临界涡激振动时，相比其他两种情况来说是最危险的，这主要是由于此时的风速一般来说都比较大，同时涡激发放频率又具有明显的周期性。

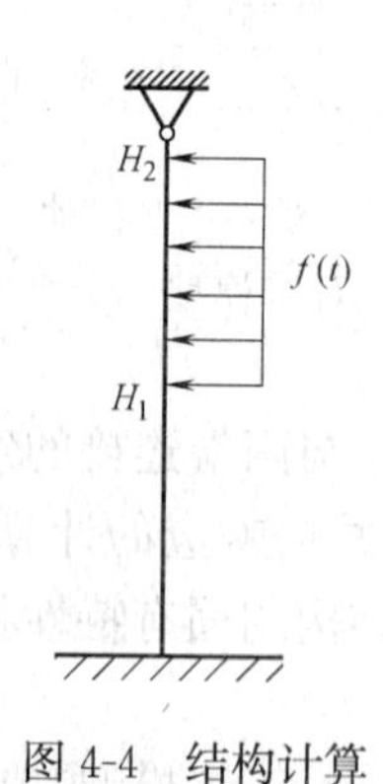

图 4-4 结构计算模型

(4) 结构共振相应计算

在计算共振响应时忽略轴向力的影响建立如图 4-4 所示模型。

在风致涡激周期力的作用下，桥塔的振动微分方程如下：

$$EI\frac{\partial^4x}{\partial z^4}+C\frac{\partial^2x}{\partial z^2}+\overline{m}\frac{\partial^2x}{\partial t^2}=f(t) \tag{4-48}$$

利用在计算固有频率时已经用到的振型分解法，考虑到振型正交性及阻尼正交性的假定，沿桥塔高度对 z 积分有：

$$\overline{m}\int_0^H\phi^2(z)\mathrm{d}z\ddot{q}(t)+\int_0^HC\phi^2(z)\mathrm{d}z\dot{q}(t)+\int_0^HEI\phi''''(z)\phi(z)\mathrm{d}zq(t)=\int_0^Hf(t)\phi(z)\mathrm{d}z \tag{4-49}$$

上式中右端第三项不便于计算可将其适当变形。在忽略了轴向力之后，桥塔的自由振动方程可写为如下形式：

$$EI\frac{\partial^4x}{\partial z^4}+\overline{m}\frac{\partial^2x}{\partial t^2}=0 \tag{4-50}$$

将振型振动位移写成：

$$x(z,t)=\phi(z)p\sin\lambda t \tag{4-51}$$

整理可得：

$$EI\phi''''(z)=\overline{m}\lambda^2\phi(z) \tag{4-52}$$

$$\overline{m}\int_0^H\phi^2(z)\mathrm{d}z\ddot{q}(t)+\int_0^H C\phi^2(z)\mathrm{d}z\dot{q}(t)+\overline{m}\lambda^2\int_0^H\phi^2(z)\mathrm{d}zq(t)=\int_0^H f(t)\phi(z)\mathrm{d}z \tag{4-53}$$

进一步整理可得：

$$\ddot{q}(t)+2\zeta\lambda\dot{q}(t)+\lambda^2q(t)=F(t)/M \tag{4-54}$$

式中　$M=\overline{m}\int_0^H\phi^2(z)\mathrm{d}z$——模态质量；

ζ——阻尼比，一般小于1；

$F(t)=\int_0^H f(t)\phi(z)\mathrm{d}z$——模态干扰力。

微分方程的解的形式与模态干扰力的形式有关，下面确定模态干扰力$F(t)$。

由于振型函数$\phi(z)$在固有特性分析时已经给出，因此只需给出涡激干扰力$f(t)$的表达式即可。因为：

$$f(t)=\frac{1}{2}\rho v^2D\mu_{\mathrm{L}}\sin\lambda_{\mathrm{s}}t \tag{4-55}$$

式中　ρ——空气密度；

v——风速；

D——结构直径；

μ_{L}——横向力系数；

λ_{s}——旋涡脱落频率。

将式（4-54）代入$F(t)$的表达式中可得：

$$F(t)=\int_0^H\frac{1}{2}\rho v^2D\mu_{\mathrm{L}}\phi(z)\mathrm{d}z\sin\lambda_{\mathrm{s}}t \tag{4-56}$$

代入微分方程有：

$$\ddot{q}(t)+2\zeta\lambda\dot{q}(t)+\lambda^2q(t)=\frac{1}{M}\int_0^H\frac{1}{2}\rho v^2D\mu_{\mathrm{L}}\phi(z)\mathrm{d}z\sin\lambda_{\mathrm{s}}t \tag{4-57}$$

微分方程式（4-57）的解可写为如下形式：

$$q(t)=e^{-\zeta\lambda}(C_1\cos\lambda\sqrt{1-\zeta^2}t+C_2\sin\lambda\sqrt{1-\zeta^2}t)+\frac{\int_0^H\frac{1}{2}\rho v^2D\mu_{\mathrm{L}}\phi(z)\mathrm{d}z}{M\sqrt{4\zeta^2\lambda^2\lambda_{\mathrm{s}}^2+(\lambda^2-\lambda_{\mathrm{s}}^2)^2}}\sin(\lambda_{\mathrm{s}}t+\varphi) \tag{4-58}$$

$$\varphi=\arctan\frac{-2\zeta\lambda\lambda_{\mathrm{s}}}{\lambda^2-\lambda_{\mathrm{s}}^2} \tag{4-59}$$

上式中$\zeta\lambda>0$，因此右端第一项是衰减项，将随着时间很快衰减至0，右端第二项强迫振动项，是由涡激力引起的强迫振动。由于衰减项很快衰减至0，因此最后的稳态周期响应将只剩下强迫振动项，于是：

$$q(t)=\frac{\int_0^H\frac{1}{2}\rho v^2D\mu_{\mathrm{L}}\phi(z)\mathrm{d}z}{M\sqrt{4\zeta^2\lambda^2\lambda_{\mathrm{s}}^2+(\lambda^2-\lambda_{\mathrm{s}}^2)^2}}\sin(\lambda_{\mathrm{s}}t+\varphi) \tag{4-60}$$

由于桥塔在百年一遇的风荷载作用下将发生涡激共振，于是旋涡脱落频率与结构固有频率相等，即$\lambda=\lambda_s$。同时将伴有锁定现象发生，从工程实际的角度来看，只保留共振风速下的锁住区域荷载是完全能够满足工程计算需要的。于是涡激共振时结构的响应为：

$$x(z,t)=\frac{\int_{H_1}^{H_2}\frac{1}{2}\rho v^2 D\mu_L\phi(z)\mathrm{d}z}{2M\zeta\lambda^2}\sin\left(\lambda t+\frac{\pi}{2}\right)\phi(z)$$

4.1.4 计算实例

1. 计算对象

天津市某桥梁，位于天津市中心城区，四塔柱斜拉桥，由三跨构成，跨度组成为40m+192m+40m。两根主塔采用斜塔形式，采用圆形变截面形式，最大直径6m，最小直径在塔顶为1.0m，在塔底采用直径为3.5m的圆截面形式。主塔位于桥面纵中心线上，与每根主塔相连的缆索有：两根背索，两根边索，三根斜拉索，主塔直接与主梁锚固。两根辅塔同样是斜塔形式，采用圆形变截面形式，最大直径3m，最小直径在塔顶0.5m。辅塔的延长线与主塔延长线交于一点。与每个辅塔相连的缆索有：一根背索、两根边索和两根斜拉索。辅塔位于桥面纵中心线上，锚固在主梁上，大致处于主跨三分点位置上。

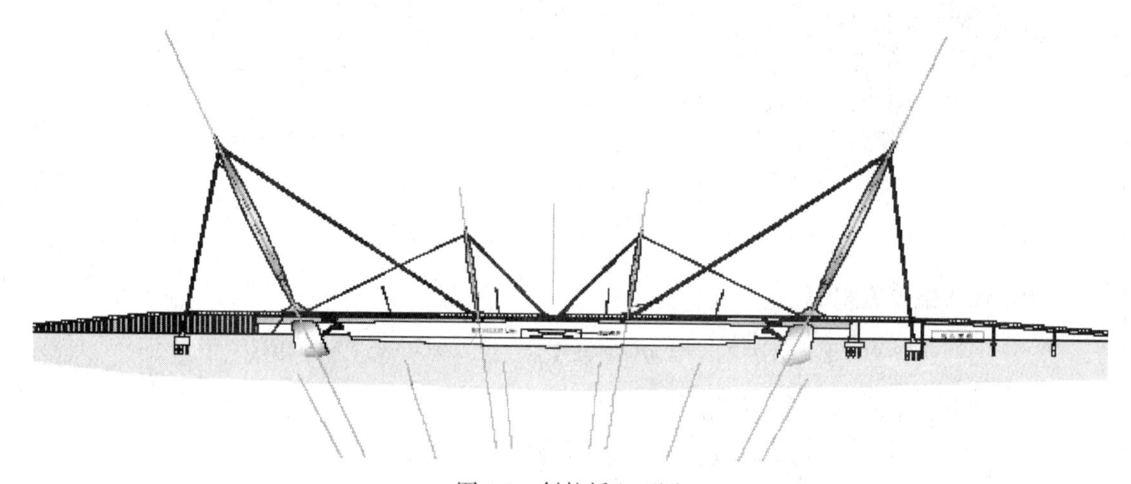

图4-5 斜拉桥立面图

缆索为半平行钢丝束，主塔的背索设置锚碇，其一端锚固于塔上，一端与锚碇相连。其他缆索分别锚固在塔与主梁上。

2. 斜拉索参数共振失效的可靠指标的数值计算

经证明，类似前述耦合方程组构成的非线性系统存在1∶1、1∶2内共振。假定质量块初始扰动为0.1m，索的初始扰动为0.0001m，阻尼比为0。

由数值分析可知，当索一梁频率比为1∶1或1∶2时，拉索和主梁之间会发生强烈的耦合共振，能量在二者之间不断交换，并呈现“拍”的特性。由于预先设阻尼为零，故系统能量保持守恒。此外，拉索的最大正、负幅值与平衡位置之间也存在一定的不对称性，这是由于拉索存在垂度所致，事实上拉索垂度越大，这种现象越显著。仅对 1∶2 内共振的共振区间进行分析，表 4-1 给出了不同频率比时斜拉索的振幅。显然，共振区间为（0.44，0.55）。

不同频率比时斜拉索跨中的振幅　　表 4-1

频率比	0.42	0.43	0.44	0.46	0.48	0.50	0.51	0.53	0.55	0.56	0.57
振幅(m)	0.05	0.1	2.48	2.43	2.24	2.06	1.94	1.75	1.53	0.08	0.06

以下进行动力可靠性计算。近似认为 X_1、X_2、X_3、X_4、X_5 均服从正态分布，其数字特征见表 4-2（取桥塔频率变异系数为 0.08）。

随机变量数字特征　　表 4-2

随机变量	X_1(N)	X_2(m^2)	X_3(m)	X_4(kg)
均值	2802100	0.010891	116.603	85.5
方差	224168	0.000871	9.3824	6.84

通过上述可靠性计算方法，求解可获得结构的可靠指标，结果见表 4-3。

可靠指标计算结果　　表 4-3

桥塔振型	固有频率均值	圆频率方差	β_1	β_2	β
主梁一阶对称横弯	0.9867	0.4960	>5	4.2953	4.2953
主梁一阶反对称横弯	1.0105	0.5079	>5	4.0248	4.0248
主梁一阶对称纵弯	1.0462	0.5259	>5	3.6381	3.6381
主梁一阶反对称纵弯	1.1043	0.5551	>5	3.0539	3.0539
主梁横向振动伴随主梁扭转	1.3610	0.6841	3.2048	0.9761	0.98

由上述计算可知，拉索频率与主梁的部分低阶频率之比接近 1∶2，故导致可靠指标偏小，失效概率增大。所以，应对方案进行适当修改，如改变结构形式以使结构固有频率发生改变，加装阻尼器减小共振振幅，或采用其他被动、半主动或主动控制方法。

3. 主梁振颤可靠指标的数值计算

可靠性数值分析中，首先确定了桥址处风速分布。因为 JTGD60－2004 附录中的“全国基本风速图”中，桥址处 $V_{10}=31\text{m/s}$。因为桥主梁距水面为 9.5m，拟考虑极限情况，取 10m 高度为计算高度，桥面高度 $Z=10\text{m}$ 处的设计基准风速期望值 V_d 为：

$$V_d=k_2k_5V_{10}=0.86\times1.70\times31=45.3\text{m/s}$$

又因为极值 I 型分布参数 a、b 可用矩法表示为：

$$a=\frac{\sqrt{6}}{\pi}\sigma$$

$$b=E-0.45a$$

$$CV=\frac{x}{\sqrt{6}(\lambda+ab)}$$

故极值 I 型分布参数 a、b 为：

$$a=4.29,\ b=25.57,\ \sigma=5.50,\ E=27.5$$

本桥的宽高比达到了22.05，属于扁平的钢箱梁，由二维三自由度分析理论可知扁平的钢箱梁发生的颤振与理想薄平板的情况十分相似，因此可以将桥面看作一块平板，从而可以利用古典平板理论来确定发生颤振时的临界风速。本分析中只考虑竖弯和扭转的基本模态，从而 ω_h 和 ω_a 分别为竖弯和扭转基本频率，从而可建立极限状态方程，并可用JC法对其进行求解。

利用JC法经过3次叠代计算后得到颤振可靠指标为 $\beta=3.349$，可靠度为99.96%，满足规范要求，并且结果是偏于安全的。

4. 桥塔涡激共振可靠指标计算

从工程角度考虑，当涡旋发放频率大于桥塔固有频率10倍以上时，可认为鉴于Galerkin方法得到的桥塔一阶共振位移响应值远远大于高阶共振响应值。因此，计算发生一阶共振响应即基频共振响应的情况作为桥塔涡激共振可靠性的衡准。并认定一旦发生涡激共振，即会因危险截面处的最大应力值超过材料的屈服应力而发生涡激共振失效。

桥塔发生涡激共振失效的极限状态方程为：

$$Z=f-10\lambda_1 \tag{4-61}$$

式中 f——涡激发放频率；

λ_1——桥塔一阶共振频率。

λ_1 作为桥塔的集合尺寸的函数，一般认为满足正态分布，工程中一般取变异系数 $CV_{\lambda 1}=0.08$，所以可得桥塔一阶共振频率的均值 $\mu_{\lambda 1}=\lambda_1$，方差 $\sigma_{\lambda 1}=(0.08\lambda_1)^2$。

通过计算，结构的雷诺数 $Re>3.5\times10^6$。所以 $f=\dfrac{US_t}{D}$，其中 U 为风速，S_t 为Strouhal数（对于圆形截面取0.2），D 为结构直径。

在进行可靠性分析时，将风速 U 视为平稳随机过程，一般认为服从正态分布其概率密度分布函数为：

$$f(U)=\frac{1}{\sqrt{2\pi}\sigma_U}\exp\left[-\frac{U}{2\sigma_U^2}\right] \tag{4-62}$$

其中 $\sigma_U^2=\int_{-\infty}^{\infty}S_U(\omega)\mathrm{d}\omega-\mu_U^2$ 为风速的方差。μ_U 为风速的均值，$S_U(\omega)$ 为风速的谱密度函数。由结构计算模型可知在计算桥塔涡激共振反映时，取频率锁定区的百年一遇的风速均值为 $\mu_U=46.1\text{m/s}$，当风速的谱密度函数确定后，可由上式确定风速的方差 σ_U^2，从而确定了风速的统计数字特征。在频率锁定区的桥塔直径取 $\mu_D=6\text{m}$，一般认为其满足正态分布，工程中一般取变异系数为 $CV_D=0.08$ 所以可得桥塔直径的方差为 $\sigma_D=(0.08\mu_D)^2$，从而确定了桥塔直径的统计数字特征。而在进行可靠性分析时将Strouhal数视为常数0.2。

因为涡激发放频率 $f=\dfrac{US_t}{D}$ 为风速 U 与结构直径 D 的非线性函数，在这里假设 U 与 D 线性无关且均服从正态分布，则可用JC法编程确定涡激释放频率的均

值 μ_f 与方差 σ_f。

当涡激释放频率的均值 μ_f 和方差 σ_f，一阶共振频率的均值 $\mu_{\lambda 1}$ 和方差 $\sigma_{\lambda 1}$ 确定后，可对桥塔的涡激振动可靠性进行分析。由于极限状态方程为线性函数且各变量均服从正态分布，可得桥塔涡激振动的可靠指标 β 为：

$$\beta=\frac{\mu_f-10\mu_{\lambda 1}}{\sqrt{\sigma_f^2-100\sigma_{\lambda 1}^2}} \tag{4-63}$$

4.2　异形桥可靠性分析

近几年，我国桥梁建筑技术也有了很大的进展，建造了许多特种桥型。目前，对于这些桥型的研究还不够深入，尤其是在动力特性方面的研究较少，但这些桥型往往在静力和动力方面表现出很大差异。

4.2.1　考虑因素

对于主梁来说，最危险的情况就是发生颤振。颤振是一种危险性的自激发散振动，其特点是当达到临界风速时，振动着的桥梁通过气流的反馈作用而不断地从气流中获得能量，而该能量又大于结构阻尼所能耗散的能量，从而使振幅增大形成一种发散性的振动。对于近流线型的扁平断面可能发生类似机翼的弯扭耦合颤振。对于非流线型断面则容易发生分离流的扭转颤振。由于流动的风对断面的扭转振动会产生一种负阻尼效应，当达到临界风速时，空气的负阻尼将克服结构自身的正阻尼，从而导致振动的发散。

主撑杆通常为细长型结构，且为圆形截面，就其动力性能而言，在风的作用下容易产生涡激振动。当涡频与结构固有频率很接近或者成倍数关系时，会引发强烈的涡激共振，从而对桥造成破坏。

4.2.2　计算方法

计算方法与4.1节相同，本节不再重述。

4.2.3　计算实例

1. 计算对象

天津市柳林桥主体结构由桥面主梁、桥面横隔梁、三个两跨V形曲梁、曲梁支柱及桥面梁吊杆构成，如图4-6所示，所有构件均采用钢结构制作。

桥面主梁为两个两跨多室的钢箱梁，通过沿桥纵向每隔5m设置桥面横隔梁相连，桥面横隔梁也采用箱形截面钢梁，桥面主梁及横隔梁截面高度沿桥横向由机动车道向非机动车道及人行道逐渐变小，形成梯形截面，横隔梁中央及两端通过吊杆与V形曲梁相连，吊杆由半平行钢丝束制成。V形曲梁为一大两小，大V形曲梁位于路中，两个小V形曲梁对称布置于两侧路边，V形曲梁采用箱形截面，截面由桥跨中央处的高矩形截面渐变为端部的扁矩形截面，同时大V形曲梁由桥跨中央处的单肢截面分叉为端部的双肢截面，双肢截面通过肢间横梁连

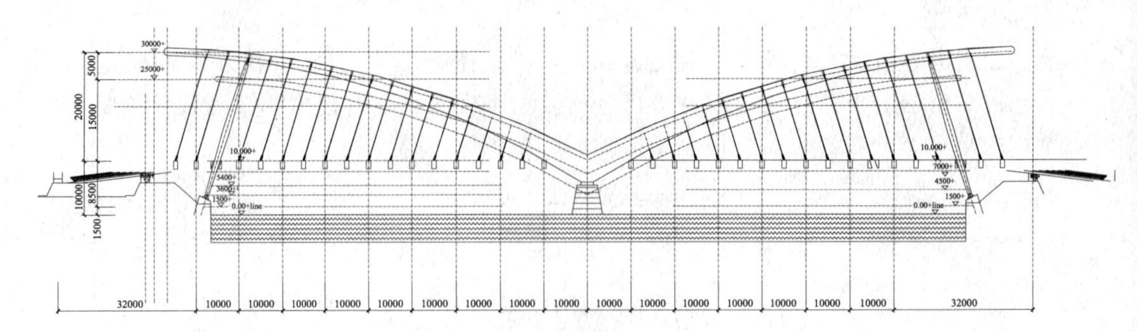

图 4-6 柳林桥主体结构图

接，V 形曲梁在河道中央固接于桥墩之上，在两端分别通过六根曲梁支柱支承于桥墩之上。

2. 主梁振颤动力可靠性分析

“全国各气象台站的基本风速和基本风压值表”中，天津市海拔 3.3m，1/100的频率下风速为 31.3m。

因为据《初步设计》，该大型桥梁主梁距水面为 5.5m，拟考虑极限情况，取 6m 高度为计算高度。高度 $Z_s=6\text{m}$ 处，百年一遇的风速期望值为：

$$V_z=V_{10}\left(\frac{Z}{10}\right)^{\alpha}=31\times\left(\frac{6}{10}\right)^{0.22}=27.7\text{m/s} \tag{4-64}$$

桥面主梁高度 $Z=6\text{m}$ 处的设计基准风速期望值为：

$$V_d=k_2k_5V_z=0.86\times1.70\times27.7=40.5\text{m/s} \tag{4-65}$$

将 $V_d=45.3$ 及保证率 $p=0.99$ 代入极值Ⅰ型分布函数可得：

$$b-a[\ln(-\ln p)]=b+4.60a=40.5 \tag{4-66}$$

且极值Ⅰ型分布参数 a、b 可用矩法表示为：

$$a=\frac{\sqrt{6}}{\pi}\sigma \tag{4-67}$$

$$b=E-0.45a \tag{4-68}$$

$$CV=\frac{\pi}{\sqrt{6}(\lambda+ab)} \tag{4-69}$$

其中 $\gamma=0.57722$。得到极值Ⅰ型分布参数 a、b 为：

$$a=3.88$$

$$b=22.65$$

$$\sigma=4.98$$

$$E=24.89$$

柳林桥中间处的横断面如图 4-7 所示，其宽高比达到了 23.75，属于扁平的钢箱梁。因此可以将桥面看作一块平板，从而可以利用给出的理论确定发生颤振时的临界风速。为了保证桥梁不至于由于发生颤振而引发结构的破坏，桥梁的临界风速必须大于荷载风速。因此，极限状态方程可取为：

$$Z=U_{cr}-U$$

式中 U_{cr}——桥梁的临界风速；

U——桥梁桥址处的荷载风速。

因为：

$$U_{cr}=[b+(\varepsilon-0.5)\sqrt{0.72b\mu r}]\omega_h \tag{4-70}$$

式中　b——桥梁半宽；

ε——扭弯频率比；

μ——空气密度比；

r——桥梁惯性半径；

ω_h——弯曲频率。

对于全桥，主梁的变形是沿桥跨的函数。由于桥梁颤振在最临界条件（即对应于最低临界风速）下发生，具有最低频率的桥梁模态振型贡献最大，因此在本桥颤振分析中只考虑竖弯和扭转的基本模态，从而 ω_h 和 ω_α 分别为竖弯和扭转的基本频率。

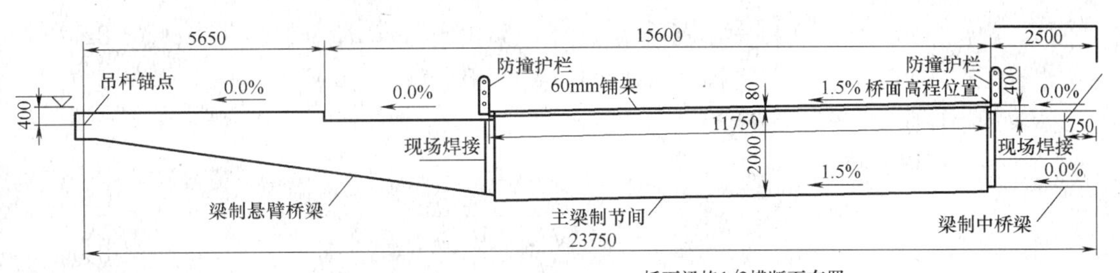

图 4-7　柳林桥横剖面图

将式（4-70）代入极限状态方程中得到：

$$Z=[b+(\varepsilon-0.5)\sqrt{0.72b\mu r}]\omega_h-U \tag{4-71}$$

由前面给出的极限方程利用 JC 法计算桥梁的动力可靠度。

计算偏导数$\frac{\partial g}{\partial x_1}$，$\frac{\partial g}{\partial x_2}$和$\frac{\partial g}{\partial x_3}$如下：

$$\frac{\partial g}{\partial x_1}=x_2\sqrt{0.72C_1C_2C_3} \tag{4-72}$$

$$\frac{\partial g}{\partial x_2}=(x_1-0.5)\sqrt{0.72C_1C_2C_3}+C_1 \tag{4-73}$$

$$\frac{\partial g}{\partial x_3}=-1 \tag{4-74}$$

计算方向余弦：

$$\cos\theta_1=\frac{\sigma_1\cdot\frac{\partial g}{\partial x_1}}{\sqrt{\left(\sigma_1\cdot\frac{\partial g}{\partial x_1}\right)^2+\left(\sigma_2\cdot\frac{\partial g}{\partial x_2}\right)^2+\left(\sigma_3\cdot\frac{\partial g}{\partial x_3}\right)^2}} \tag{4-75}$$

$$\cos\theta_2=\frac{\sigma_2\cdot\frac{\partial g}{\partial x_2}}{\sqrt{\left(\sigma_1\cdot\frac{\partial g}{\partial x_1}\right)^2+\left(\sigma_2\cdot\frac{\partial g}{\partial x_2}\right)^2+\left(\sigma_3\cdot\frac{\partial g}{\partial x_3}\right)^2}} \tag{4-76}$$

$$\cos\theta_3=\frac{\sigma_3\cdot\frac{\partial g}{\partial x_3}}{\sqrt{\left(\sigma_1\cdot\frac{\partial g}{\partial x_1}\right)^2+\left(\sigma_2\cdot\frac{\partial g}{\partial x_2}\right)^2+\left(\sigma_3\cdot\frac{\partial g}{\partial x_3}\right)^2}} \tag{4-77}$$

令 $a_1=-\cos\theta_1\cdot\sigma_1$，$a_2=-\cos\theta_2\cdot\sigma_2$，$a_3=-\cos\theta_3\cdot\sigma_3$，$C=\sqrt{0.72C_1C_2C_3}$，可靠指标为 β，则验算点可以表示为：

$$x_1^*=a_1\beta+e_1 \tag{4-78}$$

$$x_2^*=a_2\beta+e_2 \tag{4-79}$$

$$x_3^*=a_3\beta+e_3 \tag{4-80}$$

将各个参数代入极限方程中，整理后可以得到：

$$g=a_1a_2C\beta^2+(a_1e_2C+a_2e_1C-0.5a_2C+a_2b-a_3)\beta+e_1e_2C-0.5e_2C+be_2-e_3$$

令

$$k_1=a_1a_2C \tag{4-81}$$

$$k_2=a_1e_2C+a_2e_1C-0.5a_2C+a_2b-a_3 \tag{4-82}$$

$$k_3=e_1e_2C-0.5e_2C+be_2-e_3 \tag{4-83}$$

从而得到：$g=k_1\beta^2+k_2\beta+k_3$

令 $g=0$ 可以解得：

$$\beta=\frac{-k_2\pm\sqrt{k_2^2-4k_1k_3}}{2k_1} \tag{4-84}$$

舍去较大的不合理的一个根可得：

$$\beta=\frac{-k_2-\sqrt{k_2^2-4k_1k_3}}{2k_1} \tag{4-85}$$

利用JC法中给出的框图由本节中给出的公式即可通过叠代计算获得可靠指标 β。

(1) 利用JC法经过4次叠代计算后得到颤振可靠度指标为 $\beta=4.359$。《公路桥涵设计通用规范》(JTG D60—2004) 规定值一般为 $\beta\in(2, 4)$，因此满足规范要求，并且结果是偏于安全的。

(2) 实际计算得到的临界风速值为50.76m/s，而百年一遇的最大荷载风速为40.5m/s，从这一结果来说可靠指标 β 的计算结果是合理的。

(3) 通过对极限状态方程中各参数进行敏感性分析后发现可靠指标 β 对 ω_h 一阶竖弯圆频率最为敏感，当 ω_h 提高时 β 增大，当 ω_h 减低时 β 减小，而 ω_h 大致与桥梁竖向刚度的方根成正比，当 ω_h 值较低时，对应的竖向刚度较小即桥梁的竖向柔度系数较大属于柔性结构，而此时的可靠指标 β 值较低易发生颤振。因此大型柔性结构易发生颤振，对其分析是必要的。

3. 主撑杆涡激共振动力可靠性分析

(1) 主撑杆简介

主撑杆采用直径1600mm，臂厚25mm，在距顶端6000mm长的部分开始渐变到端部的直径500mm，主撑杆底部与基础固结，顶部采用球铰支撑主翼翼展接近端部的位置。主撑杆根部距水面 1.5m，撑杆垂高 28.1m。顺桥向倾角 70°。主撑杆吊装重量 32t。其布置见图 4-8。

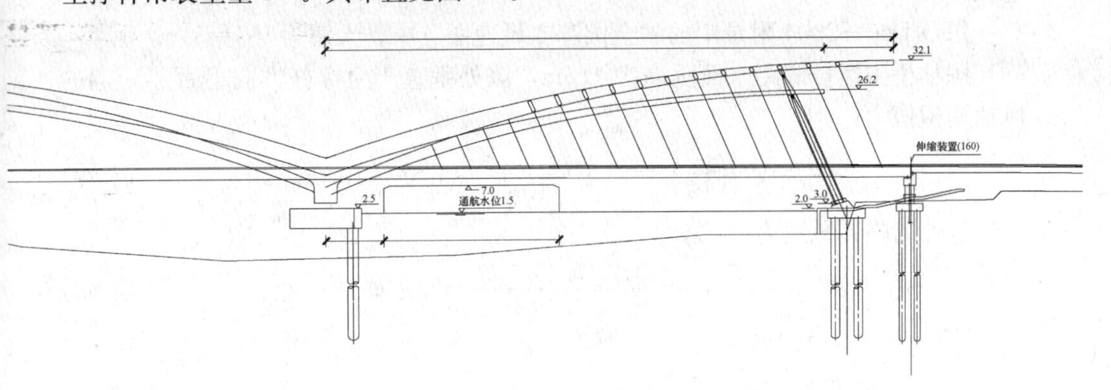

图 4-8　柳林桥布置图

（2）主撑杆模型

因为主撑杆底部与基础固结，顶部采用球铰主翼翼展接近端部的位置，经研究后，考虑将其简化为如 4-9 所示模型。

（3）临界风速确定

设涡激发放频率为 f，则由流体力学的相关理论可知，涡激发放频率 f 可以表示为如下的函数形式：

$$f=f(Re,D,S_t,U) \tag{4-86}$$

式中　Re——雷诺数；

D——圆柱直径；

S_t——Strouhal 数，无量纲数；

U——风速。

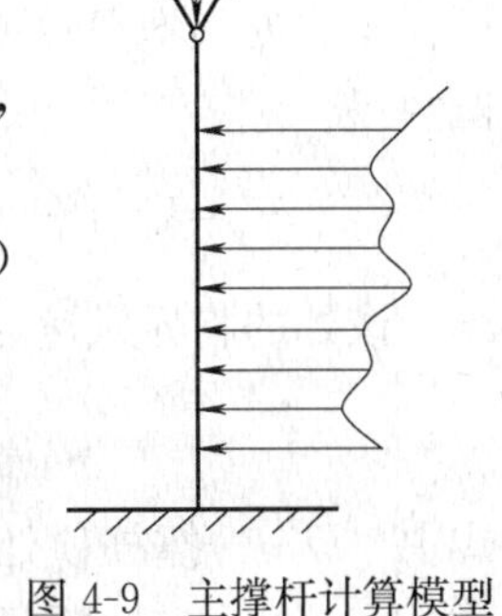

图 4-9　主撑杆计算模型

临界风速为：

$$V_c=\frac{Df}{S_t} \tag{4-87}$$

式中　D——撑杆顶处直径；

f——撑杆频率；

S_t——斯脱罗哈数，对于圆形截面取 0.2。

（4）各处风速计算

① 撑杆根部

在贴地层内，风速随高度变化的规律，可用下列指数形式的公式表示：

$$V=V_1\left(\frac{Z}{Z_1}\right)^{\lambda} \tag{4-88}$$

式中　Z_1——已知高度（m）；

Z——任意高度（m）；

V_1——高度 Z_1 处的风速（m/s）；

V——高度 Z 处的风速（m/s）；

λ——地面粗糙度函数。

利用上述指数律风速廓线公式，便可确定不同高度上的 10min 平均最大风速值。

JTG D60—2004 附录中的“全国基本风速图”中，天津为 $V_{10}=31\text{m/s}$。

柳林桥主撑杆底距水面垂高为 1.5m，该处垂直于主撑杆方向上百年一遇的风速期望值为：

$$V_z=V_{10}\left(\frac{Z}{10}\right)^{\alpha}=31\times\left(\frac{1.5}{10}\right)^{0.22}\sin70°=19.2\text{m/s} \tag{4-89}$$

该处的临界风速为：

$$V_c=\frac{Df}{S_t}=\frac{1.6\times7.5}{0.2}=60\text{m/s} \tag{4-90}$$

式中 D——撑杆顶处直径；

f——撑杆频率；

S_t——斯脱罗哈数，对于圆形截面取 0.2。

因为 $V_z<V_c$，故撑杆根部不在共振锁定区域内。

② 杆径变化处

因为在距顶端 6000mm 长的部分主撑杆开始渐变到端部的直径 500mm，故杆径变化处（垂高距顶 5.638m 处）的垂直于主撑杆方向上百年一遇的风速期望值为：

$$V_z=V_{10}\left(\frac{Z}{10}\right)^{\alpha}=31\times\left(\frac{1.5+28.1-5.638}{10}\right)^{0.22}\sin70°=35.3\text{m/s} \tag{4-91}$$

该处的临界风速为：

$$V_c=\frac{Df}{S_t}=\frac{1.6\times7.5}{0.2}=60\text{m/s} \tag{4-92}$$

式中 D——撑杆顶处直径；

f——撑杆频率；

S_t——斯脱罗哈数，对于圆形截面取 0.2。

因为 $V_z<V_c$，故该处也不在共振锁定区域内。

③ 撑杆顶处

因为杆顶处垂高为距水面 29.6m，故垂直于主撑杆方向上百年一遇的风速期望值为：

$$V_z=V_{10}\left(\frac{Z}{10}\right)^{\alpha}=31\times\left(\frac{29.6}{10}\right)^{0.22}\sin70°=37.0\text{m/s} \tag{4-93}$$

该处的临界风速为：

$$V_c=\frac{Df}{S_t} \tag{4-94}$$

式中 D——撑杆顶处直径；

f——撑杆频率；

S_t——斯脱罗哈数，对于圆形截面取 0.2。

故

$$V_c=\frac{Df}{S_t}=\frac{0.5\times7.5}{0.2}=18.75\text{m/s}$$

因为$\frac{V_z}{V_c}=1.97$，故主撑杆顶部未在共振锁定区域内，需计算锁定的共振区域。

(5) 涡激共振锁定区间及响应计算

① 涡激共振锁定区间确定

下面确定共振段起点。距撑杆顶部6m高度内撑杆的直径变化规律可简化为以下模型：

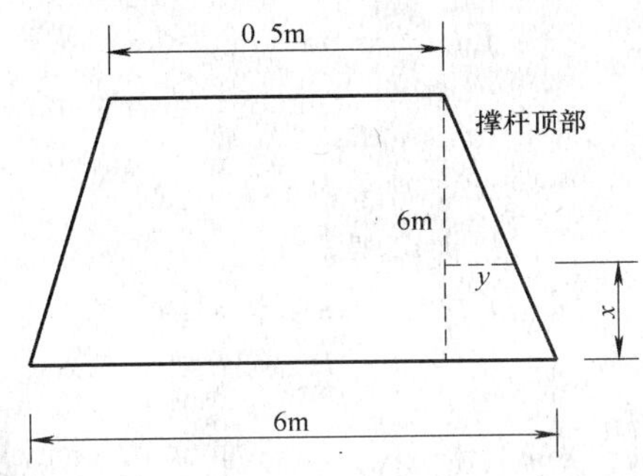

撑杆直径变化起始点，则

$$\frac{y}{6-x}=\frac{0.55}{6} \tag{4-95}$$

当荷载风速超过临界风速时发生共振，于是利用荷载风速与临界风速相等可以确定共振风速起点。

$$31\times\left(\frac{(24+x)\cos20°+1.5}{10}\right)^{0.22}\cos20°=\frac{2\times(0.25+(6-x)\times0.55/6)\times7.5}{0.2} \tag{4-96}$$

解得 $x=3.44$m 故 $H_1=27.44$m，即距离撑杆根部27.44m处。

由于频率锁定现象，风速提高到1.3倍时漩涡脱落频率仍不变，此点为共振区域的终点，因此锁住区域的终点可通过求解下面的方程确定：

$$31\times\left(\frac{(24+x)\cos20°+1.5}{10}\right)^{0.22}\cos20°=1.3\times\frac{2\times(0.25+(6-x)\times0.55/6)\times7.5}{0.2}$$

解得 $x=4.63$m 故 $H_2=28.63$m，即距离撑杆根部28.63m处，此时风速为36.66m/s。

因此，对于主撑杆来说在百年一遇的风作用下将会发生涡激共振，锁定区间［H_1，H_2］的端点值为：$H_1=27.44$m，$H_2=28.63$m，共振时风荷载的分布如图4-10所示，此时需要计算发生涡激共振时的响应。

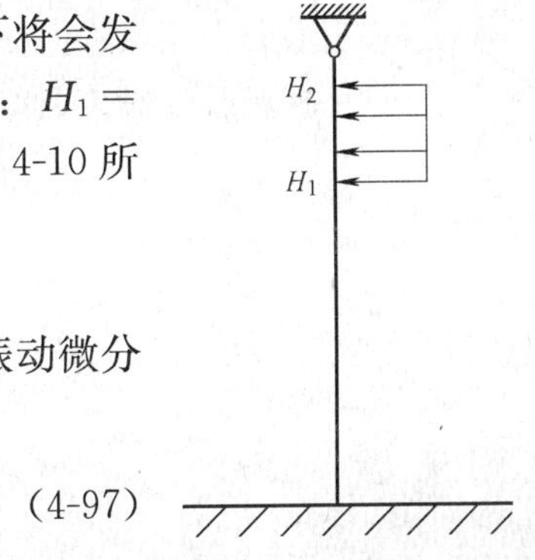

图4-10 共振风荷载分布图

② 涡激共振响应计算

因为在风致涡激周期力的作用下，主撑杆的振动微分方程如下：

$$EI\frac{\partial^4 x}{\partial z^4}+C\frac{\partial^2 x}{\partial z^2}+\overline{m}\frac{\partial^2 x}{\partial t^2}=f(t) \tag{4-97}$$

利用在计算固有频率时已经用到的振型分解法，考虑到振型正交性及阻尼正交性的假定，沿主撑杆高度对z积分有：

$$\overline{m}\int_0^H \phi^2(z)\mathrm{d}z\,\ddot{q}(t)+\int_0^H C\phi^2(z)\mathrm{d}z\,\dot{q}(t)+\int_0^H EI\phi''''(z)\phi(z)\mathrm{d}zq(t)=\int_0^H f(t)\phi(z)\mathrm{d}z \tag{4-98}$$

上式中右端第三项不便于计算可将其适当变形。在忽略了轴向力之后，主撑杆的自由振动方程可写为如下形式：

$$EI\frac{\partial^4 x}{\partial z^4}+\overline{m}\frac{\partial^2 x}{\partial t^2}=0 \tag{4-99}$$

将振型振动位移写成：

$$x(z,t)=\phi(z)p\sin\lambda t \tag{4-100}$$

将式（4-99）代入式（4-100）整理可得：

$$EI\phi''''(z)=\overline{m}\lambda^2\phi(z) \tag{4-101}$$

将式（4-101）代入式（4-98）：

$$\overline{m}\int_0^H \phi^2(z)\mathrm{d}z\,\ddot{q}(t)+\int_0^H C\phi^2(z)\mathrm{d}z\,\dot{q}(t)+\overline{m}\lambda^2\int_0^H \phi^2(z)\mathrm{d}zq(t)=\int_0^H f(t)\phi(z)\mathrm{d}z \tag{4-102}$$

进一步整理可得：

$$\ddot{q}(t)+2\zeta\lambda\dot{q}(t)+\lambda^2 q(t)=F(t)/M \tag{4-103}$$

上式中，$M=\overline{m}\int_0^H \phi^2(z)\mathrm{d}z$ 是模态质量，ζ 是阻尼比一般小于 1，$F(t)=\int_0^H f(t)\phi(z)\mathrm{d}z$ 是模态干扰力。微分方程式（4-103）的解的形式与模态干扰力的形式有关，下面确定模态干扰力 $F(t)$。

由于振型函数 $\phi(z)$ 在固有特性分析时已经给出，因此只需给出涡激干扰力 $f(t)$ 的表达式即可，于是可得：

$$f(t)=\frac{1}{2}\rho v^2 D\mu_{\mathrm{L}}\sin\lambda_{\mathrm{s}}t \tag{4-104}$$

式中 ρ——空气密度；

v——风速；

D——结构直径；

μ_{L}——横向力系数；

λ_{s}——旋涡脱落频率。

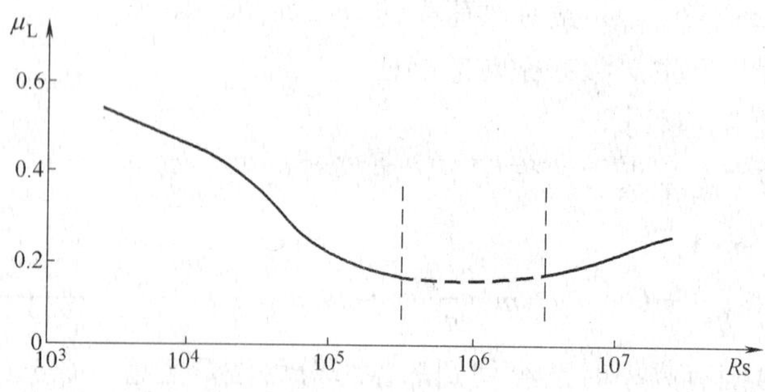

图 4-11 圆柱结构的横向力系数 μ_{L} 与雷诺数 Re 的关系图

将式（4-104）代入 $F(t)$ 的表达式中可得：

$$F(t)=\int_{0}^{H}\frac{1}{2}\rho v^{2}D\mu_{\mathrm{L}}\phi(z)\mathrm{d}z\sin\lambda_{\mathrm{s}}t \tag{4-105}$$

将式（4-105）代入微分方程（4-103）中有：

$$\ddot{q}(t)+2\zeta\lambda\dot{q}(t)+\lambda^{2}q(t)=\frac{1}{M}\int_{0}^{H}\frac{1}{2}\rho v^{2}D\mu_{\mathrm{L}}\phi(z)\mathrm{d}z\sin\lambda_{\mathrm{s}}t \tag{4-106}$$

微分方程式（4-106）的解可写为如下形式：

$$q(t)=e^{-\zeta\lambda}(C_{1}\cos\lambda\sqrt{1-\zeta^{2}}t+C_{2}\sin\lambda\sqrt{1-\zeta^{2}}t)+\frac{\int_{0}^{H}\frac{1}{2}\rho v^{2}D\mu_{\mathrm{L}}\phi(z)\mathrm{d}z}{M\sqrt{4\zeta^{2}\lambda^{2}\lambda_{\mathrm{s}}^{2}+(\lambda^{2}-\lambda_{\mathrm{s}}^{2})^{2}}}\sin(\lambda_{\mathrm{s}}t+\varphi) \tag{4-107}$$

$$\varphi=\arctan\frac{-2\zeta\lambda\lambda_{\mathrm{s}}}{\lambda^{2}-\lambda_{\mathrm{s}}^{2}} \tag{4-108}$$

上式中 $\zeta\lambda>0$，因为右端第一项是衰减项，将随着时间很快衰减至0，右端第二项强迫振动项，是由涡激力引起强迫振动。由于衰减项很快衰减至0，因此最后的稳态周期响应将只剩下强迫振动项，于是：

$$q(t)=\frac{\int_{0}^{H}\frac{1}{2}\rho v^{2}D\mu_{\mathrm{L}}\phi(z)\mathrm{d}z}{M\sqrt{4\zeta^{2}\lambda^{2}\lambda_{\mathrm{s}}^{2}+(\lambda^{2}-\lambda_{\mathrm{s}}^{2})^{2}}}\sin(\lambda_{\mathrm{s}}t+\varphi) \tag{4-109}$$

由于主撑杆在百年一遇的风荷载作用下将发生涡激共振，于是旋涡脱落频率与结构固有频率相等，即 $\lambda=\lambda_{\mathrm{s}}$。同时将伴有锁定现象发生，从工程实际的角度来看，只保留共振风速下的锁住区域荷载是完全能够满足工程计算需要的，此时的荷载图形如图4-11所示。于是涡激共振时结构的响应为：

$$x(z,t)=\frac{\int_{H_{1}}^{H_{2}}\frac{1}{2}\rho v^{2}D\mu_{\mathrm{L}}\phi(z)\mathrm{d}z}{2M\zeta\lambda^{2}}\sin\left(\lambda t+\frac{\pi}{2}\right)\phi(z) \tag{4-110}$$

下面计算结构响应幅值。对于本结构，空气密度 $\rho=1.226\mathrm{kg/m^3}$，锁定区间 $[H_1,H_2]$ 的端点值前面也已经确定，$H_1=27.44\mathrm{m}$，$H_2=28.63\mathrm{m}$，风速 $v=36.66\mathrm{m/s}$；直径 $D=1.6\mathrm{m}$，横向力系数 $\mu_{\mathrm{L}}=0.25$，基础圆频率为 $\lambda=47.12\mathrm{rad/s}$。结构的一阶振型取 $\phi(z)=(\sin\mu z-sh\mu z)-\frac{(\sin\mu h-sh\mu h)}{(\cos\mu h-ch\mu h)}(\cos\mu z-ch\mu z)$，其中 $\mu=0.1309$，$\mu h=3.927$。模态质量 $M=\overline{m}\int_{0}^{H}\phi^{2}(z)\mathrm{d}z$，其中 $\overline{m}=\frac{207190}{48}=1.074\mathrm{t/m}$，阻尼比 $\zeta=0.03/2\pi$。为了进行幅值计算，正弦值取最大值1，一阶振型取最大值 $\phi(28)=1.508$。

计算分析后，主撑杆的幅值响应为 $3.2\times10^{-4}\mathrm{m}$，发生在距主撑杆根部17m的位置处。

（6）结论

① 通过对共振时结构最大位移响应计算后发现，30m高的主撑杆在发生风致涡激共振时最大位移响应为 $3.2\times10^{-4}\mathrm{m}$，发生在距主撑杆根部17m的位置处。

② 主撑杆模型下端固定上端铰支，由于主塔下端固定条件较好，在外荷载

作用下最大位移应该发生在主撑杆中部偏上的位置处。实际计算结果与这一判断吻合的较好，最大位移的确发生在中部偏上的位置处（17/30＝0.57）。

③ 由于主撑杆质量较大，且风荷载与主撑杆质量的比值不大，加之主撑杆的固有频率较大，刚性较好，从而保证了在发生风致涡激共振时响应值不是很大。

④ 由于结构内阻尼和空气阻尼的存在，使得构件涡激共振响应的幅值不可能无限制增大。

⑤ 在百年一遇的风荷载作用下，30m 高的主撑杆在发生风致涡激共振的情况时，其响应幅值不大（响应幅值与主撑杆高度比为：0.00032/30＝1/93750），结构处于安全的状态。

⑥ 由于大型斜拉桥主撑杆结构的复杂性和施工工作量大，且在百年一遇的风荷载作用下发生风致涡激共振，因此，建议采取诸如改变撑杆上部截面形状、尺寸或改变材料等措施，减少涡激共振的危害，并在桥梁建造及建成后要进行检测，以确保安全。

4.3 管桥结构系统的可靠性分析

输油管桥及其承重管、钢丝绳和三角支架，构成一个较为复杂的结构系统，是梁元和杆元组合的混合系统。对现有管桥进行洪水、振动、地震等作用下的全面的可靠性评估，确定其残余寿命，是非常必要的。

管桥结构系统的可靠性分析计算分成两部分——考虑地震作用、风荷载、自重影响的可靠性计算及考虑汽车振动作用、风荷载、自重的可靠性计算，上述计算均考虑腐蚀影响所引起的可靠指标下降情况。

1. 计算对象

选取某大型管桥作为计算对象。在原设计中，跨越淮河的某管线是通过吊钩固定于大桥的桥面上，该桥采用预应力混凝土结构，当车辆通过大桥时，易引起较大的振动。投产前，由于吊钩的断裂破坏，曾发生管线坠落事故。后改变设计，管道经中间三个主跨由三座托管式管桥（跨距分别为 45.5m、51m 和 45.5m）吊起，管桥端部直接支撑于淮河大桥的桥墩上。

2. 钢材的腐蚀量

根据现场实测，腐蚀很轻微，但承重管于西跨中部 6m 关闭后约 8mm，一次为期十点计算腐蚀量（三脚架亦按此法计算），根据腐蚀规律：

$$D=At^{n}(\mathrm{um}) \tag{4-111}$$

式中 D——腐蚀深度；

A——腐蚀严重程度系数；

n——地域系数；

t——腐蚀年限。

对 A3 和 16Mn 钢分别进行计算，将其结果列入表 4-4 。计算管桥结构可靠性时，加倍考虑，并考虑内管壁腐蚀，因此腐蚀量为表4-4。

腐蚀量计算　表4-4

使用年限	16Mn钢腐蚀量(mm)	A3钢腐蚀量(mm)
5	0.01136	0.1089
10	0.01618	0.1388
15	0.01990	0.15996
20	0.02304	0.1769
25	0.02666	0.1913
30	0.02833	0.2039
31	0.02881	0.2062
32	0.02928	0.2085
33	0.02974	0.2108
34	0.03021	0.2130
35	0.03065	0.2152
40	0.03281	0.2255
45	0.03484	0.2350
50	0.03677	0.2438
55	0.03680	0.2521

3. 载荷分析

(1) 风荷载

根据《建筑结构设计统一标准》1986年规定，风荷载按照极值Ⅰ型分布计算，其变异系数 $CV_f=0.21$。

风载荷按照交通部标准《公路桥函设计通用规范》JTJ 021—89中全国基本风压分布图，盱眙地区：

基本风压　$w_0=500\text{Pa}$

横向风压（横桥方向）

$$W=k_1k_2k_3k_4w_0 \tag{4-112}$$

式中　k_1——设计风速频率换算系数，对于大中桥梁 $k_1=1.0$；

k_2——风载系数，除桥墩外，均取 $k_2=1.3$；

k_3——风压高度变化系数，$k_3=1.07$；

k_4——地形、地理条件系数，$k_4=1.0$。

计算而得：

水平分荷载：$W=1.0\times1.3\times1.07\times1.0\times500=696\text{Pa}$

对于承重管：$w_1=57.4\text{kg/m}$

对于油管：$w_2=50.4\text{kg/m}$

2根Φ52：$w_3=7.30\text{kg/m}$

三者之和为：$w=1.15\text{kg/cm}$

（2）地震荷载

8 度地震烈度时水平地震系数取 0.2，垂直地震系数则为 0.1。其分布情况为过滤白噪声，其变异系数取 0.4。

（3）汽车通过桥梁引起的振动荷载

汽车经过桥梁时所引起的振动荷载取现场实测的最大值：

① 西跨

a. 承重管

$$\varepsilon_{11}=\sqrt{\varepsilon_{x11}^{2}+\varepsilon_{y11}^{2}} \tag{4-113}$$

式中　ε_{11}——承重管主应力；

ε_{x11}——承重管在水平方向实测最大应变值；

ε_{y11}——承重管在垂直方向实测最大应变值。

计算而得：$\varepsilon_{11}=17.967\times10^{-6}$，则

$$\sigma_{11}=\varepsilon_{11}E_{1} \tag{4-114}$$

式中　σ_{11}——汽车经过引起承重管的振动应力；

E_1——16Mn 钢的弹性模量，$E_1=2.1\times10^{11}$Pa，其变异系数为 0.04。

计算而得：$\sigma_{11}=3.7731\times10^{6}$Pa

b. 三脚架

$$\varepsilon_{21}=10.5\times10^{-6}$$

$$\sigma_{21}=2.1\times10^{6}\text{Pa}$$

式中　ε_{21}——三脚架应变的最大值；

σ_{21}——汽车经过引起三脚架的最大应力；

E_2——A3 的弹性模量，$E_2=2.0\times10^{11}$Pa，变异系数为 0.0756。

c. 钢丝绳

$$\varepsilon_{13}=7.61\times10^{-6}$$

$$\sigma_{13}=\varepsilon_{13}E_{3}$$

式中　ε_{13}——汽车经过引起钢丝绳的振动应变；

σ_{13}——汽车经过引起钢丝绳的振动应力；

E_3——钢丝绳的弹性模量，$E_3=1.4\times10^{11}$Pa，其变异系数为 0.08。

$$\sigma_{13}=36.54\times10^{6}\text{Pa}$$

② 中跨

a. 承重管

$$\varepsilon_{13}=3.073\times10^{-6}$$

$$\sigma_{21}=0.6453\times10^{6}\text{Pa}$$

b. 三脚架

$$\varepsilon_{22}=1.68\times10^{-6}$$

$$\sigma_{22}=0.336\times10^{6}\text{Pa}$$

c. 钢丝绳

$$\varepsilon_{23}=15.86\times10^{-6}$$

$$\sigma_{23}=2.220\times10^{6}\text{Pa}$$

③ 东跨

a. 承重管

$$\varepsilon_{31}=14.98\times10^{-6}$$

$$\sigma_{21}=3.465\times10^{6}\text{Pa}$$

b. 三脚架

$$\varepsilon_{32}=7.6\times10^{-6}$$

$$\sigma_{32}=1.52\times10^{6}\text{Pa}$$

c. 钢丝绳

$$\varepsilon_{33}=70.8\times10^{-6}$$

$$\sigma_{33}=9.912\times10^{6}\text{Pa}$$

（4）管桥结构系统的自重

管桥结构系统的自重在上一部分已详细介绍，其钢材重量的变异系数取0.08，服从正态分布，管内油料的变异系数取0.2，服从正态分布。

4. 计算结果

（1）考虑地震、风荷载、自重的联合作用时的可靠性计算，其结果在表4-5中列出，随时间变化其规律见图4-12。

（2）考虑汽车经过引起的振动（未考虑疲劳，疲劳可靠性计算在下一部分单独进行）。风荷载、自重荷载联合作用时的可靠性计算，其结果在表4-5中列出，结构系统随时间变化，其可靠指标变化情况见图4-13。

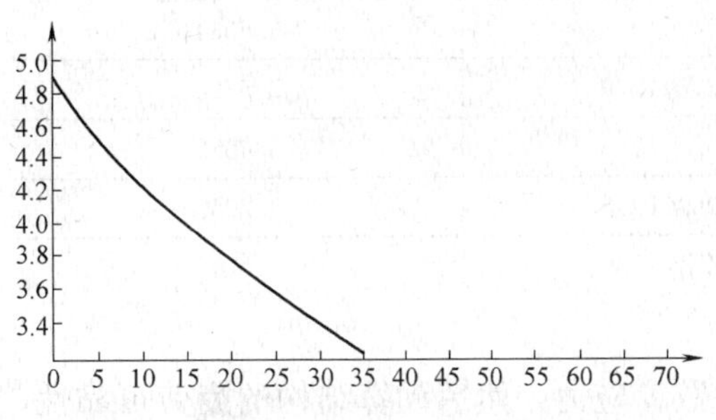

图4-12　考虑地震、风荷载、自重的联合作用时的可靠性随时间变化其规律

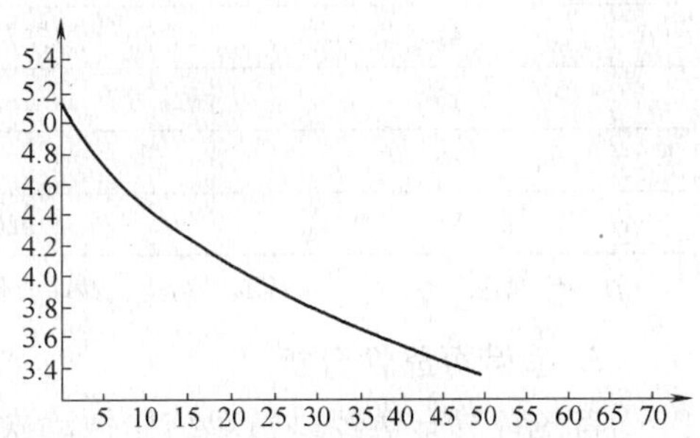

图4-13　考虑风荷载、自重荷载联合作用时的可靠性随时间变化其规律

管桥结构系统的可靠性分析结果　　**表4-5**

使用年限	可靠性计算结果	
	失效概率 P_f	可靠指标 β
0	5.9605×10^{-7}	4.8569
5	3.9935×10^{-5}	4.4655
10	1.2229×10^{-5}	4.2199
15	3.0517×10^{-5}	4.0088
20	6.7829×10^{-5}	3.8160
25	1.4549×10^{-4}	3.6232

续表

使用年限	可靠性计算结果	
	失效概率 P_f	可靠指标 β
30	2.6980×10^{-4}	3.4345
32	3.8273×10^{-4}	3.3650
33	4.3428×10^{-4}	3.3300
34	4.9607×10^{-4}	3.2927
35	5.6477×10^{-4}	3.2561

注：考虑地震、风荷载、自重荷载联合作用。

管桥结构系统的可靠性分析结果 **表 4-6**

使用年限	可靠性计算结果	
	失效概率 P_{fi}	可靠指标 β_i
0	1.1921×10^{-7}	5.1666
5	8.3446×10^{-7}	4.7899
10	3.2186×10^{-6}	4.5115
15	8.1658×10^{-6}	4.3099
20	1.6928×10^{-5}	4.1459
25	3.0935×10^{-5}	4.0056
30	5.2749×10^{-5}	3.8776
35	8.6305×10^{-5}	3.7561
40	1.3714×10^{-4}	3.6384
45	2.1337×10^{-4}	3.5230
50	3.2702×10^{-4}	3.4082
55	4.9208×10^{-4}	3.2950

注：考虑汽车振动力、风荷载、自重荷载联合作用。

5. 疲劳可靠性分析

首先计算车辆经过引起结构振动次数及应力，然后计算结构的疲劳可靠性，计算方法简介如下：

(1) 根据记录，取每小时往返大货车、拖拉机、小汽车的数量，晚上取白天统计量的一半，求得其均值和标准差。

(2) 根据实测分别读取水平应变及垂直应变，再求出其主应变，最后求得汽车经过所引起的应力。

(3) 根据前述理论计算结构疲劳可靠性与疲劳寿命。

① 振动次数及其应力计算

每天平均往返大货车 1908 辆，拖拉机 975 辆，小汽车 891.35 辆。

振动应力计算公式：

$$\varepsilon_{ij}=\sqrt{\varepsilon_{xij}^{2}+\varepsilon_{yij}^{2}} \tag{4-115}$$

式中 ε_{ij} ——平均主应力；

ε_{x11}——水平方向的平均应变；

ε_{y11}——垂直方向的平均应变。

$$\sigma_{ij}=\varepsilon_{ij}E_{k} \tag{4-116}$$

式中　σ_{ij}——平均振动应力；

E_k——钢材的弹性模量。

各跨所受的汽车振动力见表 4-7～表 4-9

西跨的汽车振动力计算　　**表 4-7**

		承重管	三脚架	钢丝绳
大货车	振动次数	19	19	19
	应变($\mu\varepsilon$)	17.967	8.5	261
	应力(MPa)	3.773	0.17	36.5
拖拉机	振动次数	10	10	10
	应变($\mu\varepsilon$)	17.022	31.0	27.659
	应力(MPa)	3.5746	6.20	3.8722
小汽车	振动次数	7	7	7
	应变($\mu\varepsilon$)	9.36	11.2	140.0
	应力(MPa)	1.9657	2.24	19.60

注：汽车振动力为正态分布，其变异系数为 0.3486

中跨的汽车振动力计算　　**表 4-8**

		承重管	三脚架	钢丝绳
大货车	振动次数	20	20	20
	应变($\mu\varepsilon$)	3.073	1.21	12.17
	应力(MPa)	0.6453	2.42	1.7038
拖拉机	振动次数	11	11	11
	应变($\mu\varepsilon$)	1.237	0.495	0.896
	应力(MPa)	0.2598	0.0918	0.1254
小汽车	振动次数	9	9	9
	应变($\mu\varepsilon$)	1.004	0.946	8.69
	应力(MPa)	0.2109	0.1892	1.2166

注：汽车振动力为正态分布，其变异系数为 0.3106

东跨的汽车振动力计算　　**表 4-9**

		承重管	三脚架	钢丝绳
大货车	振动次数	18	18	18
	应变($\mu\varepsilon$)	19.98	9.6	89.983
	应力(MPa)	4.1958	2.92	12.597
拖拉机	振动次数	10	10	10
	应变($\mu\varepsilon$)	16.97	30.8	20.0
	应力(MPa)	3.5637	6.16	2.80

续表

		承重管	三脚架	钢丝绳
小汽车	振动次数	9	9	9
	应变($\mu\varepsilon$)	9.2957	11.3	1.4
	应力(MPa)	1.952	22.6	1.96

注：汽车振动力为正态分布，其变异系数为 0.3217。

② 疲劳可靠性计算结果

管桥结构系统的疲劳可靠性计算结果见表 4-10，并将其可靠指标随时间变化规律作图（见图 4-14）。

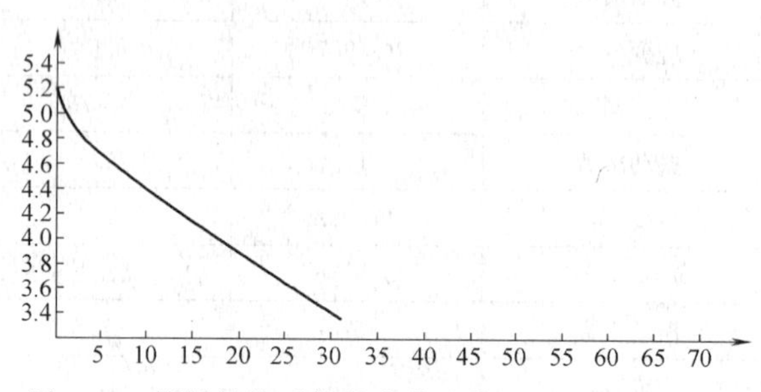

图 4-14 管桥结构系统的疲劳可靠性随时间变化规律

管桥结构的疲劳可靠性计算结果 **表 4-10**

使用年限	可靠性计算结果	
	失效概率 p_f	可靠指标 β
0	1.1921×10^{-7}	5.1666
5	8.3446×10^{-7}	4.7392
10	4.5299×10^{-6}	4.4285
15	1.5676×10^{-5}	4.1634
20	4.4107×10^{-5}	3.9209
25	1.0830×10^{-4}	3.6988
30	2.4263×10^{-4}	3.4887
32	3.2767×10^{-4}	3.4076
33	3.7516×10^{-4}	3.3705
34	3.3428×10^{-4}	3.3300
35	4.9929×10^{-4}	3.2909

6. 结论

在疲劳可靠性计算中，各项变量、外荷载、结构强度特性、尺寸、腐蚀变化规律均取最不利值，故结果是偏保守的。因此，考虑结构疲劳因素，管桥结构系统至少用 32 年，在地震荷载作用下，管桥结构系统至少能用 30 年，因此，使用寿命为 30 年，即可用至 2025 年。

4.4 高层建筑抗震可靠性分析

后张拉无粘结预应力高层建筑结构的特点是：使用方便，可形成大空间体系，使用者可对此空间进行自由分划，可有效地利用空间；施工的养护期比梁柱结构短，施工周期比梁柱结构更短；整体性强。

板柱结构施工要求高，应按应力分布情况进行高强度钢丝排放。由于板厚的限制，其保护层不能太厚。二次装修时管理要求高。禁止打断钢筋，或在施工中采取有效措施，对室高最大部分应加垫板予以保护，此种结构的可变性比较差，竖向排置管道困难大，容易造成结构整体破坏。

4.4.1 结构系统的三维可靠性分析方法

1. 基本假设

材料是均匀且各向同性的，已形成塑性铰的截面服从塑性变形理论，其余截面则表现为完全弹性；结构的失效是由于形成一定的塑性铰组合（每一种组合称为一种失效形式）而形成机构。结构中各梁元均不会产生失稳。

2. 修正刚度矩阵和等效节点力的导出

由前述假定可知，弯矩在同一梁元上呈线性变化，即最大弯矩出现在两个端点之一或两个端点上，结构产生塑性铰的基本条件是屈服条件 $F_k=0$（$k=i$，j），可用梁元节点力的线性函数来近似表达：

$$F_k=R_k-\{C_k\}^T\{x_i\}=0 \quad (k=i,j) \tag{4-117}$$

式中 R_k——梁元端面 k 的抗弯强度；

$\{C_k\}$——由梁元几何尺度决定的常数；

$\{x_i\}$——节点力向量。

对于立体梁元，当考虑弯矩、轴力、扭矩及剪力的联合效应时：

$$R_k=\sigma_{yk}\cdot AZ_{ypk}(k=i,j) \tag{4-118}$$

4.4.2 地震力的计算方法

与低层建筑相比较，高层建筑在地震作用下具有如下特点：（1）层数多，每个竖向构件所负担的质量以及由此引起的地震力的数值较大；（2）重心高，地震倾覆力矩较大；（3）造价高，为尽量节约投资，构件潜力较小；（4）地震破坏后，修复困难，修复费用高；（5）地震造成建筑的倒塌，对邻近建筑物的危害甚大；（6）高层建筑的用途多，某些楼层要求提供较空旷的使用空间。此外，常设置避难层和设备层，使层刚度和层强度出现不均匀情况。所以，对于层数很多的高层建筑，除了采用反应谱振型分解法对结构整体地震反应作出正确计算外，还应采用较精细的弹塑性时程分析法进行补充验算分析，找出可能发生应力集中和塑性变形集中的部位以及其他薄弱环节。为了保持高层建筑优化设计的完整性，对此进行分析。

1. 荷载效应组合

结构设计时，要考虑可能发生的各种荷载的最大值以及它们同时作用在结构上产生的综合效应。各种荷载性质不同，发生的概率和对结构的作用也有区别。经过统计和实践检验，我国现行的《建筑结构荷载规范》50009—2012规定了必须采用荷载效应组合的方法。所谓荷载效应，是指在某种荷载作用下产生的内力或位移。通常，在各种不同荷载作用下分别进行结构分析，得到内力和位移，再用分项系数与组合系数加以组合。新颁布的《建筑结构抗震规范》GB 50011—2010也规定抗震设计时荷载效应的组合方法。

无地震作用组合时：

$$S=\gamma_0(\gamma_G C_G G_k+\gamma_{Q1}C_{Q1}Q_{1k}+\gamma_{Q2}C_{Q2}Q_{2k}+\Psi_w\gamma_w C_w W_w) \qquad (4\text{-}119)$$

有地震组合时式中：

$$S_E=\gamma_G C_G G_E+\gamma_{Eh}C_{Eh}Q_{hk}+\gamma_{Ev}C_{Ev}Q_{vE}+\Psi_w\gamma_w C_w W_k \qquad (4\text{-}120)$$

式中 γ_0——重要系数，根据建筑物重要性相应取1.1，1.0或0.9；

$C_G G_k$、$C_{a1}G_{1k}$、$C_{Q2}Q_{2k}$——永久荷载（建筑构造、结构的重量、使用、雪荷载等标准值产生的荷载响应）；

$C_w W_k$——风荷载标准值产生的荷载响应；

$C_G G_E$——抗震计算时重力荷载标准值产生的荷载效应，重力荷载包括全部自重、50%雪荷载、50%～80%使用荷载；

$C_{Eh}Q_{hk}$、$C_{Ev}Q_{hv}$——水平地震作用及竖向地震作用产生荷载效应；

γ_G、γ_{Q1}、γ_{Q2}、γ_w、γ_{Eh}、γ_{Ev}——与上述各种荷载相应的荷载项系数。

2. 分析步骤

采用时程分析进行结构地震反应分析时，其分析步骤大体如下：

① 按照建筑场址的场地条件、设防烈度、近震或远震等因素，选取若干条具有不同特性的典型强震加速度时程曲线，作为设计用的地震波输入。

② 根据结构体系的力学特性、地震反应内容要求以及计算机储量，建立合理的结构振动模型。

③ 根据结构材料特性、构件类型和受力状态，选择恰当的结构恢复力模型。根据结构特点确定结构的阻尼。

④ 建立结构在地震作用下的振动微分方程。

⑤ 采用逐步积分法求解振动方程，得结构地震反应的全过程。

⑥ 采用容许变形限制来检验中震和大震下结构弹塑性反应所计算出的结构层间侧移角，判断是否符合要求。

3. 地震波的选取

（1）波的条数

由于地震的不确定性，很难预测建筑物会遇到什么样的地震波。以往大量的计算结果表明，结构对不同地震波的反应差别很大。为了充分估计未来地震作用下的最大反应，以确保结构的安全，采用时程分析法对高层建筑进行抗震设计时，有必要选取几条典型的、具有不同特性的实际强震记录或人工地震波作为设计用地震波，分别对结构进行弹塑性反应计算，然后取其平均值或最大值作为估计截面设计依据。

(2) 波的形状

输入的地震波，应优先选取与建筑所在场地的地震地质环境相近似场地上所取得的实际强度记录（加速度时程曲线）。所选用的地震记录的卓越周期应接近于建筑所在地的自震周期，其峰值加速度宜大于100Gal（1gal=0.001m/s^2）。此外，波的性质还应与建筑场地所需考虑的近震或远震相对应。

(3) 波的强度

现有的实际强震记录，其峰值加速度多半与建筑所在场地的基本烈度不相对应，因而不能直接应用，需要按照建筑物的设防烈度对波的强度进行全面调整。

1) 调整方法

调整地震波强度的方法有两种：

① 以加速度为标准，即采用相应于建筑设防烈度的基准峰值加速度与强震记录峰值加速度的比值，对整个加速度时程曲线的振幅进行全面调整，作为设计用加速度波；

② 以速度为标准，即采用相应于建筑设防烈度的基准峰值速度与强震记录峰值速度的比值，对整个加速度时程曲线的振幅进行全面调整，作为设计用加速度波。

2) 基准值

相应于建筑抗震设防三个水准（小震、中震、大震）的峰值加速度基准值和峰值。

(4) 波的持时

地震波加速度时程曲线 $x_g(t)$ 不是一个确定的函数，而是一系列随时间变化的随机脉冲，振型和频率变化频繁而且无一定规律。因此，不能根据 $x_g(t)$ 波形用解析方法直接求解结果振动方程，必须将地震波按照时段 Δt（时间步长）进行数值化，然后按一个个时段 t 对结构基本振动方程进行直接积分，从而计算出各时段分点的质点系位移、速度和加速度。一般常取时段 $\Delta t=0.01\sim0.025$，即地震记录的每一秒钟解振动方程50～100次，可见计算工作量是很大的。所以，持续时间不能取得过长。但取短了，计算误差又会太大。目前，一般是从一条地震波中截取8～10s最有代表性的一段，最长不超过12s，作为输入地震波。

4. 振动模型

采用时程分析法进行高层建筑结构地震反应分析时，需要根据结构特征、计算目标和计算机容量，确定结构的振动模型。其基本原则仍然是：①能确切地反应结构的变形性质；②计算简单方便。目前常用的振动模型大体上可以分为层模型、杆模型和单柱框架模型等三种类型。

层模型是以一个楼层为基本单元，将整个结构各竖向构件合并为一根竖杆，用结构的楼层等效剪切刚度作为竖杆的层刚度；并将全部建筑质量就近分别集中于各层楼盖处作为一个质点，从而形成“串联质点系”振动模型。层模型的特点是：①自由度数目等于结构总层数（错层结构例外），自由度较少；②层弹性刚度依据层弹塑性恢复力特性比较容易确定；③计算工作量少。

采用层模型进行结构弹塑性时程分析，能扼要地为工程设计提供结构弹塑性变形阶段的层剪力和层位移状态全过程，实用简便，是当前实际工程中应用最为广泛的方法。

5. 恢复力模型

对于杆件试验所得的骨架曲线，考虑开裂点、屈服点、屈服前后刚度变化以及刚度退化等特征，用分段线性化的方法将它简化为多段折线，即得供工程计算使用的恢复力模型。

恢复力模型的纵坐标和横坐标分别表示力（R）和变形（δ）。恢复力模型，按单向加载时的分段数目以及刚度变化情况又可分为以下双线型、退化双线型和三线型模型等几种类型。对于钢结构，本文选用双线型模型作为恢复力模型。

双线型恢复力模型需要抗拉屈服强度 R_t、R_C 和 δ_y 可由试验数据或经验公式确定，$k=R_t/\delta_y$。

6. 逐步积分法

为进行高层建筑地震反应的弹塑性时程分析，前面已将实际结构转化为层振动模型，其多质点系在地震作用下的振动方程可以写为：

$$[M]\{\ddot{\delta}\}+[C]\{\dot{\delta}\}+[K]\{\delta\}=-[P] \tag{4-121}$$

式中 $[M]$、$[K]$——多质点系的质量矩阵和 t 时刻的刚度矩阵；

$\{\delta\}$、$\{\dot{\delta}\}$、$\{\ddot{\delta}\}$——分别为各质点在 t 时刻的位移、速度、加速度所组成的列向量；

$[P]$——体系上的地震作用力；

$[P]=-[M]\{\ddot{x}_g\}$，$\{\ddot{x}_g\}$ 为沿 x 方向输入的地震动水平加速度时程曲线，

$\{\ddot{x}_g\}=\{\ddot{x}_g(t)\}=[\ddot{x}_g(t),\ddot{x}_g(t),\cdots,\ddot{x}_g(t)]$；

$[C]$——t 时刻多质点系的阻尼矩阵。

对于结构振动微分方程式（4-120），一般均采用数值解法，而且多采用逐步积分法。比较常用的逐步积分法有：线性加速度法、威尔逊 θ 法等。

线性加速度法是纽马克于 1959 年提出的一个通用的逐步积分的数值解法，其基本假设是：地震作用下质点的加速度反应，在任一微小时段 Δt 内均呈线性变化，故称为线性加速度法。当积分时间较大时，应用线性加速度法会得到发散的结果，因此，它是一种有条件稳定的方法。

为了得到无条件稳定的线性加速度方法，威尔逊（Willson）提出了一个简单而又很有效的方法。它的基本要点是：(1) 假定在 $\theta\Delta t$ 的一加长时段内，体系的加速度反应是按线性变化的；(2) 将 Δt 延伸，$\theta\Delta t$ 按增量法求出对应于 $\theta\Delta t$ 的增量，然后除以 θ，从而得到对应于 Δt 的增量。其余步骤则与前述的一般线性加速度法相同。当 $\theta>1.37$ 时，威尔逊 θ 法是无条件稳定的。然而，当 θ 的取值过大时，会出现较大的计算误差。所以，θ 值一般只取略大于 1.37，通常取 $\theta=1.4$。

4.4.3　阻尼矩阵

多自由度体系及无限自由度体系用振型分析法求解时，是已知物理坐标系里的阻尼矩阵或阻尼的表达式，假定满足一定条件才能使不同振型的运动微分方程解耦。在直接逐步积分法中，如果已知阻尼矩阵，那就不存在上述问题。但实际结构的阻尼是很复杂的，包括材料内阻尼，联结的阻尼，有些能量耗散机制还不一定是黏滞阻尼，可能是连接或支座的摩擦。因而常常给不出阻尼矩阵。实测也常只能测得某一振型的阻尼比。所以在实际工作中往往是反过来，只能给出若干个振型的阻尼比，在振型分析法中可以直接应用，在直接逐步积分法中，要由已知的各振型的阻尼比求出阻尼矩阵。

4.4.4　计算实例

1. 计算对象

以天津市某居民区综合楼为研究对象，研究其在地震作用下的高层建筑的可靠性，以探索高层建筑结构系统的抗震可靠性分析方法。并对比一般框架梁柱结构与后张无粘结预应力板柱结构的抗震可靠性差异，研究层数变化时对可靠性的影响，得到满意的结果。

现有结构为总计19层的高层综合楼，其中地上18层，地下1层，地上三层为框架剪力墙结构体系，4至18层为大开间无粘结预应力混凝土板柱体系。

2. 基本数据

结构荷载采用均布荷载：$14kN/m^2$；地震烈度：8度；场地土类别：2类；基本风压力为：$0.4kN/m^2$。

3. 结构系统的特点和优点

① 无梁系统，空间跨度大，使用方便，可任意隔断，具有较强的抗震能力。

② 是一种新型的高层结构系统，具有很好的推广价值。

4. 力学模型

为了突出问题的针对性，对工程的计划模型进行了以下简化：

① 地下及地上1～3层为框剪结构，4～18层为后张拉无粘结预应力混凝土板柱系统；

② 电梯井剪力墙采用对称布置，去掉影响较小的洞口；

③ 卫生间剪力墙；

④ 剪力墙、柱子等竖向承重构件简化为截面不变，即上下采用一种截面；

⑤ 所有的构件模型均居中布置，没有考虑偏心的影响；

⑥ 整个结构模型沿Y轴方向对称。

5. 荷载情况

建筑底部内力：

X方向：$Q_O=4015.6kN$，$M_O=143517\ kN\cdot m$，$Q_O/W_t=2.09\%$

Y方向：$Q_O=3606.6kN$，$M_O=131148\ kN\cdot m$，$Q_O/W_t=1.88\%$

W_t为建筑的总重。

6. 计算与分析

高层建筑在地震作用下的可靠性计算及分析采用前述方法，对高层建筑在地震作用下进行可靠性计算，分别计算：①全部为梁柱组成的框架（表4-11）；②地下1层及地上1～3层为框剪结构，4～18层在②的基础上增加至20层后张拉无粘结预应力混凝板柱系统（表4-12）；③在②的基础上增加至19层（表4-13）；④在②的基础上增加至20层（表4-14）；⑤在②的基础上增加至21层（表4-15）。

框架结构在地震作用下的可靠性 表4-11

地震烈度 / 可靠性计算结果	7度(0.1g)	8度(0.2g)
结构系统可靠指标上限值	4.3547	3.0936
结构系统可靠指标下限值	4.2899	2.9402

板柱结构（地上18层）在地震作用下的可靠性 表4-12

地震烈度 / 可靠性计算结果	7度(0.1g)	8度(0.2g)
结构系统可靠指标上限值	5.8661	4.3165
结构系统可靠指标下限值	5.7387	4.2064

板柱结构（地上19层）在地震作用下的可靠性 表4-13

地震烈度 / 可靠性计算结果	7度(0.1g)	8度(0.2g)
结构系统可靠指标上限值	5.0942	3.7899
结构系统可靠指标下限值	5.2174	3.8137

板柱结构（地上20层）在地震作用下的可靠性 表4-14

地震烈度 / 可靠性计算结果	7度(0.1g)	8度(0.2g)
结构系统可靠指标上限值	4.5233	3.3069
结构系统可靠指标下限值	4.8904	3.3872

板柱结构（地上21层）在地震作用下的可靠性 表4-15

地震烈度 / 可靠性计算结果	7度(0.1g)	8度(0.2g)
结构系统可靠指标上限值	4.0659	2.8237
结构系统可靠指标下限值	4.1536	2.9091

7. 结论

按梁柱框架结构（1～3层框架并推算至18层），不满足可靠性要求。

① 按1～3层梁柱框架结构，4～18层为板柱结构。

② 结构系统抗震可靠性有较大的富余量，可提高到20层，但21层7度满足要求。8度时抗震指标为2.9091，低于临界值3.2，不满足要求。7度满足要求，建设结构最多增高至20层。

4.5　塔式容器结构抗震可靠性分析

现有的石化设备，包括塔式容器的抗震设计范围中采用的方法都是定值法，不能真正反映结构的安全程度。在地震力作用下塔式容器处于动力状态，采用传统方法不能进行可靠性分析，因此运用随机有限元原理建立动力可靠性理论，进而对塔式容器进行地震力作用下的动力可靠性研究，具有重要的工程意义和实用价值。

4.5.1　结构系统动力可靠性分析原理

1. 动力可靠性分析方法的建立

由于地震作用下的塔式容器受到地震力的作用，是随机的、非线性的动力作用过程，因此，在进行其可靠性分析时，必须运用随机有限元原理，计算塔式容器的非线性动态情况，此时平衡微分方程为：

$$[M]\{\ddot{\mu}(b,t)\}+\{f(\dot{\mu},\mu,b)\}=\{F(b,t)\} \tag{4-122}$$

式中　$[M]$——质量矩阵；

$\{\mu\}$，$\{\dot{\mu}\}$，$\{\ddot{\mu}\}$——位移、速度与加速度矢量列阵；

$\{f\}$——内力列阵；

$\{F\}$——外力列阵。

根据随机有限元方法，可得：

零阶方程

$$[M]\cdot\{\bar{\ddot{\mu}}\}+\{\bar{f}\}=\{\bar{F}\} \tag{4-123}$$

一阶方程

$$[M]\cdot\{\bar{\ddot{\mu}}_{b_i}\}+[\bar{C}]\{\bar{\dot{\mu}}_{b_i}\}+[\bar{K}]\{\bar{\mu}_{b_i}\}=\{\bar{F}_1\} \tag{4-124}$$

其中：$[\bar{C}]=\left[\dfrac{\partial f}{\partial \dot{\mu}}\right]$　$[\bar{K}]=\left[\dfrac{\partial f}{\partial \mu}\right]$；

$\{\bar{F}_1\}=\{\bar{F}_{b_i}\}-\{\bar{f}_{b_i}\}$。

二阶方程

$$[M]\cdot\{\bar{\ddot{\mu}}_2\}+[\bar{C}]\{\bar{\dot{\mu}}_2\}+[\bar{K}]\{\bar{\mu}_2\}=\{\bar{F}_2\} \tag{4-125}$$

式中　$\{\bar{\ddot{\mu}}_2\}=\dfrac{1}{2}\sum\limits_{i,j=1}^{q}\{\bar{\ddot{\mu}}_{b_i}\quad b_j\}\mathrm{Cov}\{b_i,b_j\}$；

$\{\bar{\dot{\mu}}_2\}=\dfrac{1}{2}\sum\limits_{i,j=1}^{q}\{\bar{\dot{\mu}}_{b_i}\quad b_j\}\mathrm{Cov}\{b_i,b_j\}$；

$\{\bar{\mu}_2\}=\dfrac{1}{2}\sum\limits_{i,j=1}^{q}\{\bar{\mu}_{b_i}\quad b_j\}\mathrm{Cov}\{b_i,b_j\}$；

$$\{\overline{F}_2\}=\sum_{i,j=1}^{q}\left\{\frac{1}{2}\{\overline{F}_{b_i}\quad b_j\}-\frac{1}{2}\{f_{b_i}\quad b_j\}-[\overline{C}_{b_i}]\{\bar{\dot{\mu}}_{b_i}\}-[\overline{K}_{b_i}]\{\bar{\mu}_{b_i}\}\mathrm{Cov}\{b_i,b_j\}\right\}。$$

同样，可将 $\mathrm{Cov}\{b_i, b_j\}$ 转化为对角阵 $Var\{C_i\}$ 后运算，动态响应的统计值可表示为：

$$E[\{u\}]=\{\bar{u}\}+\{\bar{u}_2\} \tag{4-126}$$

$$E[\{\dot{u}\}]=\{\bar{\dot{u}}\}+\{\bar{\dot{u}}_2\} \tag{4-127}$$

$$E[\{\ddot{u}\}]=\{\bar{\ddot{u}}\}+\{\bar{\ddot{u}}_2\} \tag{4-128}$$

2. 结构动力可靠性分析过程

结构动力可靠性分析可分为以下四个阶段：

（1）搜集与结构有关的随机变量的观测或试验资料并对这些资料用概率统计的方法进行分析、确定其分布概率及其关统计量，作为可靠性分析的依据。与结构有关的随机变量大致可分为四类：①外来作用，如地震荷载等；②材料的力学性质；③构件的几何尺度及其在整个结构中的位置；④结构的加速度及其变异系数。

（2）对于非正态分布变量当量正态化处理。

（3）用结构力学的方法计算构件的荷载效应，通过试验与统计获得结构的能力，从而建立结构的失效衡准方程。荷载效应是指在荷载作用下构件的应力、内力、位移及变形等。结构的能力是指结构抵抗破坏（塑性、脆性）与变形的能力。结构的失效衡准用极限状态表示。由极限状态将结构的能力与荷载效应联系起来，组成进行结构可靠性分析的极限状态方程。

（4）计算评价结构可靠性的各种指标，如可靠度 P_r，失效概率 P_f，可靠指标 β，它们之间的关系是：

$$p_r=1-p_f \quad , \qquad p_f=\Phi(-\beta)$$

式中 $\Phi(\cdot)$——标准正态分布时的概率分布函数。

4.5.2 地震作用下塔式容器安全裕度方程的建立

在石油化工塔设备中，常压塔是常见设备，本节将以等壁厚、等直径的塔为例进行分析。塔的重要极限状态是塔底锚固螺栓的屈服、支撑塔体裙座的屈曲及裙座与容器问连接焊接的撕裂。

1. 螺栓屈服

螺栓屈服的安全裕度方程为：

$$g=\sigma_y-\sigma_b \tag{4-129}$$

式中 σ_y——螺栓材料的屈服强度；

σ_b——地震作用在螺栓上产生的应力。

本文采用标准（SH3048）底部剪力法进行计算：

$$V_0=K_2 amg \tag{4-130}$$

式中 $m=\lambda_m\sum_{i=1}^{n}m_i, K_2=0.5$。

查取反应谱，以 8 度（$\alpha_{max}-0.45$）、Ⅱ类土、近震（$T_g=0.3s$）为例：

$$\alpha=0.45\left(\frac{0.3}{T}\right)^{0.9} \tag{4-131}$$

$\lambda_m=0.85$（对单质点体系取 1）

令 $\alpha=\beta a/g$

式中　β——动力放大系数；

　　　a——峰值地面加速度。

式（4-130）可化为：

$$V_0=C_1 a \tag{4-132}$$

$$C_1=K_2\beta m \tag{4-133}$$

作用于质点 i 的水平地震作用 F_i 由下式确定：

$$F_i=\frac{m_i H_i^q}{\sum_{i=1}^{n} m_i H_i^q}V_0 \tag{4-134}$$

则底部弯矩为：

$$m_b=\sum_{i=1}^{n}F_i H_i \tag{4-135}$$

当质量沿高度分布均匀（单位长度的质量为 $\overline{m}$ 时）

$$M_b=\int_0^H V_0\frac{1}{\int_0^H x^q\overline{m}\mathrm{d}x}x^{q+1}\overline{m}\mathrm{d}x=\frac{q+1}{q+2}V_0 H \tag{4-136}$$

式中　$1\leqslant q=0.75+0.5T\leqslant 2$

当 $q=1$ 时，$M_b=\frac{2}{3}V_0 H$；当 $q=2$，$M_b=\frac{3}{4}V_0 H$

式（4-136）可写为：

$$M_b=\frac{1.75+0.5T}{2.75+0.5T}V_0 H \tag{4-137}$$

式（4-137）可写为：

$$M_b=C_2 V_0 \tag{4-138}$$

其中：$C_2=\frac{1.75+0.5T}{2.75+0.5T}H$

当弯矩和竖向荷载已知时，求解螺栓应力的方法有多种。GB 150 和 JB 4710 中用的是维赫曼法。该方法中的 σ_b 分别叫做“基础中螺栓承受的最大拉应力”和“地脚螺栓承受的最大拉应力，这种叫法有些问题，实际上这里的 σ_b 是按假设基础充实均匀（无螺栓存在）求得的基础环的拉压力。

在地震力的作用下基础环的拉应力完全由地脚螺栓承担，有下式：

$$\sigma_b n A_{bx}=\sigma_B A_b \tag{4-139}$$

式中　σ_b、A_{bx}——分别为地脚螺栓承受的最大拉应力和一个地脚螺栓的截面积；

　　　n——螺栓数目，则：

$$\begin{aligned}\sigma_b&=\frac{1}{nA_{bx}}\sigma_B A_b=\frac{1}{nA_{bx}}\left(\frac{M_b}{Z_b}-\frac{m_0 g}{A_b}\right)A_b\\&=\frac{1}{nA_{bx}}\left(\frac{M_b}{Z_b}A_b-m_0 g\right)=\frac{1}{nA_{bx}}\left(\frac{8M_b D_{0b}}{D_{0b}^2+D_{1b}^2}-m_0 g\right)\end{aligned} \tag{4-140}$$

因为基础环直径比厚度大得多，即：

$$D_{0b} \approx D_{1b} \approx D_b \tag{4-141}$$

式中　D_b——地脚螺栓的螺栓圆直径。则式（4-139）可化为：

$$\sigma_b = \frac{1}{nA_{bx}}\left(\frac{4M_b}{D_b} - m_0 g\right) = \frac{1}{A_{bx}}\left(\frac{4M_b}{nD_b} - \frac{W}{n}\right) \tag{4-142}$$

（1）螺栓屈服应力 σ_y：正态分布，变异系数 Cov 为 8%，$\sigma_y = 235\text{MPa}$。

（2）质量 m_0 或重力 W：正态分布，变异系数为 10%。

（3）基本周期 T：正态分布，变异系数为 10%。

（4）动力放大系数 β：正态分布，变异系数为 0.30。

（5）传递函数 C_1：用以将峰值地面加速度转换为底部剪力 y 正态分布，变异系数为 32%。C_1 的变异性主要是由动力放大系数 β 的变异性引起的。考虑式（4-132）中 m 的变异系数为 10%，可得 C_1 的变异系数为 32%。这里讨论的式（4-132）中 C_1 的变异性是就某一强度地震（峰值加速度为 u）而言的，这时 C_1 的变异性也就是 V_0 的变异性。若要考虑设计基准期 50 年内地震荷载的变异性，尚应考虑起主要作用的地面峰值加速度的变异性，高小旺指出，这个变异系数为 1.176。这样，在基准期 50 年内，地震荷载的变异系数为：

$$Cov = \sqrt{1.176^2 + 0.30^2 + 0.35^2 + 0.10^2} = 1.267$$

式中　0.30、0.35 和 0.10——分别为反应谱荷载模型化计算和重量异系数。

（6）底部弯矩与剪力之比 C_2：正态分布，变异系数为 15%。

（7）模型不确定性 X_m：对数正态分布，均值为 1，变异系数为 35%。

2. 裙座屈曲分析

裙座屈曲一般发生在螺栓屈服之后，所以，由螺栓非弹性拉伸和基底振动产生的塔的反应是非线性的塔的屈曲失效极限状态方程，为：

$$g = \sigma_{cr} - \sigma_b \tag{4-143}$$

式中　σ_{cr}——裙底的屈服应力；

σ_b——裙座底部的最大应力，σ_b 可用规范的方法确定。

假设在弯矩和重力作用下，裙座底部的横截面变形后仍为平面，则应力为：

$$\sigma_b = \frac{M_b}{Z} + \frac{mg}{A} \tag{4-144}$$

式中　Z——截面抗弯模量，可取 $Z = \frac{\pi}{4} D^2 \delta$；

A——裙底塔截面积，可取 $A = \pi D \delta$。

裙座的屈曲应力为：

$$\sigma_{cr} = \frac{2Et_s}{\sqrt{3(1-\mu^2)} D_s} \tag{4-145}$$

式中　E——弹性模量；

μ——泊松比；

t_s——裙座壁厚；

D_s——裙座直径。

通过一系列筒体受轴压和弯曲荷载的试验，把屈曲应力的折减与壳体的径厚比联系起来，根据Donnel数据所进行的回归分析，折减系数的均值和方差估算如下：

$$M(\psi)=0.3644-1.069\times10^{-4}\left(\frac{D_s}{2t_s}\right) \tag{4-146}$$

$$\sigma^2(\psi)=5.428\times10^{-3}+1.963\times10^{-10}\left(\frac{D_s}{2t_s}-682.4\right)^2 \tag{4-147}$$

在塔实际应用的 D_s/t_s 范围内，按设计方程算出的应力的折减系数约为10%～20%。而按式（4-145）给出的折减系数约为34%，因此，对可靠性分析来说，设计方程是过于保守的。

3. 焊缝撕裂分析

焊缝撕裂极限状态一般也是在螺栓屈服后才达到的，同裙座的分析一样，其反应也是非线性的。这里我们采用反应谱法，焊缝撕裂的极限状态方程为：

$$g=\sigma_{ce}-\sigma_{sk} \tag{4-148}$$

式中　σ_{ce}——焊缝开始撕裂时的应力；

σ_{sk}——地震在裙座顶部引起的应力。

微元 dx 段上所受的地震力为：

$$dF_1=\frac{\overline{m}x^q dx}{\int_0^H \overline{m}x^q dx}V_0 \tag{4-149}$$

裙座顶部的地震弯矩为：

$$\begin{aligned}M_{sk}&=\int_h^H (x-h)dF_1\\&=\frac{q+1}{q+2}V_0H\left[1-\left(\frac{h}{H}\right)^{q+2}\right]-V_0h\left[1-\left(\frac{h}{H}\right)^{q+1}\right]\end{aligned} \tag{4-150}$$

式中　H——塔总高度；

h——裙座高度。

令 $\lambda=h/H$，则系数 C_2 可修正如下：

$$C_2=\frac{q+1}{q+2}H(1-\lambda^{q+2})-h(1-\lambda^{q+1}) \tag{4-151}$$

裙座顶部应力采用梁的方程写成弯矩和轴力的函数：

$$\sigma_{sk}=\frac{M_{sk}}{S}-\frac{W_{sk}}{A} \tag{4-152}$$

式中　M_{sk}——裙座顶部的弯矩；

W_{sk}——裙座顶部承受的重量；

S、A——分别为裙座顶部的截面模量和截面面积。

4.5.3　典型塔的可靠性计算

下面这些常压塔或高塔的原始数据取自一些已有塔的设计。采用前述结构系统可靠性分析方法对下列塔进行可靠度计算。

1. 初馏塔

筒体材料下段 12m 为 1Cr18Ni9Ti，余下上段为 A3，裙座材料为 A3，地脚螺栓材料为 A3。设计温度为 250℃，设计压力为 1.96×10^5 Pa。筒体内直径为 3000mm，塔高为 26552mm，即规格为 $\Phi3000\times26552$，地脚螺栓根圆直径为 37mm（M40），个数为 24。基础环内外直径分别为 2760mm 和 3400mm，地脚螺栓圆直径为 3200mm。裙和筒体的壁厚为 16mm。塔的总重量为 172200kg。风力为 250Pa，地震烈度为 8 度，Ⅱ类场地结构简图如图 4-15 所示，计算 8 度地震时该系统的可靠指标，其结果见表 4-16、表 4-17 和图 4-16，计算了不同地震加速度时的结构系统可靠指标。

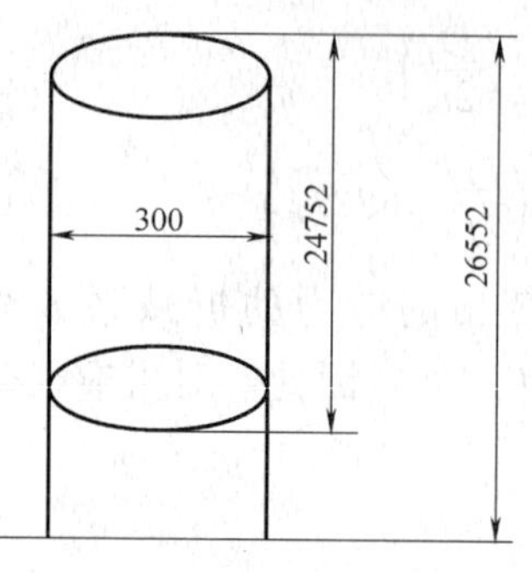

图 4-15 初馏塔结构简图

8 度地震时初馏塔的可靠指标 表 4-16

结构形式	裙座（失稳）	地脚螺栓（受拉）	焊缝（撕裂）	系统可靠指标下限值
可靠指标	2.636	2.249	3.197	2.101

初馏塔可靠指标随地震加速度变化趋势 表 4-17

地震加速度	0.1g	0.125g	0.15g	0.175g	0.2g	0.225g	0.246g
系统可靠指标下限值	4.021	3.864	3.503	2.918	2.101	1.009	3.631×10^{-6}

2. 加氢汽提塔

筒体、裙座及螺栓材料都为 A3 钢，设计温度为 350℃，设计压力为 2.9×10^5 Pa，筒体内直径为 1800mm，塔高为 24006mm，即规格为 $\Phi1800\times24006$。地脚螺栓的根圆直径为 42mm（M45），个数为 16。基础环内外直径分别为 1684mm 和 2084mm。地脚螺栓圆直径为 1940mm，裙座厚度为 12mm，筒体厚度为 14mm。塔的总重为 50300kg。风力为 250Pa，地震烈度为 7 度，Ⅱ类场地，计算结果见表 4-18，计算模型见图 4-17。

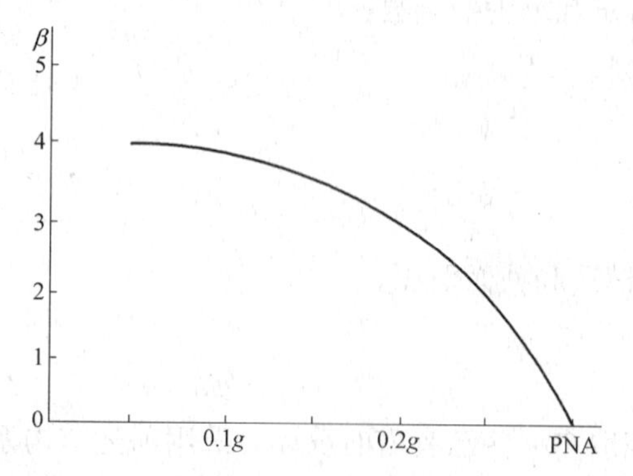

图 4-16 初馏塔可靠指标随地震加速度变化趋势

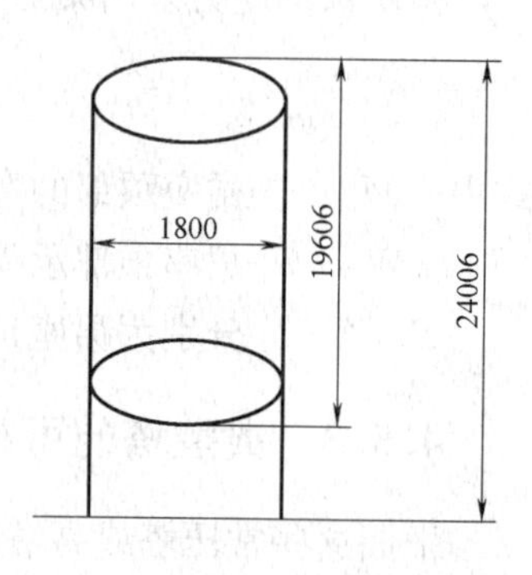

图 4-17 加氢气提塔结构简图

7度地震时加氢汽提塔的可靠指标　　表4-18

结构形式	裙座（失稳）	地脚螺栓（受拉）	焊缝（撕裂）	系统可靠指标下限值
可靠指标	5.219	4.362	5.309	4.298

3. 生成油气提塔

筒体材料为16MnR，裙座材料为A3，地脚螺栓材料为A3。设计温度为300℃，设计压力为7.65×10^5Pa，筒体内直径为1600mm，塔高为28500mm，即规格为Φ1600×28500。地脚螺栓根圆直径为42.6mm（M46），个数为12。基础环内外直径分别为1920mm和400mm，地脚螺栓圆的直径为1760mm。裙座厚度为10mm。筒体壁厚为12mm，塔总重为45400kg。地震烈度为7度，Ⅱ类场地，计算结果见表4-19，计算模型见图4-18。

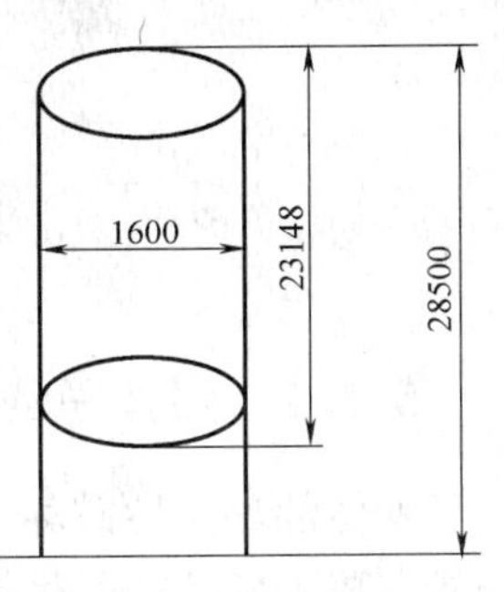

图4-18　生成油气提塔结构简图

7度地震时生成油气提塔的可靠指标　　表4-19

结构形式	裙座（失稳）	地脚螺栓（受拉）	焊缝（撕裂）	系统可靠指标下限值
可靠指标	4.866	4.072	5.041	4.004

4. 结论

根据以上可靠性分析，可得下述结论：

（1）在地震作用下塔式容器结构系统地脚螺栓可靠性最差，其次为裙座失稳，焊缝的可靠性较高；

（2）由表4-17可知，在地震烈度为8度时，地脚螺栓能勉强维持其强度要求，当地震烈度大于8度时，地脚螺栓的可靠指标迅速下降；

（3）本文提出的方法以及对3个规范设计塔式容器的抗震可靠性计算结果可供今后塔式容器抗震的可靠性设计标准参考。

第5章 船舶与海洋结构物可靠性分析方法

5.1 船舶结构物的可靠性分析方法

5.1.1 船体总纵强度可靠性分析

船体的整体性破坏一般分为延性破坏与脆性破坏两种。船舶纵弯曲的可靠性分析，属于延性的船体梁屈服破坏模式，研究的是船舶寿命期内船体梁满足其设计目的的能力。换言之，以使船体梁上最大应力点的应力等于材料屈服强度作为船舶营运的一种极限状态，研究船体在寿命期内达不到这种极限状态的概率。这个问题包括三个方面：一是引起船体弯曲的载荷及其效应；二是船体梁的抗弯能力；三是船体纵弯曲的可靠性评价。

1. 船舶纵弯曲的荷载及其效应

船舶航行时承受的荷载有重力、浮力、波浪力、惯性力和水动力等。在船舶纵弯曲问题中，这些力引起的主要荷载效应是纵弯曲力矩 M_t。一般讲，可将它分为静水弯矩 M_s和波浪弯矩 M_w。

许多学者对静水弯矩进行过深入研究，认为它服从正态分布，但是其变异性并不显著，特别是相对于波浪弯矩更是如此。所以在船舶纵弯曲的可靠性分析中，常将静水弯矩作为确定量处理。

关于波浪诱导弯矩 M_w，可通过切片理论进行船在规则波上的动力计算，再根据谱分析技术对船在不规则波上的弯矩响应做短期预报，并根据波浪资料按不同海况出现的频率做加权处理，以得到弯矩响应的长期预报。通过研究，认为短期预报的波浪弯矩的幅值服从 Rayleigh 分布，而长期预报服从指数分布。

在可靠性分析中，人们最关注的是波浪诱导弯矩幅值的极值。所谓极值是指在寿命期内船舶可能产生的最大波浪弯矩幅值。在幅值分布已知的情况下，可根据序列统计原理求得极值分布。

无论是 Rayleigh 分布还是指数分布，都可以用韦布尔（Weibull）分布概括，只需在分布参数中取相应的特征值即可。其分布可以表示为：

$$f_x(x)=\frac{l}{k}\left(\frac{x}{k}\right)^{l-1}\exp\left[-\left(\frac{x}{k}\right)^{l}\right]$$

$$F_x(x)=\int_0^x f_x(x)\mathrm{d}x=1-\exp\left[-\left(\frac{x}{k}\right)^{l}\right] \tag{5-1}$$

式中 x——波浪弯矩幅值的随机变量。

若取 $l=2$，$k=\sqrt{E}$，则波浪诱导弯矩幅值的短期 Raylcigh 分布为：

$$
f_x(x)=\frac{2x}{E}\exp\left[-\left(\frac{x^2}{E}\right)\right]
$$
$$
F_x(x)=1-\exp\left[-\left(\frac{x^2}{E}\right)\right] \tag{5-2}
$$

式中 $E=2D_{M_W}$；

D_{M_W}——弯矩响应过程的方差。

若取 $l=1$，$k=\lambda$，则波浪诱导弯矩幅值的长期指数分布为：

$$
f_x(x)=\frac{1}{\lambda}\exp\left[-\left(\frac{x}{\lambda}\right)\right]
$$
$$
F_x(x)=1-\exp\left[-\left(\frac{x}{\lambda}\right)\right] \tag{5-3}
$$

式中 λ——分布的均值。

利用韦布尔分布作为初始分布，根据序列统计原理就可以求得波浪诱导弯矩极值的概率密度函数及分布函数，它们分别为：

$$
g_{Y_n}(y)=\frac{nl}{k}\left(\frac{y}{k}\right)^{l-1}\exp\left[-\left(\frac{y}{k}\right)^{l}\right]\left\{1-\exp\left[-\left(\frac{y}{k}\right)^{l}\right]\right\}^{n-1}
$$
$$
G_{Y_n}(y)=[F_x(y)]^{n}=\left\{1-\exp\left[-\left(\frac{y}{k}\right)^{l}\right]\right\}^{n} \tag{5-4}
$$

式中 Y_n——波浪诱导弯矩极值的随机变量；

n——波浪弯矩纪录个数。

有了静水弯矩及波浪诱导弯矩幅值之后，可以得到总弯矩幅值。即使静水弯矩取为确定性量 M_s，总弯矩幅值 $Z=M_s+Y$ 仍为随机变量。在 n 个波浪诱导弯矩记录中总弯矩极值 $Z_n=M_s+Y_n$。它的分布函数及概率密度函数分别为：

$$
\begin{aligned}
\Phi_{Z_n}(Z)&=P[M_s+Y_n\leqslant Z]\\
&=P[Y_n\leqslant Z-M_s]=\Phi_{Y_n}(Z-M_s)\\
&=\left\{1-\exp\left[-\left(\frac{Z-M_s}{k}\right)\right]\right\}^{n}
\end{aligned} \tag{5-5}
$$
$$
\varphi_{Z_n}(Z)=\frac{nl}{k}\left[\frac{Z-M_s}{k}\right]^{l-1}\exp\left[-\left(\frac{Z-M_s}{k}\right)^{l}\right]\left\{1-\exp\left[-\left(\frac{Z-M_s}{k}\right)\right]\right\}^{n-1}
$$

同样可求得最有可能的总弯矩极值：

$$
\hat{Z}=M_s+k[\ln n]^{1/l} \tag{5-6}
$$

2. 船体梁的抗弯强度

前面概括地分析了船舶纵弯曲的荷载及其效应，现在进一步讨论与船体纵弯矩相对应的船体梁断面的抗弯强度问题。当把屈服强度作为船舶营运可能的极限状态时，船体梁的极限抗弯强度：

$$
S=\sigma_y W \tag{5-7}
$$

式中 σ_y——材料的屈服强度；

W——船体梁断面的最小剖面模数（它是组成该剖面的构件尺寸及位置的函数）。

在可靠性分析中，把材料屈服强度、构件尺寸及位置视为随机变量，而且都可以用其数字特征、均值、方差、变异系数描述。船体梁抗弯强度的计算方法，分两种情况讨论。

(1) 不计及板构件失稳情况

船体梁断面极限弯矩强度 S 的均值 μ_s 及方差 $\sigma_s{}^2$：

$$\mu_S = \mu_W \mu_{\sigma_y} = \frac{2}{Z^*}\mu_{\sigma_y}\Big[\sum_{j=1}^{m}(b_j\mu_{tj}z_j{}^2)+\sum_{k=1}^{n-m}(\mu_{fk}z_k{}^2)\Big]$$

$$\sigma_S{}^2 = \left(\frac{2}{Z^*}\right)^2\Big\{\Big[\sum_{j=1}^{m}(b_jz_j{}^2)\mu_{tj}+\sum_{k=1}^{n-m}(z_k^2)^2\mu_{fk}\sigma_{fk}^2\mu_{\sigma_y^2}\Big]$$

$$+\Big[\sum_{j=1}^{m}(b_j\mu_{tj}z_j^2)+\sum_{k=1}^{n-m}(\mu_{fk}z_k^2)\Big]\sigma_{\sigma_y^2}\Big\} \tag{5-8}$$

式中 n——半个断面上纵向构件总数；

m——板构件数；

Z^*——断面强度检验点构件至中和轴距离；

z_j——板构件 j 至中和轴的距离；

μ_{tj}——板构件 j 厚度的均值；

μ_{fk}、σ_{fk}^2——型材 k 剖面的均值和方差；

μ_{σ_y}，$\sigma_{\sigma_y}^2$——材料屈服极限的均值和方差。

(2) 计及板构件失稳情况

考虑板构件的失稳情况，扣除失稳构件折减面积之后，求得船体断面的有效惯性矩 I_e 的均值 μ_{I_e} 和方差 $\sigma_{I_e}^2$ 为：

$$\mu_{I_e} = 2\left\{\sum_{j1}\left[\frac{1}{2}b_j\mu_{tj}+\frac{1}{2}b_j\nu_{j1}\frac{\mu_{tj}{}^3}{\mu_{\sigma_y}}\right]z_{j0}{}^2+\sum_{j2}\left[S_{\mu_{tj}}+(C-S)\nu_{j2}\frac{\mu_{tj}{}^3}{\mu_{\sigma_y}}\right]z_{j0}{}^2+\sum_k\mu_{fk}z_{k0}{}^2\right\}$$

$$\sigma_{I_e}^2 = 2^2\left\{\sum_{j1}\left[\frac{1}{2}b_j\left(1+3\nu_{j1}\frac{\mu_{tj}{}^2}{\mu_{\sigma_y}}\right)\right]z_{j0}{}^2\right\}^2\sigma_{tj}{}^2+\left\{\sum_{j2}\left[S+(C-S)\nu_{j2}\frac{3\mu_{tj}{}^3}{\mu_{\sigma_y}}\right]z_{j0}{}^2\right\}^2\sigma_{tj}{}^2$$

$$+\Big\{\sum_k z_{k0}^2\Big\}^2\sigma_{fk}{}^2-\left\{\sum_{j1}\left[\frac{1}{2}b_j\nu_{j1}\frac{\mu_{tj}{}^3}{\mu_{\sigma_y}}\right]z_{j0}{}^2\right\}\sigma_{\sigma_y}^2-\left\{\sum_{j2}\left[(C-S)\nu_{j2}\frac{\mu_{tj}{}^3}{\mu_{\sigma_y}^2}\right]z_{j0}^2\right\}^2\sigma_{\sigma_y}^2 \tag{5-9}$$

式中 C——横骨架式结构的纵桁间距；

S——肋骨间距；

j_1、j_2——纵、横骨架式板的角标；

ν——泊松比，取为随机变量。

船体有效剖面模数的数字特征：

$$\mu_{W_e} = \frac{\mu_{I_e}}{z}$$

$$\sigma_{W_e}^2 = \frac{\sigma_{I_e}^2}{z^2} \tag{5-10}$$

最后求得船体抗弯强度的数字特征：

$$\mu_S = \mu_{W_e}\mu_{\sigma_y}$$

$$\sigma_S^2 = \mu_{\sigma_y}^2\sigma_{W_e}^2+\mu_{W_e}^2\sigma_{\sigma_y}^2 \tag{5-11}$$

3. 船体纵弯曲的可靠性评价方法

在前面讨论的基础上，便可对船体纵弯曲在延性破坏模式下做可靠性分析。分析的方法有三种。

（1）全概率评价方法

此种方法也成为第三水平法。它假定：①船体纵弯曲的总弯矩与船体梁的抗弯强度是统计独立的随机变量；②船体梁抗弯强度服从正态分布。

该方法把抗弯强度与弯矩之比

$$R=\frac{S}{Z_{\mathrm{n}}} \tag{5-12}$$

作为衡量船体安全与否的量度。

所以，船体梁总失效概率表示为：

$$P[R\leqslant 1]=1-\frac{1}{\sigma\sqrt{2\pi}}\int_{M_{\mathrm{S}}}^{\infty}\left\{1-\exp\left[-\left(\frac{Z-M_{\mathrm{S}}}{k}\right)^{l}\right]\right\}^{\mathrm{n}}\exp\left[-\frac{1}{2}\left(\frac{Z-\mu}{\sigma}\right)^{2}\right]\mathrm{d}Z \tag{5-13}$$

对于 n 次波浪弯矩记录周期的情况，可将上式被积函数内方括号的 n 次幂展开，则该式可近似表示为：

$$\begin{aligned}P[R\leqslant 1]&=1-\frac{1}{\sigma\sqrt{2\pi}}\int_{M_{\mathrm{S}}}^{\infty}\left\{1-n\exp\left[-\left(\frac{Z-M_{\mathrm{S}}}{k}\right)^{l}\right]+\cdots\right\}\exp\left[-\frac{1}{2}\left(\frac{Z-\mu}{\sigma}\right)^{2}\right]\mathrm{d}Z\\&=1-1+\Phi_{\mathrm{S}}\left(\frac{M_{\mathrm{S}}-\mu}{\sigma}\right)+n\frac{1}{\sigma\sqrt{2\pi}}\\&\quad\times\int_{M_{\mathrm{S}}}^{\infty}\exp\left\{\left[1-\left(\frac{Z-M_{\mathrm{S}}}{k}\right)^{l}\right]-\frac{1}{2}\left(\frac{Z-\mu}{\sigma}\right)^{2}\right\}\mathrm{d}Z=p_{\mathrm{f}}^{\mathrm{s}}+np_{\mathrm{f}}^{\mathrm{w}}\end{aligned} \tag{5-14}$$

式中　$p_{\mathrm{f}}^{\mathrm{s}}$——静水弯矩 M_{s} 作用下船体梁的失效概率；

$p_{\mathrm{f}}^{\mathrm{W}}$——在一个波浪弯矩纪录周期中船体梁的失效概率。

（2）JC 法

船体梁纵弯曲的安全裕度：

$$Z=S-Z_{\mathrm{n}} \tag{5-15}$$

式中　S——船体梁抗弯强度的随机变量，设其服从正态分布；

Z_{n}——总弯矩的随机变量，服从非正态分布。

同样假设 S 与 Z_{n} 是统计独立的变量。因此，船体梁的纵弯曲可用 JC 法进行分析，即运用当量变换的方法，把非正态变量 Z_{n} 变换成当量正态变量，并求出均值 $\mu_{Z_{\mathrm{n}}}$ 和标准差 $\sigma_{Z_{\mathrm{n}}}$，然后通过有限次迭代求出可靠指标 β，再利用关系式：

$$p_{\mathrm{f}}=\Phi(-\beta) \tag{5-16}$$

求出船体梁纵弯曲的失效概率。

（3）局部安全因子法

根据局部安全因子法的原理，可以得到一个简单的安全设计衡准式，即

$$f_{\mathrm{S}}\mu_{\mathrm{S}}-f_{Z_{\mathrm{n}}}\mu_{Z_{\mathrm{n}}}\geqslant 0 \tag{5-17}$$

式中　$f_{\mathrm{S}}=1+\alpha_{1}\beta\dfrac{\sigma_{\mathrm{S}}}{\mu_{\mathrm{S}}}$，表示强度减小因子；

$f_{Z_{\mathrm{n}}}=1+\alpha_{2}\beta\dfrac{\sigma_{Z_{\mathrm{n}}}}{\mu_{Z_{\mathrm{n}}}}$，表示载荷放大因子。

$$\alpha_1=-\frac{\sigma_S}{(\sigma_S^2+\sigma_{Z_n}^2)^{1/2}}$$
$$\alpha_2=\frac{\sigma_{Z_n}}{(\sigma_S^2+\sigma_{Z_n}^2)^{1/2}} \tag{5-18}$$

5.1.2 船体横向强度可靠性分析

1. 实际结构的模型化处理

对横框架进行可靠性分析，首先必须把实际结构模型化。根据这类船舶的特点，在模型化时需考虑以下两个问题：

① 因研究对象是由高腹板梁组成的结构，故剪力不可忽略，即杆元端面的可塑化是在弯矩、轴力、剪力复合荷载效应作用下形成的。

② 由于组成结构之构件的端部都设有加强肘板，模型化时应认为结构是由两端带刚域的杆元组成的，故在建立杆元节点力及节点位移关系时，必须考虑刚域的影响。

2. 杆元端面的塑性化条件及杆元塑性行为的描述

在复合荷载效应作用下，横框架的可塑性条件可用下式表示：

$$F_k=R_k-C_k^T x_i=0 \qquad (k=i,j) \tag{5-19}$$

根据塑性理论，当上式的塑性化条件给定时，可以导出包含塑性铰杆元弹塑性部位的节点力向量 X_t 与节点位移向量 δ_t 间的关系，进而求出修正杆元刚度矩阵 k_t^p 和等效节点力 $X_t^{(p)}$。

当杆元处于弹性状态时，有

$$X_t=k_t\delta_t \tag{5-20}$$

当杆元端面发生屈曲，即 $F_k=0$ 时，有

$$X_t=k_t^{(p)}\delta_t+X'^{(p)}_t \tag{5-21}$$

式中 k_t——弹性杆元的刚度矩阵；

$k_t^{(p)}$——修正杆元刚度矩阵；

$X'^{(p)}_t$——残留强度及等效附加节点力向量。

如前所述，由于组成结构的各构件端部都设有加强肋板，因此在建立 X_t 和 δ_t 关系时必须考虑它们的影响。设杆元两端的刚域长度为 C_1 和 C_2，则刚域外侧部位的节点力向量 $(X_t)_D$ 与节点力位移向量 $(\delta_t)_D$ 间的关系，可通过变换矩阵 D_t，并考虑到 $\delta_t=D_t(\delta_t)_D$ 及弹塑性部位 X_t 和 δ_t 的关系，表示成下面的形式：

$$(X_t)_D=(k_t^{(p)})_D(\delta_t)_D+(X'^{(p)}_t)_D \tag{5-22}$$

式中 $(k_t^{(p)})_D=D_t^T k_t^{(p)} D_t$；

$(X'^{(p)}_t)_D=D_t^T X'^{(p)}_t$；

$$D_t=[d_{ij}],\ D_t=\begin{bmatrix}1&0&0&0&0&0\\0&1&C_1&0&0&0\\0&0&1&0&0&0\\0&0&0&1&0&0\\0&0&0&0&1&-C_2\\0&0&0&0&0&1\end{bmatrix}$$

此时杆元的计算长度应为原长度减去两端刚域有效长度 C_1 与 C_2 后的长度。

3. 结构系统安全裕度及失效衡准的生成

设结构系统具有 n 个带有刚域的节点及 l 个节点，最多有 ml 个集中荷载作用在节点上，对于横框架 $m=3$。对杆元两端依次进行编号，这时刚域外侧的弹塑性杆元端（杆元编号为 t）的安全裕度：

$$Z_i=R_i-C_i^{\mathrm{T}}(X_{\mathrm{t}})_{\mathrm{D}}\leqslant 0 \tag{5-23}$$

根据刚架结构系统失效的定义，只有当结构系统形成一定的塑性铰组合，使结构成为机构，系统才会失效。当杆元端 r_1，r_2，…，$r_{\mathrm{p-1}}$ 已形成塑性铰时，对结构要重新进行应力分析。这时，对已形成塑性铰的杆元，要使用前面导出的修正刚度矩阵和等效节点力。由式（5-22）可得考虑了刚域影响的杆元刚度方程：

$$(X_{\mathrm{t}})_{\mathrm{D}}-(X'^{(\mathrm{p})}_{\mathrm{t}})_{\mathrm{D}}=(k^{(\mathrm{p})}_{\mathrm{t}})_{\mathrm{D}}(\delta_{\mathrm{t}})_{\mathrm{D}} \tag{5-24}$$

在对所有杆元都计算了修正刚度矩阵及等效节点力之后，便可组成新的总体刚度矩阵：

$$K_{\mathrm{D}}^{(\mathrm{p})}=\sum_{i=1}^{n}T_{\mathrm{t}}^{\mathrm{T}}(k_{\mathrm{t}}^{(\mathrm{p})})_{\mathrm{D}}T_{\mathrm{t}} \tag{5-25}$$

式中　T_{t}——坐标转换矩阵。

于是考虑了刚域影响的总体刚度方程为：

$$K_{\mathrm{D}}^{(\mathrm{p})}d_{\mathrm{D}}=L+R_{\mathrm{D}}^{(\mathrm{p})} \tag{5-26}$$

式中　L——非载荷向量；

$R_{\mathrm{D}}^{(\mathrm{p})}$——对应于总体坐标系的等效节点力向量。

$$R_{\mathrm{D}}^{(\mathrm{p})}=-\sum_{t=1}^{n}T_{\mathrm{t}}^{\mathrm{T}}(X'^{(\mathrm{p})}_{\mathrm{t}})_{\mathrm{D}} \tag{5-27}$$

由式（5-26）可得对应于总体坐标系的总体位移向量：

$$d_{\mathrm{D}}=K_{D}^{(\mathrm{p})-1}(L+R_{\mathrm{D}}^{(\mathrm{p})}) \tag{5-28}$$

由式（5-28）可得杆元 i 对应于总体坐标系的节点位移向量：

$$(d_{\mathrm{t}})_{\mathrm{D}}=(K^{(\mathrm{p})-1})_{\mathrm{D}}(L+R_{\mathrm{D}}^{(\mathrm{p})}) \tag{5-29}$$

式中的 $(K^{(\mathrm{p})-1})_{\mathrm{D}}$ 是由矩阵 $K_{\mathrm{D}}^{(\mathrm{p})-1}$ 中抽出的对应于向量各行组成的矩阵。

若 $(\delta_{\mathrm{t}})_{\mathrm{D}}$ 与 $(d_{\mathrm{t}})_{\mathrm{D}}$ 的关系通过坐标转换矩阵 T_{t} 表示成 $(\delta_{\mathrm{t}})_{\mathrm{D}}=T_{\mathrm{t}}(d_{\mathrm{t}})_{\mathrm{D}}$，且把式（5-29）代入式（5-24），则杆元 t 的加点力向量：

$$(X_{\mathrm{t}})_{\mathrm{D}}=(b_{\mathrm{t}}^{(\mathrm{p})})_{\mathrm{D}}(L+R_{\mathrm{D}}^{(\mathrm{p})})+(X'^{(\mathrm{p})}_{\mathrm{t}})_{\mathrm{D}} \tag{5-30}$$

式中　$(b_{\mathrm{t}}^{(\mathrm{p})})_{\mathrm{D}}=(k_{\mathrm{t}}^{(\mathrm{p})})_{\mathrm{D}}T_{\mathrm{t}}(K_{\mathrm{t}}^{(\mathrm{p})-1})_{\mathrm{D}}$。

这样就可以得到考虑刚域影响的杆元端安全裕度的表达式。

当杆元端 r_1，r_2，…，$r_{\mathrm{p-1}}$ 失效后，没有失效的残存杆元端 i（杆元编号为 t）的安全裕度方程：

$$\begin{aligned}Z_i^{(\mathrm{p})}(r_1,r_2,\cdots,r_{\mathrm{p-1}})&=R_i+C_i^{\mathrm{T}}\Big(b_{\mathrm{t}}^{(\mathrm{p})}\sum_{k=1}^{n}T_{\mathrm{k}}^{\mathrm{T}}(X'^{(\mathrm{p})}_{\mathrm{k}})_{\mathrm{D}}-(X'^{(\mathrm{p})}_{\mathrm{t}})_{\mathrm{D}}\Big)-C_i^{\mathrm{T}}(b_{\mathrm{t}}^{(\mathrm{p})})_{\mathrm{D}}L\\&=R_i+\sum_{k=1}^{p-1}a_{i\mathrm{rk}}^{(\mathrm{p})}R_{\mathrm{rk}}-\sum_{j=1}^{mi}b_{ij}^{(\mathrm{p})}L_j\end{aligned} \tag{5-31}$$

式中　$a_{i\mathrm{rk}}^{(\mathrm{p})}$——残留强度影响系数；

b_{ij}——载荷影响系数；

L_j——外荷载。

关于引起结构系统失效的塑性破坏是否产生，要通过分析杆元端失效后各阶段的修正总体刚度矩阵及节点位移向量判定。当杆元端 r_1，r_2，…，r_{p-1}已失效，修正总体刚度矩阵 $K_D^{(p)}$ 或节点位移向量 $d_D^{(p_q)}$ 满足下述条件时，则认为产生塑性破坏：

$$|K_D^{(p_q)}|/|K_D^{(0)}|<\varepsilon_1$$

$$\|d_D^{(0)}\|/\|d_D^{(p_q)}\|<\varepsilon_2 \tag{5-32}$$

式中 p_q、0——代表第 p_q失效阶段和杆元全部处于子弹性状态的情形；

$\|\cdot\|$——欧几里得范数；

ε_1、ε_2——判断破坏德常数。

4. 结构系统主要失效路径的选择及失效概率的计算

船体横框架是高次超静定结构系统，失效路径的数目非常多，若想把它们全部找出来，实际上不可能，也没有必要，只要选择主要的失效路径就可以较准确地计算出结构系统地失效概率。推荐用分支限界法并采用必要的改进措施选择主要失效路径，进行约化处理。关于系统失效概率，可采用 Ditlevsen 方法并辅以被舍弃路径对上界的贡献量进行计算。

5.1.3 船体局部强度可靠性分析

船舶立体舱段的可靠性分析在结构模型化处理、杆元端面塑性化条件、杆元塑性行为、结构系统安全裕度及失效标准的建立、失效路径选择及失效概率计算等方面与横框架可靠性分析十分相似，只在以下几个方面略有差别：

① 在符合荷载效应作用下，立体舱段杆元端面塑性化条件虽然同样可以利用式 $F_k=R_k-C_k^T x_i=0$ $(k=i,\ j)$表示，但其中 R_k、C_i^T、C_j^T 在计算时，通常将式中的 a、by、bz、Cx、Cz 分别取为 $a=1$，$by=bz=0.5$，$Cx=Cz=1$。

② 在建立杆元刚域外侧部位的节点力向量 X_{tD}与节点位移向量 δ_{tD}间关系时，使用的交换矩阵 D_t在立体舱段分析时为：

$$D_t=d_{ij} \quad (i,j=1,2,\cdots,12) \tag{5-33}$$

式中 $d_{i,i}=1$ $(i=1,\ 2,\ \cdots,\ 12)$；$d_{2,6}=S_1$；$d_{3,5}=-S_1$；$d_{8,12}=-S_2$；$d_{9,11}=S_2$；

其余为零。

③ 当立体舱段结构系统具有几个带有刚域的杆元及 L 个节点时，最多有 L 个集中荷载作用在节点上。

5.1.4 舵装置系统可靠性分析

舵装置的安全裕度方程可合成几种情况进行描述。

1. 上舵杆

舵柄处的上舵杆

$$Z=\frac{\pi\sigma_{y}d_{0}^{3}}{20.8}-M_{k}-M_{f} \tag{5-34}$$

式中　σ_y——材料的屈服极限；

M_k——计算扭矩；

M_f——摩擦扭矩之和；

d_0——舵杆在舵柄处的直径。

上舵承处的上舵杆的极限状态方程：

$$Z=\frac{\pi\sigma_{y}}{32}d_{u}^{3}-M_{eu} \tag{5-35}$$

式中　d_u——上舵承处的上舵杆直径；

M_{eu}——此处所承受的相当弯矩。

下舵承处的上舵杆的极限状态方程：

$$Z=\frac{\pi\sigma_{y}}{32}d_{1}^{3}-M_{el} \tag{5-36}$$

式中　d_1——下舵承处的上舵杆直径；

M_{el}——该处所承受的相当弯矩。

2. 舵叶壳板

舵叶壳板厚度 t_0 可由下式表示：

$$t_{0}=2.45\sqrt{\frac{\beta}{\sigma_{g}}\left(D+\frac{P_{N}}{A_{g}}\right)}+\varepsilon \quad (\varepsilon=0.2\text{mm})$$

舵叶壳板厚度所受的最大法向力：

$$P_{N}=\left[\frac{\sigma_{y}}{B}\left(\frac{t_{0}-\varepsilon}{2.45a}\right)^{2}-D\right]A_{r}$$

相应的舵叶壳板安全裕度方程为：

$$Z=\left[\frac{\sigma_{y}}{B}\left(\frac{t_{0}-\varepsilon}{2.45a}\right)^{2}-D\right]A_{r}-P_{Nmax} \tag{5-37}$$

式中　a——壳板内板格短边长度；

B——与 a/b 有关的系数；

D——船舶吃水；

b——板格长边长度；

A_r——舵叶面积；

P_{Nmax}——板壳所受的法向力最大值。

3. 代替下舵杆的连接构件

代替下舵杆的连接构件，在结构上可以简化为两点支持、受分布荷载作用的梁，所承受的最大弯矩：

$$M_{b}=\sigma_{y}W$$

该梁的安全裕度方程为：

$$Z=\frac{8\sigma_{y}W}{h}-P_{Nmax} \tag{5-38}$$

式中　h——梁的计算跨度；

W——梁的剖面模数。

4. 舵梢

舵梢直径可表示为：

$$d_{Pi}=2.76\times\sqrt{F_i/\sigma_s}$$

故
$$F_i=(d_{Pi}/2.76)^2\sigma_s$$

舵梢的安全裕度方程为：

$$Z=(d_{Pi}/2.76)^2\sigma_y-F_{imax} \tag{5-39}$$

式中 F_{imax}——舵梢受到的最大舵叶支点反力。

5.1.5 螺旋桨装置可靠性分析

根据螺旋桨受力的特点，将按以下两种情况进行讨论：一是不考虑伴流不均匀性的静态负荷下的可靠性分析；二是考虑伴流不均匀性的动态负荷下的可靠性分析。

1. 影响螺旋桨强度的不确定性因素

影响螺旋桨强度的不确定性因素很多，概括讲主要有以下几个方面。

① 在计算螺旋桨强度时，通常以船在全速航行下螺旋桨发出的推力及吸收的转矩为依据。在起航时，由于推进系数甚小，推力系数及扭矩系数都很大，致使螺旋桨所受的应力值可能大于全速时的数值。

② 螺旋桨在实际工作中因桨叶在不同位置时的伴流相差甚大，桨叶所受的应力产生周期性变化，空泡及振动等使材料有剥蚀及疲衰。

③ 桨叶与桨毂之厚度相差很大，在铸造时两部分的冷却速度不同，使叶根部的实际强度削弱。

④ 螺旋桨在工作中可能抨击物体而遭遇突然负载。

由于上述诸多因素，使螺旋桨的强度计算产生很多困难。传统的确定性设计法采用了很低的许用应力及很大的安全系数（亦称强度储备系数）进行笼统的考虑。

根据结构可靠性理论，首先采用随机变量对上述不确定因素进行描述，把螺旋桨推力系数 K_T、扭矩系数 K_Q、材料的屈服极限 σ_y 及伴流分数 ω 作为随机变量，分别用各自的均值及变异系数进行描述。分析中分静态负荷与动态负荷两种情况进行讨论。

2. 安全裕度方程的建立

(1) 静态负荷下的安全裕度方程

在此种情况下，只考虑推力、旋转阻力及离心力产生的弯矩作用，而不考虑伴流不均匀性的影响。

推力、旋转阻力及离心力对计算切面的弯矩分别用 M_T、M_F 及 M_C 表示，则

$$M_T=\frac{K_T\rho n^2D^5}{2Z}\frac{\int_{x_p}^{1.0}x\frac{dK_T}{dx}dx-\int_{x_p}^{1.0}\frac{dK_T}{dx}dx}{\int_{x_p}^{1.0}\frac{dK_T}{dx}dx} \tag{5-40}$$

$$M_F = \frac{K_Q \rho n^2 D^5}{Z} \frac{\int_{x_p}^{1.0} x \frac{dK_F}{dx} dx - \int_{x_p}^{1.0} \frac{dK_T}{dx} dx}{\int_{x_p}^{1.0} \frac{dK_F}{dx} dx} \tag{5-41}$$

$$M_C = 4\pi^2 n^2 \frac{\gamma}{g} \tan\varepsilon \int_{r_p}^{R} Sr(r - r_p) dr \tag{5-42}$$

式中　M_T——推力系数；

K_Q——转矩系数；

K_F——旋转阻力系数；

ε——纵斜角度；

R——螺旋桨半径（m）；

γ——重量密度（N/m）；

D——螺旋桨直径（m）；

Z——桨叶数；

g——重力加速度（m/s²）；

n——螺旋桨转速（r/min）；

r_p——桨叶根部半径（m）；

$x = r/R$；

$x_p = r_p/R$。

若将推力、旋转阻力及离心力产生的弯矩 M_T、M_F 及 M_C 分解到最小惯性主轴及最大惯性主轴 $\xi-\xi$ 轴及 $\zeta-\zeta$ 轴上，则可得合成弯矩的两个分量：

$$M_\xi = (M_T + M_C)\cos\theta + M_F \sin\theta$$
$$M_\zeta = (M_T + M_C)\sin\theta - M_F \cos\theta \tag{5-43}$$

式中　θ——计算切面的螺距角。

弯矩 M_ξ 及 M_ζ 在切面上具有最大坐标 ζ_{max} 和 ξ_{max} 的点上应力分别为：

$$\sigma_\xi(\zeta_{max}) = \frac{M_\xi}{W_\xi(\zeta_{max})}$$
$$\sigma_\zeta(\xi_{max}) = \frac{M_\zeta}{W_\zeta(\xi_{max})} \tag{5-44}$$

式中　$W_\xi(\zeta_{max})$、$W_\zeta(\xi_{max})$——最大坐标 ζ_{max} 和 ξ_{max} 处的切面对于 $\xi-\xi$ 轴及 $\zeta-\zeta$ 轴的抗弯剖面模数。

离心力 C 产生的应力

$$\sigma_C = C/S \tag{5-45}$$

式中　S——计算切面的面积（m²）。

设桨叶切面上的拉应力最大点为 B，压应力最大点为 C，则合成弯矩与离心力在 B 点及 C 点所产生的总应力分别为：

$$\sigma_{(B)} = \sigma_\xi(\zeta_B) + \sigma_\zeta(\xi_B) + \sigma_C = \frac{M_\xi}{W_\xi(\zeta_B)} + \frac{M_\zeta}{W_\zeta(\xi_B)} + \frac{C}{S} \tag{5-46}$$

$$\sigma_{(C)} = -\sigma_\xi(\zeta_C) + \sigma_\zeta(\xi_C) + \sigma_C = -\frac{M_\xi}{W_\xi(\zeta_C)} + \frac{M_\zeta}{W_\zeta(\xi_C)} + \frac{C}{S} \tag{5-47}$$

于是，静态负荷下可靠性分析的安全裕度方程为：

$$Z=\sigma_s-\sigma_{(B)} \text{ 或 } Z=\sigma_s-\sigma_{(C)} \tag{5-48}$$

把 $\sigma_{(B)}$ 与 $\sigma_{(C)}$ 表示成随机变量 K_T 与 K_Q 的函数，则通式为：

$$\sigma=AK_T+DK_Q+C' \tag{5-49}$$

对于 B 点

$$\begin{aligned} A&=M_{T1}\left(\frac{\cos\theta}{W_\xi(\zeta)}+\frac{\sin\theta}{W_\zeta(\xi)}\right)\\ D&=M_{F1}\left(\frac{\sin\theta}{W_\xi(\zeta)}+\frac{\cos\theta}{W_\zeta(\xi)}\right)\\ C'&=\frac{C}{S}+M_C\left(\frac{\cos\theta}{W_\xi(\zeta)}+\frac{\sin\theta}{W_\zeta(\xi)}\right) \end{aligned} \tag{5-50}$$

对于 C 点

$$\begin{aligned} A&=M_{T1}\frac{\cos\theta}{W_\xi(\zeta)}\\ D&=M_{f1}\frac{\sin\theta}{W_\xi(\zeta)}\\ C'&=\frac{C}{S}-M_C\frac{\cos\theta}{W_\xi(\zeta)} \end{aligned} \tag{5-51}$$

式中的 M_{T1} 与 M_{F1} 可根据 $M_T=K_TM_{T1}$ 与 $M_F=K_QM_{F1}$ 的关系，由式（5-40）、式（5-41）求得。

根据式（5-48）、式（5-49），安全裕度方程为：

$$Z=\sigma_y-(AK_T+DK_Q+C') \tag{5-52}$$

（2）动态负载下的安全裕度方程

在这种情况下，除了考虑推力、旋转阻力及离心力产生的弯矩外，还要考虑伴流不均匀性的影响。

由于伴流的不均匀性，因此作用在桨叶上的流体动力是随相位而变化的。考虑到外力负荷与其产生的应力之间的正比关系，可以认为流体动力及其在桨叶切面上产生的应力也具有同样的关系。一般情况下，应力的这种变化具有不对称循环的性质，它可以分为两部分：不变的静荷应力（平均应力 σ_m）部分和变化的动荷应力（应力振幅 σ_A）部分。

关于平均应力即静荷应力 σ_m 的计算，已在前面讨论过，不再重复，现只介绍动荷应力 σ_A 的计算。

若已知标称伴流的分布（一般通过船模试验测定），则在考虑斜流影响的情况下，任何相位上一个桨叶上的推力与转矩可由下式给出：

$$\begin{aligned} \widetilde{T}_1&=\rho n^2D^4\int_{xk}^{1}(1-C\omega_\tau)^2\left(\frac{\mathrm{d}K_T}{\mathrm{d}r}\right)_1\mathrm{d}r\\ \widetilde{Q}_1&=\rho n^2D^5\int_{xk}^{1}(1-C\omega_\tau)^2\left(\frac{\mathrm{d}K_Q}{\mathrm{d}r}\right)_1\mathrm{d}r \end{aligned} \tag{5-53}$$

此时进速系数

$$J_\phi=J_V\frac{V_{\alpha R0}}{1-C\dfrac{J_V}{\pi x_0}V_{\tau R0}} \tag{5-54}$$

式中 C——斜流修正系数，$C=1.5$；

$V_{\alpha R0}$——轴向伴流系数，$V_{\alpha R0}=1-\omega_{\alpha R0}$；

$V_{\tau R0}$——切向伴流系数，$V_{\tau R0}=1-\omega_{\tau R0}$；

$\omega_{\alpha R0}$——轴向伴流分数；

$\omega_{\tau R0}$——切向伴流分数；

J_V——表观进速系数。

于是桨叶在一转中各个相位上的推力系数与扭矩系数分别为：

$$\widetilde{K}_T=\frac{1}{Z}\left(1-C\frac{J_V}{\pi x_0}\widetilde{V}_{\tau R0}\right)^2 K_T$$
$$\widetilde{K}_Q=\frac{1}{Z}\left(1-C\frac{J_V}{\pi x_0}\widetilde{V}_{\tau R0}\right)^2 K_Q \tag{5-55}$$

然后找出其中的最大值与最小值（即 $\widetilde{K}_{Tmax}$ 与 $\widetilde{K}_{Tmin}$，$\widetilde{K}_{Qmax}$ 与 $\widetilde{K}_{Qmin}$），并求出：

$$\Delta\widetilde{K}_T=\frac{1}{2}(\overline{K}_{Tmax}-\overline{K}_{Tmin})$$
$$\Delta\widetilde{K}_Q=\frac{1}{2}(\overline{K}_{Qmax}-\overline{K}_{Qmin}) \tag{5-56}$$

根据 $\Delta\widetilde{K}_T$ 与 $\Delta\widetilde{K}_Q$ 可求相应的弯矩变动幅值：

$$\Delta M_T=\frac{\Delta\widetilde{K}_T\rho n^2 D^4}{2}G_T$$
$$\Delta M_F=\Delta\widetilde{K}_Q\rho n^2 D^5 G_F \tag{5-57}$$

再根据 ΔM_T 和 ΔM_F 值和抗弯剖面模数便可求出相应的动力载荷应力。例如，对切面上的最大压应力 C，可得：

$$\sigma_A=\frac{\Delta M_T\cos\theta+\Delta M_F\sin\theta}{W_\xi C} \tag{5-58}$$

按照循环应力作用下的强度理论，可以建立起动态负荷下螺旋桨强度可靠性分析的安全裕度方程：

$$Z=g(\sigma_{-1},\sigma_m,\sigma_A)=\sigma_{-1}-\sqrt{\sigma_R^2+\sigma_A\sigma_m}=0 \tag{5-59}$$

式中 σ_{-1}——材料在对称循环应力作用下的疲劳强度极限。

5.2 海洋结构物的可靠性分析方法

5.2.1 波浪载荷计算模型

作用在海洋结构物上波浪力的大小除与结构所在海区的设计水深、波高及波浪周期有关外，还与结构形状和尺寸大小有关。对于小尺度圆形竖直构件，其直径与波长之比小于或等于0.2时，垂直于该构件轴线方向，单位长度上的波浪力可采用 Morison 公式计算。这里先介绍 Morison 公式，然后给出相应于特定海况下最大波高的海洋结构物所承受的波浪力的统计计算方法。

1. 作用于细长构件上的荷载

导管架式及半潜式海洋结构物都是由很多构件组成的。这些构件的长度与断面尺寸相差较大，但断面尺度与波长相比又较小。因此，对这种细长构件，设计时可以把波长作为规则波中的二维波考虑。如图5-1所示，设定两种坐标系：一是空间固定坐标系 $x-y$，另一个是在某一时刻 t 时，由构件的轴线与法线方向所确定的坐标系 $\zeta-\xi$。

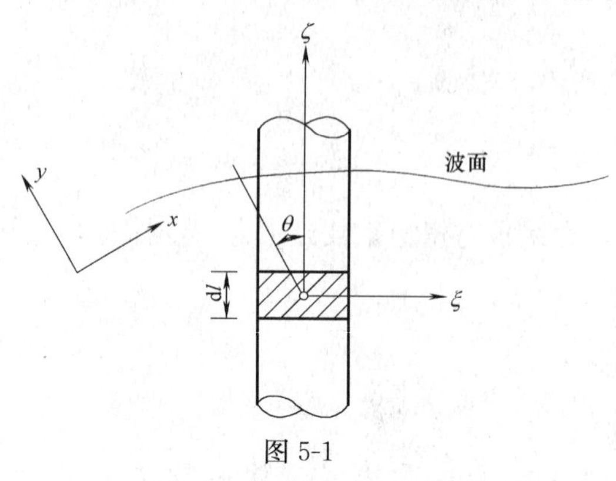

图 5-1

现考虑构件轴向长度为 dl 的微小部分。此微小部分在 ξ 和 ζ 方向上的速度与加速度分别为 $\dot{\upsilon}_\xi$、$\dot{\upsilon}_\zeta$、$\ddot{\upsilon}_\xi$、$\ddot{\upsilon}_\zeta$；水质点的速度与加速度为 $\dot{\omega}_\xi$、$\dot{\omega}_\zeta$、$\ddot{\omega}_\xi$、$\ddot{\omega}_\zeta$。根据 Alembert D 原理，作用于微小部分的 ξ、ζ 方向上的力：

$$dL_\xi=\{-m_{a\xi}\dot{\upsilon}_\xi-m_{a\xi}\ddot{\upsilon}_\xi-n_{2\xi}(\dot{\upsilon}_\xi-\dot{\omega}_\xi)\times|\dot{\upsilon}_\xi-\dot{\omega}_\xi|+mg\sin\theta-f_b\sin\theta+f_{\omega\xi}\}dl \tag{5-60}$$

$$dL_\zeta=\{-m\ddot{\upsilon}_\zeta-n_{2\zeta}(\dot{\upsilon}_\zeta-\dot{\omega}_\zeta)\times|\dot{\upsilon}_\zeta-\dot{\omega}_\zeta|-mg\cos\theta-f_b\cos\theta\}dl \tag{5-61}$$

式（5-60）的第一项为微小部分的质量惯性力，m 为单位长度的质量。第二项是附加质量力，$m_{a\xi}$是单位长度的附加质量。第三项是兴波阻尼力，它是由于构件运动在水面上产生波浪，而波浪向无限远处传播，由能量扩散而产生的水动力。$n_{2\xi}$是单位长度的兴波阻尼系数。第二项与第三项是物体运动产生的水动力，统称为辐射水动力。第四项是黏性水动力，它与微小部分和水质点间的相对速度的平方成比例，$n_{2\zeta}$是单位长度的比例系数。第五项及第六项分别为由重力和浮力而产生的项，g 为重力加速度，f_b为单位长度的浮力，这两项形成了复原力。第七项为单位长度的波浪扰动力。对受波浪作用进行周期运动的构件，附加质量 $m_{a\xi}$和兴波阻尼系数 $n_{2\xi}$ 的数值与周期运动的频率有关。但水深很大时，常为定值。

对于细长构件，如式（5-61）所示，构件轴向上的附加惯性力、兴波阻尼力和波浪扰动力均很小，可以忽略。

式（5-60）的第四项及式（5-61）的第二项是拖曳力项。由于流体有黏性，故沿物体表面的边界层产生剥离，且物体的上流侧与下流侧产生压力差，同时物体表面产生切向应力，上述原因导致拖曳力项的形成。综合这些影响，系数

$$n_{2\xi}=C_{D\xi}\frac{1}{2}\rho D_\xi \tag{5-62}$$

$$n_{2\zeta}=C_{D\zeta}\frac{1}{2}\rho D_\zeta \tag{5-63}$$

式中 $C_{D\xi}$、$C_{D\zeta}$——法向及轴向拖曳力系数；

ρ——水的密度；

D_ξ、D_ζ——细长体断面的代表性尺度。

当断面为圆形时，D_{ξ}为直径。$C_{D\xi}$在均匀流场时是 Reynolds 数的函数；在振荡流的情况下是 Kenlegan－Carpenter 数$\left(\frac{\upsilon_m T}{D}：\upsilon_m=\text{最大流速}，T=\text{振动周期}\right)$的函数。

对于圆形细长构件，波浪扰动力：

$$f_{w\xi}=m_{a\xi}\ddot{\omega}_{\xi}+n_{2\xi}\,\omega_{\xi}+\rho\pi\frac{D^2}{4}\ddot{\omega}_{\xi} \tag{5-64}$$

式中的第一项及第二项是散射波的变动压力形成的波浪扰动力（绕射水动力）。构件的存在使入射波形成散射波。第三项是在入射波没有紊乱的情况下，其变动压力形成的波浪扰动力（弗洛得-克雷洛夫力）。当水很深时，第二项很小，可以忽略。这时，式（5-64）可以表示成下面的形式：

$$f_{w\xi}=C_m\rho\pi\frac{D^2}{4}\ddot{\omega}_{\xi} \tag{5-65}$$

式中　C_m——惯性力系数。

当$m_{a\xi}$使用无限流体中的理论值$\left(m_{a\xi}=\rho\pi\frac{D^2}{4}\right)$时，$C_m=2$。实际上，与拖曳力系数一样，$C_m$也是 Kenlengan-Carpenter 数与 Reynolds 数的函数。

为了计算固定的垂直构件上微小部分的载荷，式（5-60）中的兴波阻尼力很小，微小部分的速度及加速度也很小，都可忽略。于是把式（5-62）、式（5-65）代入式（5-60）的第四项及第七项，得

$$dL_{\xi}=dL_x=\left\{C_D\frac{1}{2}\rho D\dot{\omega}_x|\dot{\omega}_x|+C_m\rho\pi\frac{D^2}{4}\ddot{\omega}_x\right\}dl \tag{5-66}$$

这就是应用广泛的著名的 Morison 公式。式（5-66）中的第一项为拖曳力项，而第二项为惯性力项。

当不能忽略结构物或构件的动力响应时，式（5-60）的第一项及第二项也必须考虑，利用式（5-64）和式（5-65）的关系，且把附加质量$m_{a\xi}$用惯性力系数C_m表示，得到：

$$dL_x=\left\{-m\ddot{\upsilon}_x+C_D\frac{1}{2}\rho D(\dot{\omega}_x-\dot{\upsilon}_x)|\dot{\omega}_x-\dot{\upsilon}_x|+(C_m-1)\rho x\frac{D^2}{4}(\ddot{\omega}_x-\ddot{\upsilon}_x)+\rho\pi\frac{D^2}{4}\ddot{\omega}_x\right\}dl \tag{5-67}$$

式（5-67）中第二项以后的项为波力。另外，还需要考虑水动力的相互干涉及升力的影响，但在此不考虑。

2. 波浪力的统计计算方法

对应特定海况下具有最大波高的波浪，细长构件所受的波力可采用统计计算方法求得。设构件为圆管，现考虑构件 k 的轴向上的微小部分 dl。水质点运动作用于微小部分构件法向上的力 $dL_k(t)$ 可按 Morison 公式计算。作用于构件 k 上的总波力：

$$L_k(t)=\int_0^{l_k}dL_k(t) \tag{5-68}$$

式中　L_k——构件长度。

另外，波压中心可用下式求得：

$$l_{kca}(t)=\left\{\int_0^{l_k} l\mathrm{d}L_k(t)\right\}/L_k(t) \tag{5-69}$$

使用 Morison 公式的关键是系数 C_D与 C_m的设定问题。影响这两个系数的因素很多，比如 Reynolds 数、Kenlegan-Carpenter 数及构件表面的相对粗糙度等。因此，若想精确地给定它们的数值是非常困难的。所以，在此把 C_D及 C_m作为随机变量处理。

另外，设波浪中水质点的运动服从有限振幅波理论（在此使用三阶斯托克斯波）。它的速度及加速度为波高 H、波浪周期 T_w、水深 d 及时间 t 的函数，如图 5-2 所示。

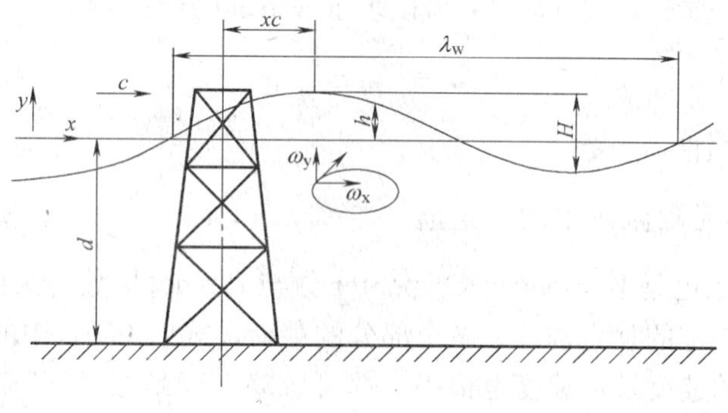

图 5-2

海面状态可用波高及波浪周期的分布描述。而描述海面状态的实用量度是有义波高 H_s及平均波浪周期 $\overline{T}_w$。在单位时间 T_s内，把观测到的所有波浪按波高大小顺序排列，然后从最高的开始取全部波浪 1/3 波高的平均值，就是 H_s。$\overline{T}_w$是在时间 T_s内所观测到的全部波浪的周期的平均值。所以，H_s和 $\overline{T}_w$是观测海况的样本的统计量。H_s和 $\overline{T}_w$不是互相独立的，一般讲，H_s大 $\overline{T}_w$便较长。为了以后统计分析的方便，平均波浪周期 $\overline{T}_w$及有义波高 H_s和波浪周期 T_w及波高 H 间的关系可按下述公式作确定性处理：

$$\overline{T}_w=\alpha_1 H_s^{\beta} \tag{5-70}$$

$$T_w=\alpha_2 H^{\beta} \tag{5-71}$$

其中 α_1、α_2及 β 是常数。

在有义波高为 H_s的海况下，波高 H 服从 Rayleigh 分布，其概率密度函数：

$$P_{H/H_S}(h/H_S)=\frac{4h}{H_S^2}\exp\left\{-\frac{2h^2}{H_S^2}\right\} \tag{5-72}$$

为了分析结构的最终强度及主要构件的可靠性，人们最关心的是相对于最大波高 H_{max}的波力。如果假定各波高是互为统计独立的，则在有义波高为 H_s的海况下，在时间 T_s内，最大波高 H_{max}的分布函数：

$$P_{H_{max}}(h/H_s,T_s)=\{P_{H/H_S}(h/H_S)\}^{N_W(T_s,H_s)} \tag{5-73}$$

式中　P_{H/H_S}——各波高的分布函数；

$N_w(T_s,H_s)$——海况持续时间内作用在结构物上的波浪数：

$N_w(T_s,H_s)=[T_s/T_w(H_s)]$，$[T_s/T_w(H_s)]$为高斯符号。

这时最大波高的均值及方差为：

$$E[H_{max}]=\int_0^{\infty} hP_{H_{max}}(h)\mathrm{d}h \tag{5-74}$$

$$\sigma^2_{H_{max}}(h)=E[H^2_{max}]-\{E[H_{max}]\}^2 \tag{5-75}$$

式中　$P_{H_{max}}(h)=\mathrm{d}P_{H_{max}}(h)/\mathrm{d}h$。

作用于构件k上的波力$L_k(t)$是最大波高H_{max}、拖曳力系数C_D、惯性力系数C_m及时间t的函数，可表示为：

$$L_k(t)=g_k(Y,t) \tag{5-76}$$

式中　$Y=(Y_1, Y_2, Y_3)=(H_{max}, C_D, C_m)$。

实验表明C_D与C_m是负相关的。在设C_D、C_m服从负相关的正态联合分布，另外设H_{max}与C_D及C_m是独立的。所以，波力的均值$\mu_{L_k}(t)$及方差$\sigma^2_{L_k}(t)$可用下式计算：

$$\mu_{L_k}(t)=\iiint g_k(\bar{y},t)PH_{max}(y_1)P_{C_DC_m}(y_2,y_3)\mathrm{d}y_1\mathrm{d}y_2\mathrm{d}y_3 \tag{5-77}$$

$$\sigma^2_{L_k}(t)=\iiint P_k(\bar{y},t)^2PH_{max}(y_1)P_{C_DC_m}(y_2,y_3)\mathrm{d}y_1\mathrm{d}y_2\mathrm{d}y_3-\{\mu_{L_k}(t)\}^2 \tag{5-78}$$

其中，$P_{C_DC_m}(y_2, y_3)$是C_D与C_m的联合概率密度函数。式（5-77）、式（5-78）的计算非常复杂，所以在此推荐基本随机变量的均值及方差，利用FOSM法近似地求出波力的均值及方差。这时，函数g_k的偏微分可按数值微分的方法计算：

$$\ddot{\mu}_{L_k}\approx g_k(\mu_{H_{max}},\mu_{C_d},\mu_{C_m}) \tag{5-79}$$

$$\sigma^2_{L_k}\approx\sum_{i=1}^{3}\left\{\frac{\partial g_k}{\partial y_i}\Big|_{\mu_Y}\right\}^2\sigma^2_{Y_i}+\sum_{\substack{i=1\\i\neq j}}^{3}\sum_{j=1}^{3}\left|\frac{\partial g_k}{\partial y_j}\Big|_{\mu_Y}\right|\sigma_{Y_i}\sigma_{Y_j}\rho_{ij} \tag{5-80}$$

最后设作用于各构件上的波力是具有按上述方法求得的均值及方差的正态随机变量，于是可以把它作为结构可靠性分析的荷载条件使用。

5.2.2　结构的动力响应模型

对于活动式海洋结构物，在考虑结构物的运动后，可按式（5-67）计算波浪力，当结构物比较小时，以导管架式平台为代表的固定式海洋结构物的刚性较大，甲板荷载较小，所以不必考虑结构的动力响应。而对于设置在100m以上水深的大型结构物，结构的固有振动周期与海洋波浪的周期非常接近，所以在计算波力时，必须考虑结构的动力响应。下面以平面杆系为对象，介绍动力响应的分析方法。

1. 运动方程式

通常，结构物可以通过有限元方法模型化。这时，各构件可以按充分表达其复杂运动状态的要求进行分割，分割之后的要素是相同的、均质的。

首先按图5-3决定杆元h（要素端为i、j）在局部坐标系中的节点力向量$F_h=$

$(F_{x_i}, F_{y_i}, M_{z_i}, F_{x_j}, F_{y_j}, M_{z_j})$及节点位移向量$\upsilon_h=(\upsilon_{x_i}, \upsilon_{y_i}, \theta_{z_i}, \upsilon_{x_j}, \upsilon_{y_j}, \theta_{z_j})$。

梁在轴向的位移

$$V_x(x,t)=C_0(t)+C_1(t) \tag{5-81}$$

另外，梁的挠度

$$\upsilon_y(x,t)=a_0(t)+a_1(t)x+a_2(t)x^2+a_3(t)x^3 \tag{5-82}$$

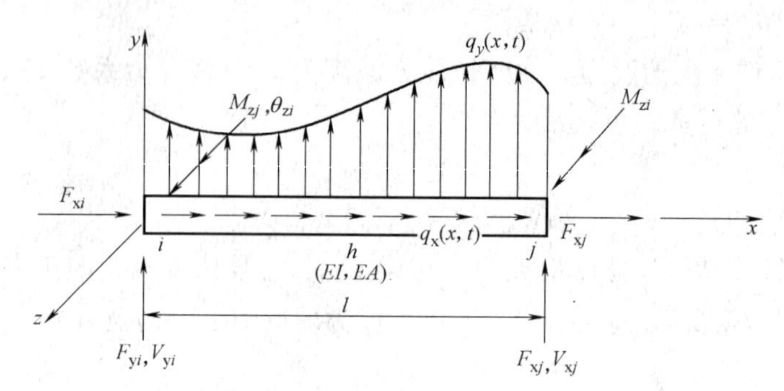

图 5-3

梁纵向振动时，由外力形成的虚功：

$$\delta W_1=\int_0^l\left(q_x(x,t)-\frac{\gamma A}{g}\ddot{\upsilon}_x\right)\delta\upsilon_x\mathrm{d}x \tag{5-83}$$

梁横向振动时，由外力形成的虚功：

$$\delta W_2=\int_0^l\left(q_y(x,t)-\frac{\gamma A}{g}\ddot{\upsilon}_y\right)\delta\upsilon_y\mathrm{d}x \tag{5-84}$$

式中 γ——单位体积的重量；

g——重力加速度；

A、l——杆元的截面积及长度。

分布荷载$q_x(x, t)$、$q_y(x, t)$、等价节点向量度F_h^*以及惯性力$-\frac{\gamma A}{g}\ddot{\upsilon}_x$、$-\frac{\gamma A}{g}\ddot{\upsilon}_y$和等价节点力$F'_h$，可以按式（5-83）、式（5-84）中的相应项对节点位移υ_h求导得出，即

$$F_h^*-F'_h=\frac{\partial W}{\partial \upsilon_h} \tag{5-85}$$

利用式（5-81）、式（5-82）的关系，则$F_h^*-F'_h$最终可以按下式给出：

$$F_h^*=\begin{bmatrix}1 & 0 & 0 & -\frac{1}{l} & 0 & 0\\ 0 & 1 & 0 & 0 & -\frac{3}{l^2} & \frac{2}{l^2}\\ 0 & 0 & 1 & 0 & -\frac{2}{l} & \frac{1}{l^2}\\ 0 & 0 & 0 & \frac{1}{l} & 0 & 0\\ 0 & 0 & 0 & 0 & \frac{3}{l^2} & -\frac{2}{l^3}\\ 0 & 0 & 0 & 0 & -\frac{1}{l} & \frac{1}{l^2}\end{bmatrix}\begin{bmatrix}P_1\\ Q_0\\ Q_1\\ P_1\\ Q_2\\ Q_3\end{bmatrix} \tag{5-86}$$

式中 $$P_{\mathrm{m}}=\int_0^1 q_{\mathrm{x}}(x,t)x^{\mathrm{m}}\mathrm{d}x \quad (m=0,1) \tag{5-87}$$

$$Q_{\mathrm{m}}=\int_0^1 q_{\mathrm{x}}(x,t)x^{\mathrm{m}}\mathrm{d}x \quad (m=0,1,2,3) \tag{5-88}$$

$$F'_{\mathrm{h}}=\begin{bmatrix} \frac{1}{3} & 0 & 0 & \frac{1}{6} & 0 & 0 \\ 0 & \frac{13}{35} & \frac{11l}{210} & 0 & \frac{9}{70} & \frac{-13l}{420} \\ 0 & \frac{11l}{210} & \frac{l^2}{105} & 0 & \frac{13l}{420} & \frac{-l^2}{140} \\ \frac{1}{6} & 0 & 0 & \frac{1}{3} & 0 & 0 \\ 0 & \frac{9}{70} & \frac{13l}{420} & 0 & \frac{13}{35} & \frac{-11l}{210} \\ 0 & \frac{-13l}{420} & \frac{-l^2}{140} & 0 & \frac{-11l}{210} & \frac{l^2}{105} \end{bmatrix}\upsilon_{\mathrm{h}}=M_{\mathrm{h}}\upsilon_{\mathrm{h}} \tag{5-89}$$

式中 M_{h}——实对称质量矩阵。

计算出纵向及弯曲变形能的微分 δV。根据 Castigliano 第二定律，可以求得节点内力 F''_{h}，即

$$F''_{\mathrm{h}}=\frac{\partial V}{\partial \upsilon_{\mathrm{h}}} \tag{5-90}$$

最后 F''_{h}可用下式给出：

$$F''_{\mathrm{h}}=\begin{bmatrix} \frac{EA}{l} & 0 & 0 & -\frac{EA}{l} & 0 & 0 \\ 0 & \frac{12EI}{l^2} & \frac{6EI}{l^2} & 0 & -\frac{12EI}{l^3} & \frac{6EI}{l^2} \\ 0 & \frac{6EI}{l^2} & \frac{4EI}{l} & 0 & -\frac{6EI}{l^2} & \frac{2EI}{l} \\ -\frac{EA}{l} & 0 & 0 & \frac{EA}{l} & 0 & 0 \\ 0 & -\frac{12EI}{l^3} & -\frac{6EI}{l^2} & 0 & \frac{12EI}{l^2} & -\frac{6EI}{l^2} \\ 0 & \frac{6EI}{l^2} & \frac{2EI}{l} & 0 & \frac{6EI}{l^2} & \frac{4EI}{l} \end{bmatrix}\upsilon_{\mathrm{h}}=K_{\mathrm{h}}\upsilon_{\mathrm{h}} \tag{5-91}$$

式中 E——弹性模量；

I——绕 Z 轴的惯性矩；

K_{h}——刚度矩阵，是一个实对称矩阵。

把局部坐标系的质量矩阵 M_{h}、刚度矩阵 K_{h}及外力向量 F_{h}^* 乘以坐标变量矩阵，可得到相对于总体坐标系的质量矩阵 M_{h}、刚性矩阵 K_{h}及外力向量 F_{h}^*。把各要素的 M_{h}、K_{h}、F_{h}^* 相对于共同节点进行叠加，则可建立起结构总体的质量矩阵 M、刚性矩阵 K 及外力向量 F^*。设结构总体的节点位移向量为 υ，则结构的动态平衡方程式为：

$$M\ddot{\upsilon}+K\ddot{\upsilon}=F^* \tag{5-92}$$

如果考虑结构的阻尼，则有

$$M\ddot{\upsilon}+C\dot{\upsilon}+K\upsilon=F^{*} \tag{5-93}$$

式中 C——结构的阻尼矩阵。

当考虑海洋结构物在波浪中的响应时，外力向量 F^{*} 即为波力。根据式（5-67）第二项以后的 Morison 公式，波力 F^{*} 可用结构的位移速度$\dot{\upsilon}$和位移加速度 $\ddot{\upsilon}$ 与水质点的速度和加速度的函数给出。如把 Morison 公式中的拖曳力项进行线性化处理，则波力向量

$$F^{*}=M'\ddot{\upsilon}+C'\dot{\upsilon}+F_{w}^{*}(t) \tag{5-94}$$

式中 M'——附加质量矩阵，是实对称矩阵；

C'——黏性阻尼矩阵，是实对称矩阵；

$F_{w}^{*}(t)$——由水质点运动而引起的波力向量。

M'和C'可用推导M的同样方法求得。

把式（5-94）代入式（5-93），再把 F^{*} 中与$\dot{\upsilon}$有关的拖曳力项及与 $\ddot{\upsilon}$ 有关的惯性力项移到左边，则可得到下面的运动方程式：

$$(M-M')\ddot{\upsilon}+(C-C')\dot{\upsilon}+K\upsilon=M^{*}\ddot{\upsilon}+C^{*}\dot{\upsilon}+K\upsilon=F_{w}^{*}(t) \tag{5-95}$$

在时域内求解运动方程式（5-95），可得到结构的动力响应。另外，把波力 $F_{w}^{*}(t)$ 相对水质点速度及加速度线性化，可由波高谱导出波力谱，把它作为输入谱，则可把式（5-95）作为频域的运动方程求解。

2. 模态分析

运动方程式（5-95）的解法有线性加速度法和 Runge-Kutta 法等模拟方法。模拟法是非常一般的方法，即使 M^{*}、C^{*} 和 K 随时间变化也是可以求解的，但是计算时间较长，而且还有其他缺点。

M^{*}、C^{*} 和 K 是常数矩阵（不随时间变化的矩阵）。根据数学性质，可以用模态分析方法求解。

在求解运动方程式（5-95）时，首先要讨论下述固有值问题，即

$$Ku=\gamma M^{*}u \tag{5-96}$$

式中 K、M^{*}——$n\times n$ 实对称矩阵；

γ——固有值，所以$\sqrt{\gamma}/2\pi$ 便为固有振动数；

u——是对应于固有振动数的稳定振幅向量，称为标准振动模态。

把式（5-96）的固有向量内关于 M 正交元素选出 n 个，把满足

$$u^{\mathrm{T}}M^{*}u=1 \tag{5-97}$$

的正规化的元素设为 $u_1\ u_2\cdots\ u_n$，则可得到把它们作为列向量的矩阵：

$$U=(u_1,u_2,\cdots,u_n) \tag{5-98}$$

另外，设对应于 u_i的固有值为υ_i（$i=1$，2，…，n）。

把运动方程式（5-95）的两边从左侧乘以 U^{T}，且进行下述变量变换：

$$y(t)=U^{-1}\upsilon(\mathrm{t}) \tag{5-99}$$

则可得

$$U^{\mathrm{T}}M^{*}\ddot{U}+U^{\mathrm{T}}C^{*}U_{y}+U^{\mathrm{T}}KU_{y}-U^{\mathrm{T}}F_{w}^{*}(t) \tag{5-100}$$

根据式（5-96）、式（5-97）和固有向量与M^*的正交性，则

$$U^{T}M^{*}U=\begin{bmatrix}1 & 0 & \cdots & 0\\ 0 & 1 & \cdots & 0\\ 0 & 0 & \cdots & 0\\ \vdots & \vdots & & \vdots\\ 0 & 0 & \cdots & 1\end{bmatrix} \tag{5-101}$$

$$U^{T}KU=\begin{bmatrix}\upsilon_1 & 0 & \cdots & 0\\ 0 & \upsilon_2 & \cdots & 0\\ 0 & 0 & \cdots & 0\\ \vdots & \vdots & & \vdots\\ 0 & 0 & \cdots & \upsilon_n\end{bmatrix} \tag{5-102}$$

在此应指出的是，问题的难点是矩阵C^*的处理问题，一般讲

$$U^{T}C^{*}U=\begin{bmatrix}r_{11} & r_{12} & \cdots & r_{1n}\\ r_{21} & r_{22} & \cdots & r_{2n}\\ \vdots & \vdots & & \vdots\\ r_{n1} & r_{n2} & \cdots & r_{nn}\end{bmatrix} \tag{5-103}$$

不能进行对角化。C^*可以用结构阻尼矩阵C及黏性阻尼矩阵C'的和表示。如果把波力线性化，则C'与质量矩阵$M(M^*)$成比例。在此假定结构阻尼矩阵C与刚度矩阵K成比例，则

$$C^{*}=C-C'=a_{K}K+a_{M}M \tag{5-104}$$

这时

$$U^{T}C^{*}U=a_{K}U^{T}KU+a_{M}U^{T}M^{*}U$$

$$=\begin{bmatrix}a_K\upsilon_1+a_M & 0 & \cdots & 0\\ 0 & a_K\upsilon_2+a_M & & 0\\ \vdots & \vdots & & \vdots\\ 0 & 0 & \cdots & a_K\upsilon_n+a_M\end{bmatrix}\begin{bmatrix}C_1 & 0 & \cdots & 0\\ 0 & C_2 & \cdots & 0\\ \vdots & \vdots & & \vdots\\ 0 & 0 & \cdots & C_n\end{bmatrix} \tag{5-105}$$

形成对角化矩阵。把式（5-100）的右边和

$$U^{T}F_{w}^{*}(t)=g_{w}(t)=(g_{w1}(t)\quad g_{w2}(t)\quad \cdots\quad g_{wn}(t))^{T} \tag{5-106}$$

置换，则式（5-100）的实质内容有

$$\left.\begin{aligned}\ddot{y}_1+C_1\dot{y}_1+\upsilon_1 y_1&=g_{w1}(t)\\ &\vdots\\ \ddot{y}_i+C_i\dot{y}_i+\upsilon_i y_i&=g_{wi}(t)\\ &\vdots\\ \ddot{y}_n+C_n\dot{y}_n+\upsilon_n y_n&=g_{wn}(t)\end{aligned}\right\} \tag{5-107}$$

这样对每个微分方程式分别求解即可。例如第i个方程式的解为：

$$\begin{aligned}y_i(t)=&\frac{1}{\omega_{di}}\int_0^t g_{wi}(\tau)e^{\zeta_t\omega_{ni}(t-\tau)}\sin\omega_{di}(t-\tau)\mathrm{d}\tau+e^{-\zeta_t\omega_{ni}t}\\ &\times\{a_i\cos\omega_{di}t+(\zeta_t\omega_{ni}\alpha_i+\beta i)/\omega_{di}\times\sin\omega_{di}t\}\end{aligned} \tag{5-108}$$

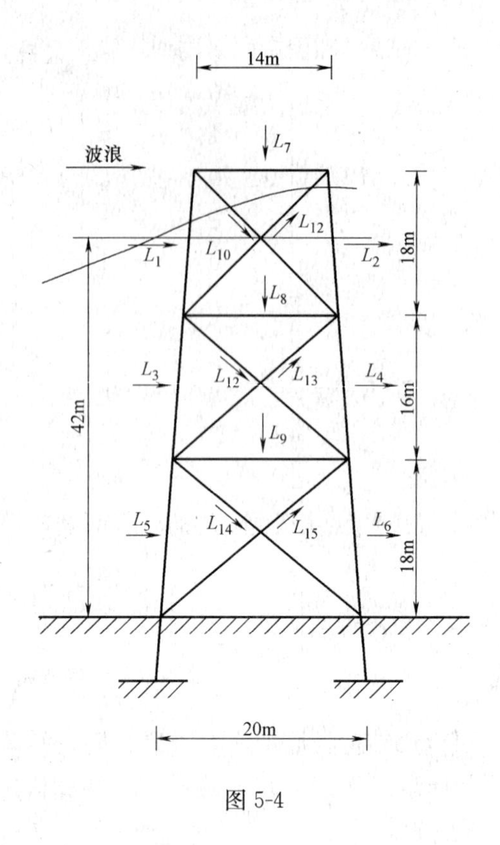

图 5-4

式中 $\alpha_i = y_i(0)$，$\beta_i = \dot{y}_i(0)$，$\omega_{ni} = \sqrt{\gamma_i}$，$\zeta_i = C_i/(2\sqrt{\gamma_i})$，$\omega_{di} = \sqrt{1-\zeta_i^2}\omega_{ni}$

所以，当初始条件 $\upsilon(0)$、$\dot{\upsilon}(0)$ 给定时，根据式（5-99）进行变换，求出 $y(0)$ 及 $\dot{y}(0)$，则由式（5-108）可以求出 $y(t)$。根据求得的 $y(t)$，按式（5-99）进行逆运算，则可求出 $\upsilon(t)$，也可求出 $\dot{\upsilon}$ 及 $\ddot{\upsilon}$。

把结构的位移速度 $\dot{\upsilon}(t)$、位移加速度 $\ddot{\upsilon}(t)$ 及水质点的运动代入线性化的 Morison 公式，可计算出考虑结构运动响应的波力。

5.2.3 安全裕度自动生成与失效概率计算

1. 安全裕度的自动生成及失效衡准

这里考虑有 n 个单元，l 个节点，每个节点有 6 个自由度，对各梁元从左端到右端的顺序进行编号，第 i 个梁元刚域内侧端面的失效衡准由下式确定：

$$Z_i = R_i - C^{\mathrm{T}} - X_{\mathrm{t}} \leqslant 0 \tag{5-109}$$

设 r_1，r_2，…，r_{p-1} 梁元端面已失效，则没有失效的残存梁元端面 i（第 t 个杆元）的安全裕度为：

$$\begin{aligned} Z_i^{(\mathrm{p})}(r_1, r_2, \cdots, r_{p-1}) &= R_i + C_i^{\mathrm{T}}\left((b_{\mathrm{t}}^{(\mathrm{p})})_{\mathrm{r}} \sum_{K=1}^{n} T_{\mathrm{K}}^{\mathrm{T}} \tau_{\mathrm{k}}^{\mathrm{T}} X'^{(\mathrm{p})}_{\mathrm{K}} - (X'^{(\mathrm{p})}_{\mathrm{t}})_{\mathrm{r}}\right) - C_i^{\mathrm{t}}(b_{\mathrm{t}}^{(\mathrm{p})})_{\mathrm{r}} L \\ &= R_i + \sum_{k=1}^{p-1} a_{i\mathrm{rk}} R_{\mathrm{rk}} \sum_{j=1}^{6t} - b_{\mathrm{r}j} L_j \end{aligned} \tag{5-110}$$

式中 $$(b_{\mathrm{t}}^{(\mathrm{p})})_{\mathrm{r}} = K_{\mathrm{i},t}^{(\mathrm{p})} T_{\mathrm{t}} (K_{\mathrm{t}}^{(\mathrm{p})-1})_{\mathrm{r}}$$

$$T_k=\begin{bmatrix} T_e & 0 & 0 & 0 \\ 0 & T_e & 0 & 0 \\ 0 & 0 & T_e & 0 \\ 0 & 0 & 0 & T_e \end{bmatrix}$$

$$T_e=\begin{bmatrix} l_x & m_x & n_x \\ \dfrac{-m_x}{\sqrt{l_x^2+m_x^2}} & \dfrac{l_x}{\sqrt{l_x^2+m_x^2}} & 0 \\ \dfrac{-n_x l_x}{\sqrt{l_x^2+m_x^2}} & \dfrac{m_x n_x}{\sqrt{l_x^2+m_x^2}} & \sqrt{l_x^2+m_x^2} \end{bmatrix}$$

$$l_x=\cos(X,X'),m_x=\cos(Y,Y'),n_x=\cos(Z,Z')$$

此外，L 为节点外载荷向量；a_{irk}、b_{rj} 均为矩阵相乘后所得系数。

2. 整体结构失效概率的计算方法

本书采用分支限界法寻找系统的主要失效形式和用 Ditlevsen 法求整体结构的失效概率。由于空间刚架系统的单元数目庞大，即使采用分支限界法，也还存在计算时间过长、存储容量过大等问题，可用如下改进措施。

① 先给定一个临界失效概率值 p_{fcr} 作为限界处理的初始值 p_{fM}，大量实践证明，这是一个效率较高又能保证精度的有效措施。具体做法是：根据精度要求，设定一个初始临界失效概率，本书设 $p_{fcr}=10^{-16}$。如果 p_{fcr} 取值过大，会造成被舍弃的路径过多，使其对系统失效概率的贡献量 $\sum_{j=1}^{n-m} G_j$ 值过大，给计算精度带来不利影响。为此，笔者设计了一个“收紧”p_{fcr} 值的措施：每一步分支时，计算已舍弃路径产生概率的贡献量 $\sum_{j=1}^{n-m} G_j$，并将它与临界失效概率值 p_{fcr} 作比较，当 $\sum_{j=1}^{n-m} G_j \geqslant 10^{-r_2}\cdot p_{fM}$时，就认为不能再按原分支限界法要求继续放大 p_{fM}值，这时将现有的临界失效概率值 p_{fcr} 乘以 10^{-r_3}，即收紧 p_{fcr}。

② 限制失效路径阶段数。在有关文献中详细介绍了分支限界法的基本步骤，结构系统的失效是由下述刚度矩阵之比来判定：

$$K^{(q)}/K^{(0)}\leqslant\varepsilon \tag{5-111}$$

式中，上标（q）和（0）分别代表第 q 次失效阶段和梁元处于完全弹性阶段。式（5-111）中常数 ε 的选取有一定的经验性，当 ε 越小，失效阶段的 r_1，r_2，…，r_q的数目就越大，即分支路径越长。大量实验表明，当失效路径阶段值 r_q达到足够大时，其路径产生概率值就趋于一定值。根据集合和概率的基本概念有：

$$p_f(A_1)\geqslant p_f(A_1\cap A_2)\geqslant\cdots\geqslant p_f(A_1\cap A_2\cap A_3\cdots\cap A_{rq})$$

为此，可用下式取代式（5-111）：

$$\frac{p_f(Z_{r_{p+1}}(r_1,r_2,\cdots,r_p)\leqslant 0)-P_f(Z_{r_p}(r_1,r_2,\cdots,r_{p-1})\leqslant 0)}{p_f(Z_{r_p}(r_1,r_2,\cdots,r_{p-1})\leqslant 0)}\leqslant\varepsilon \tag{5-112}$$

式中的 ε 可根据精度要求来确定，此处取 $\varepsilon=10^{-3}$。

以上提出的限制分支路径阶段数，实际上是用一条非完整的路径代替完整的失效路径。许多算例表明：在保证同一精度要求的条件下，采用这一改进措施，可明显减少计算时间。这种处理方法的结果偏于安全，工程上是允许的。

5.2.4 海洋平台结构系统的疲劳可靠性分析

研究在交变荷载作用下结构系统的疲劳可靠性时，应着眼其疲劳特性，即某一失效阶段中任一构件因疲劳累积损伤而失效时，其余构件也会出现一定程度的损伤，其损伤度不仅取决于荷载的类型、大小和分散程度，而且还取决于前次失效构件应力大小及其承载能力。以下以科尔顿-多兰非线性累积损伤理论为依据，研究出分析结构系统可靠性的误差阶段分析法。

1. 结构的失效判据

结构系统的失效包括：①塑性失效；②疲劳断裂失效；③失稳。这里只考虑①和②两种情况，即：①整个结构系统中，疲劳破坏的构件达到一定数目，结构系统无法承载；②结构系统中已达到塑性屈服极限的构件有一定数目，使结构变成机构；③结构系统中某些构件已疲劳失效，而未失效的构件中，有部分构件达到屈服极限，使系统发生机构破坏。

2. 结构系统疲劳极限状态方程的建立

分析由 n 个构件组成的结构系统的第 p 失效阶段，即 r_1，r_2，…，r_p个构件已经失效。在失效历程的各个阶段中，失效构件的交变应力水平为 σ_1，σ_2，…，σ_p；各级交变应力作用下结构系统所经历的交变次数分别为 n_1，n_2，…，n_p。由累积损伤理论可知，第 p 阶段时，结构系统未失效单元 r_i[$i\in(1, 2, \cdots, n)$，$r_i \in(r_1, r_2, \cdots, r_p)$] 的疲劳累积损伤过程可由下式表示：

$$\delta_{r_i}^{(p)} = \sum_{j=1}^{p} \frac{n_j}{N_{r_i}^{(j)}} \tag{5-113}$$

式中 $\delta_{r_i}^{(p)}$——第 p 阶段构件 r_i的总损伤度；

$N_{r_i}^{(j)}$——前一个 $j-1$ 个构件失效后，在第 j 阶段单元 r_i所承受交变应力所对应的疲劳寿命。

由塑性失效分析法可计算出尚未失效构件在第（$p+1$）个失效阶段的交变应力 $\sigma_{r_i}^{(p+1)}$，由此可以得到各残余结构构件在该阶段的疲劳寿命 $N_{r_i}^{(p)}$，结构按失效路径 $r_1 \to r_2 \to \cdots \to r_p \to r_{p+1}$。由第 p 失效阶段到 $p+1$ 所需的交变次数：

$$n_{r_i}^{(p+1)} = [D - \delta_{r_i}^{(p)}] N_{r_i}^{(p+1)} \tag{5-114}$$

式中 D——容许损伤度，此处取板厚的 20%。其最小交变次数：

$$n_{\min}^{(p+1)} = \min[n_{r_i}^{(p+1)}] \tag{5-115}$$

由于在结构系统中各构件所承受的应力水平不一样，故在进行疲劳可靠性分析时，可将疲劳寿命相对较大的失效形式从主要失效形式候选集之中去掉，即候选集可变为：

$$\frac{n_{\min}^{(p+1)}}{n_{r_k}^{(p+1)}} \leqslant \varepsilon, \quad r_k = 1, 2, \cdots, (m-p) \tag{5-116}$$

式中 ε——精度控制小量，取为 10^{-4}。

每一阶段都按上述方法对可能疲劳失效的构件进行循环，直到满足系统失效判据为止。我们将式（5-116）的引入称为截断误差法。

设 r_1，r_2，…，r_m共有 m 个构件已经失效，由系统失效判据可知此时结构已失去承载能力。有关疲劳失效的计算，可按下述方法进行：

$$\begin{cases} \dfrac{n_1}{N_{11}}=D_1 \\ \dfrac{n_1}{N_{21}}+\dfrac{n_2}{N_{22}}=D_2 \\ \vdots \\ \dfrac{n_1}{N_{i1}}+\dfrac{n_2}{N_{i2}}+\cdots+\dfrac{n_i}{N_{ii}}=D_i \\ \vdots \\ \dfrac{n_1}{N_{m1}}+\dfrac{n_2}{N_{m2}}+\cdots+\dfrac{n_m}{N_{mm}}=D_m \end{cases}$$

由上式可得：

$$\begin{bmatrix} n_1 \\ n_2 \\ \vdots \\ n_m \end{bmatrix}=\begin{bmatrix} \dfrac{1}{N_{11}} & 0 & \cdots & 0 \\ \dfrac{1}{N_{21}} & \dfrac{1}{N_{22}} & \cdots & 0 \\ \vdots & \vdots & & \vdots \\ \dfrac{1}{N_{m1}} & \dfrac{1}{N_{m2}} & \cdots & \dfrac{1}{N_{mm}} \end{bmatrix}\begin{bmatrix} D_1 \\ D_2 \\ \vdots \\ D_m \end{bmatrix} \tag{5-117}$$

令

$$\frac{1}{N_{ij}}=a_{ij}$$

$$a_j=\sum_{i=1}^{m}a_{ij} \tag{5-118}$$

对于失效路径 $r_1 \to r_2 \to \cdots \to r_m$，结构系统的总寿命

$$n_Z=\sum_{i=1}^{m} n_i$$

故

$$n_Z=\sum_{j=1}^{m} a_j D_j \tag{5-119}$$

则极限状态方程为

$$Z_i=n_{Zi}-n_{si}$$

式中　n_{si}——结构系统的设计帮助。相应失效形式的产生概率：

$$p_f=p_f(Z\leqslant 0) \tag{5-120}$$

$$p_j=\Phi(-\beta) \tag{5-121}$$

式中　$\Phi(\cdot)$——标准正态分布的分布函数；

　　　β——可靠指标。

3. 结构系统失效概率的求法

由式（5-120）可求得结构系统所有疲劳失效形式的产生概率，以及结构系

统塑性屈服失效形式的产生概率 P_i（$i=L+1$，$L+2$，…，b），则综合考虑疲劳和塑性失效结构系统的失效概率 p_{fs}为：

$$p_{f1}+\max\left[\sum_{i=2}^{b}\left\{p_{fi}-\sum_{i=1}^{i-1}P[F_i\cap F_j]\right\},0\right]\leqslant p_{fs}$$
$$\leqslant\sum_{i=1}^{b}p_{fi}-\sum_{i=2}^{b}\max P[F_i\cap F_j]$$

第 6 章　结构可靠性优化设计方法

本章介绍船舶与海洋结构可靠性优化的几种方法：船体横框架的可靠性优化方法；船舶纵向结构的可靠性优化设计；海洋结构的可靠性优化方法。

6.1　船体横框架的可靠性优化设计方法

由于结构设计的经济性与安全性的需要，结构的优化设计与可靠性分析理论近年来得到迅速发展。传统的优化设计的数学模型为

目标函数　　$W=\sum_{i=1}^{n} l_i W_i$

约束条件　　$|\sigma_{ci}/[\sigma]|-1\leqslant 0$

$|\tau_i/[\tau]|-1\leqslant 0$

式中　W——结构系统的总重量；

σ_{ci}——作用在构件上的合应力；

l_i——构件的长度；

W_i——构件单位长度的重量；

n——组成系统的构件数；

τ_i——作用在构件上的剪应力；

$[\sigma]$——构件的许用应力；

$[\tau]$——构件的许用剪应力。

用基于概率和统计学理论建立起来的可靠性理论进行结构系统的优化设计，是将不确定性视为随机变量，并根据这些不确定性的分布类型、情况，进行合理处理，科学地综合了这些不确定性因素，使设计出的结构系统既满足安全性需要，又满足经济性要求。

下面以船体横框架结构系统的总重量为目标函数，优化设计变量为每个构件的尺寸，随机变量为结构的强度和外载荷。约束条件：①结构系统的失效概率或者系统中每一构件的失效概率小于临界值；②腹板的高度和宽度之比满足稳定性条件；③最小尺寸限制。

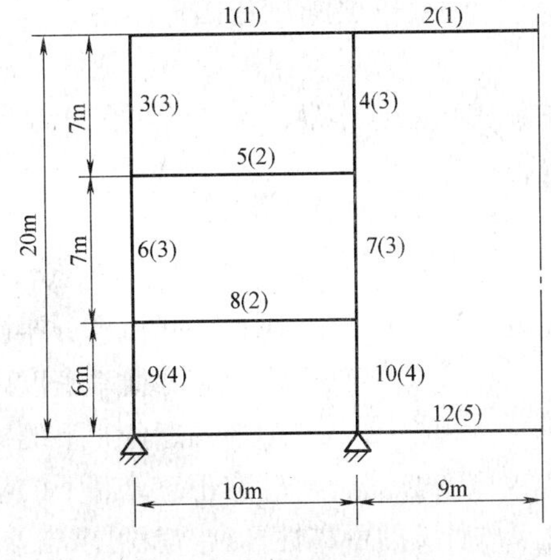

图 6-1

6.1.1　失效概率的求法

研究由 n 个构件组成的船体横框架结构系统（图 6-1）。

1. 构件失效概率的求法

在计算结构构件失效概率时，结构构件的抗力、构件合力 σ_{1i} 所对应的轴向力、剪力、弯矩应该视为随机变量。每根构件都满足下述安全裕度方程：

$$Z_i=\sigma_{1y}-\sigma_{1i}\leqslant 0 \quad (i=1,2,3,\cdots,n) \tag{6-1}$$

$$\sigma_{1i}=\sqrt{(\sigma_N+\sigma_M)+3\tau^2} \tag{6-2}$$

式中 Z_i——安全裕度；

σ_{1y}——屈服极限应力；

σ_{1i}——第 i 根构件的合应力；

σ_N——轴力引起的应力；$\sigma_N=\dfrac{N}{A_P}$；

N——构件所受的轴向力；

A_P——构件截面面积，$A_P=A_M+A_F+A_D$；

σ_M——在构件内弯矩所引起的应力，$\sigma_M=\dfrac{N}{A_{ZP}}$；

A_{ZP}——塑性剖面模数；

τ——剪应力，$\tau=\dfrac{T}{A_{FP}}$；

T——构件危险截面上所受的剪力；

A_{FP}——有效抗剪面积。

根据 Hasofer 和 Lind 所定义的"构件的可靠指标 β 为：标准正态空间中从原点到失效界面的最短距离"，即

目标函数 $$\beta=\min\left[\sum_{i=1}^{n}y_i{}^2\right]^{1/2} \tag{6-3}$$

约束条件 $$Z_i=\sigma_{1y}-\sigma_{1i}\geqslant 0 \quad (i=1,2,\cdots,n)$$

式（6-3）中 $$y_i=\frac{X_i-\mu_i}{\sigma_i}$$

式中 X_i——随机变量，$X_1=M$，$X_2=N$，$X_3=T$；

μ_i——随机变量的均值；

σ_i——随机变量的标准差。

然而，随机变量的分布类型是多种多样的，作用在船体横框架上的外荷载往往服从非正态分布；这时应对它进行当量正态化处理。处理后变量的标准差和均值为：

$$\sigma'_{x_i}=\varphi[\Phi^{-1}(F_{x_i}(X_i{}^*))]/f_{x_i}(X_i{}^*) \tag{6-4}$$

$$\mu X_i=X^*-\sigma_{x_i}\Phi[F_{x_i}(X^*)]$$

式中 $F_{x_i}(\cdot)$——原来实际概率分布函数；

$f_{x_i}(\cdot)$——原来实际概率密度函数；

$\Phi(\cdot)$——标准正态分布下的概率分布函数；

$\varphi(\cdot)$——标准正态分布下的概率密度函数。

有了构件 i 的可靠性标准，就可求出该构件的失效概率

$$p_{fi}=\Phi(-\beta) \tag{6-5}$$

2. 结构体系失效概率的求法

为了精确地求得图6-1所示的由12根构件组成的某油轮船体横框架结构的失效概率，需花费大量机时。优化设计要求多次迭代，每一次优化，都要重新计算系统的失效概率，这样精确解是难以实现的。因此，可用下式估算方法与精确解的关系：

$$p_{\mathrm{fM}}=\sum_{i=1}^{n} p_{\mathrm{fi}} \tag{6-6}$$

其结论是：式（6-6）最安全，即 p_{fM} 大于精确解，而且与精确解误差不很大。

6.1.2 船体横框架的可靠性优化设计方法

船体的横框架是由高腹板梁组成的刚架结构系统。为了便于比较，可采用图6-1作为模型。它由 n 根工字形及T形构件组成。因为构件的带板由总纵强度确定，故在做船体横框架结构的最优可靠性设计时，将它作为定值（不进行优化），而面板面积 $A_{\mathrm{M}i}$，腹板高度 H_i、腹板面积 $A_{\mathrm{F}i}$ 将作为优化变量，如图6-2所示，故有 $3\times n$ 个优化变量。

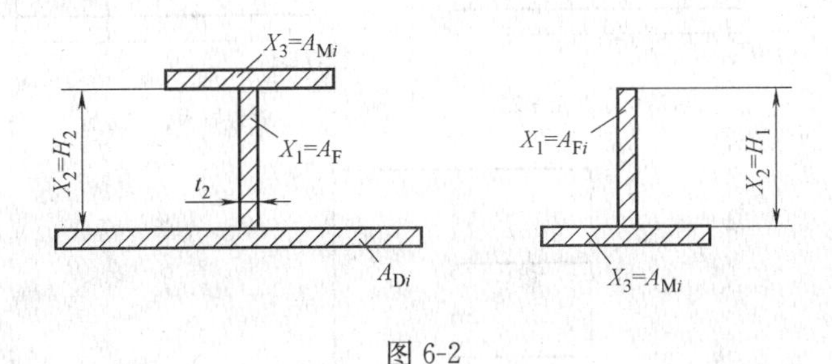

图6-2

在进行最优可靠性设计时，必须系统地考虑不同的工况，故在程序设计中应该选择最危险的载荷组合作为外载荷条件，即把满载吃水空中舱、满载吃水空边舱、轻载吃水空中舱、轻载吃水空边舱与空船入坞等五种工况（见图6-3）输入，计算每根构件分别在上述五种工况条件下的合应力，再从中选择合应力的最大值：

$$\sigma_{1i}=\max_{j\in K} \quad \sigma_{1ij} \tag{6-7}$$

式中 K——工况，$K=5$；

σ_{1i}——某一种工况下构件的合应力；

$j=1, 2, 3, \cdots, K$。

由上式合应力对应的轴力 N、剪力 T_i、弯矩 M，求得该构件的失效概率 p_{fi}。

每进行一次优化设计后，结构的内力将产生变化，自然引起该构件的失效概率变化。优化过程中将各构件的失效概率作为约束条件，使每根构件的失效概率都满足下式：

$$P_{\mathrm{fi}}\leqslant P_{\mathrm{fi0}} \tag{6-8}$$

在对各构件的剖面形状进行优化设计时，要对腹板的高度进行控制，即不是

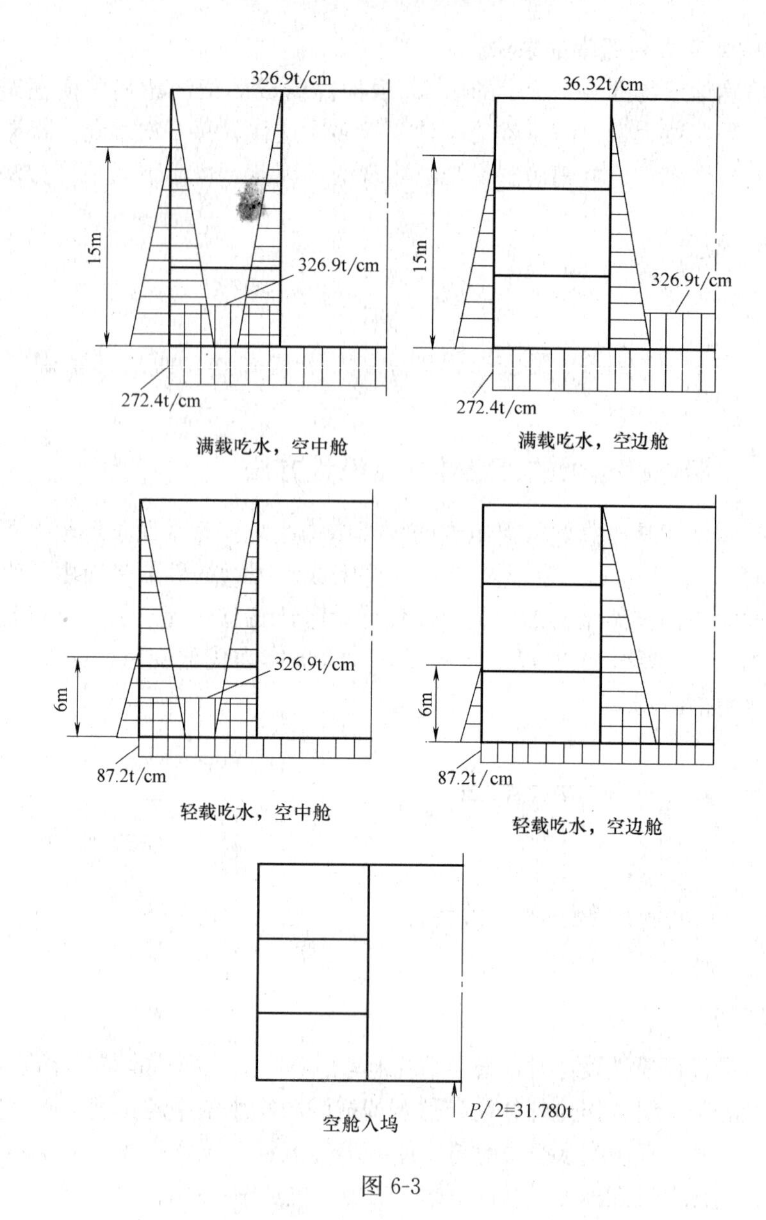

图 6-3

腹板高度越高越好，腹板高度应在满足腹板稳定性条件下进行优化设计。对称型腹板稳定条件为

$$\left|\frac{\sigma}{\sigma_E}\right|+\left|\frac{\tau}{\tau_E}\right|\leqslant 1 \tag{6-9}$$

$$\sigma_E=4.688\times10^{12}\left(\frac{b}{H}\right)^2 \tag{6-10}$$

式中 σ——腹板边缘计算正应力（Pa）；

τ——腹板中和轴处剪应力（Pa）；

σ_E——腹板纯弯曲时欧拉正应力（Pa）；

τ_E——腹板欧拉剪应力，$\tau_E=1.049\times10^{12}(b/H)^2$；

b——腹板宽度；

H——腹板高度。

由式（6-9）可得腹板高度应满足的条件：

$$H_i \leqslant \frac{b_i}{\sqrt{\left|\frac{\sigma}{4.688\times10^{12}}\right| + \left|\frac{\tau}{1.049\times10^{12}}\right|}} = H_{cri} \quad (i=1,2,3,\cdots,n) \tag{6-11}$$

这样，即可得优化问题：

$$\begin{cases} \min W = \sum_{i=1}^{n}[A_{Mi} + H_i b_i + A_{Di}]\rho g \\ s.t: P_{fi} \leqslant P_{fer} \\ H_i \leqslant H_{eri} \end{cases} \tag{6-12}$$

式中 A_{Mi}——每根构件的面板面积，为优化变量；

H_i——每根构件的腹板高度，为优化变量；

H_{eri}——尺度限制高度；

A_{Di}——每根构件的带板面积，为常数；

b_i——每根构件的腹板宽度，为优化变量。

基于可靠性理论解式（6-11）的最优设计问题显然比较复杂。为了节省计算时间，故选用可变误差多面体法，并对其进行有效的改进。此方法可以解多个不等式约束和等式约束的非线性函数的极小值。其特点是：不用计算目标函数的导数；稳定性好；它和可变误差多面体相比较计算时间明显减少。

方法大致如下：

① 引进近似能行点的概念；

② 逐渐寻找接近满足约束条件的极小点。随着迭代次数的增加，误差越来越小，在计算中得到的近似能行点的序列收敛到可行点，即在约束条件下：

$$\Phi^{(k)} - T(x) \geqslant 0 \tag{6-13}$$

求 $W(X_1, \cdots, X_i, \cdots, X_n)$ 的极小点。$T(x)$ 是第 k 步的可行性的允许值差。$T(x)$ 是表明点 x 破坏约束的一个度量，即

$$T(x) = \left[\sum_{i=1}^{n}(p_{fi0}(x) - p_{fi})^2 + \sum_{i=n+1}^{2n}(H_{0i} - H_i)^2\right]^{1/2} \tag{6-14}$$

满足 $\Phi^{(k)} - T(x) \geqslant 0$ 的点称为近似能行点，近似能行点的集合即为近似能行域。

程序运动中在可行域内采取可变多面体寻找方法，将误差 Φ 选成由可变多面体的顶点所确定的正下降函数 $\Phi^{(k)} = \Phi_1^{(k)}(X_1^{(k)}, X_2^{(k)}, \cdots, X_n^{(k)})$。

函数 Φ 在整个寻找过程中作为约束破坏的允许误差，同时作为寻找结束的判断量。Φ 由下式确定：

$$\Phi^{(k)} = \min\left[\Phi^{k-1}, \frac{1}{r+1}\sum_{i=1}^{m+1}E_i^n \| x_i^{(k)} - x_{r+2}^{(k)} \|\right]$$

$$\Phi^{(0)} = 2(n+1)t \tag{6-15}$$

式中 $x_i^{(k)}$——第 k 步寻找 E^n 中多面体的第 i 个顶点，$i=1, 2, \cdots, r+1$（$r=2n$）；

k——寻找的步数；

t——初始多面体边长。

③ 与可变多面体一样反射、膨胀、压缩、收缩来改变多面体，但在寻找中得到的每一个点若不能在近似可行域内，就需经过一个恢复过程，用过程中得到的一个属于近似能行域的点来代替。这样就能保证可变多面体的算法是在近似能行域内进行的。每次得到新的多面体后，都重新计算 $\Phi^{(k)}$，使

$$\Phi^{(0)} \geqslant \Phi^{(1)} \geqslant \Phi^{(2)} \geqslant \cdots \geqslant \Phi^{(k)} \geqslant 0$$

$$\lim_{k \to K} \Phi^{(k)} = 0$$

④ 其精度用下式控制：

$$\left| \frac{W^{(K)} - W^{(K+1)}}{W^{(K)}} \right| \leqslant \varepsilon_2 \tag{6-16}$$

⑤ 上述步骤①～④得到的初始量优值，由于全部采用不等式约束，往往偏于安全，腹板高度也会偏小。除此之外，还需满足以下两式：

$$\max \left| \frac{p_{fi} - p_{fcr}}{p_{fcr}} \right| \leqslant \varepsilon_3 \tag{6-17}$$

$$\max \left| \frac{H_i - H_{cr}}{H_{cr}} \right| \leqslant \varepsilon_4 \tag{6-18}$$

式中 ε_2、ε_3、ε_4——控制精度的小量，应根据具体设计中的重要程度选定，本书算例中取 0.1×10^{-4}。

⑥ 如果满足式（6-16）、式（6-17）和式（6-18）就结束。如果不满足，则排列各构件失效概率的大小，找出最小值和第二小值，即剩余强度最多和次多者，按比例减少该构件的截面积，重新计算结构内力、失效概率，直到满足为止。

由上述方法设计出来的船体横框架结构为接近等强度（P_{fi}值基本一致）。程序中可根据不同构件的重要程度，调整其临界失效概率值，如调低舭部的临界失效概率值。

另外，还可以采用控制结构体系失效概率在一定范围内的方法进行设计，即只将式（6-17）换成下式：

$$\left| \frac{p_{fM} - p_{fcr}}{p_{fcr}} \right| \tag{6-19}$$

式中 p_{fM}——横框架结构体系的失效概率；

p_{fcr}——横框架结构体系失效概率的临界值，根据重要程度给定。

6.1.3 算例

【例 6-1】 以各构件失效概率为约束条件。为了便于与传统优化设计作比较，根据有关资料，横框架由 12 根构件组成，构件编号如图 6-1 所示。使用两种剖面形状，如图 6-2 所示。分五种类型的剖面尺寸，即构件 1、2 为Ⅰ类，构件 5、8 为Ⅱ类；构件 3、4、6、7 为Ⅲ类，构件 9、10 为Ⅳ类，构件 11、12 为Ⅴ类。这样具有 15 个优化设计变量，10 个约束条件（其中 5 个为 $p_{fi} \leqslant p_{fi0}$，另 5 个为 $H_i < H_{i0}$），船舶装载情况见图 6-3，分别按以下计算条件计算：

① 荷载服从正态分布，$CV_{Li}=0.3$；结构构件的抗力服从正态分布，$CV_{Ri}=0.05$。设计结果详见表6-1。表中最优设计（即传统的优化设计）、计算原理、方法、条件等详见第3章。

（$[\sigma]=176.52\text{MPa}$，$[\tau]=117.28\text{MPa}$，$CV_{Li}=0.3$，$CV_{Ri}=0.5$）　**表6-1**

构件类型	Ⅰ				Ⅱ				Ⅲ			
带板面积(cm^2)	700				600				500			
优化变量	A_M (cm^2)	A_F (cm^2)	H (cm)	A (cm^2)	A_M (cm^2)	A_F (cm^2)	H (cm)	A (cm^2)	A_M (cm^2)	A_F (cm^2)	H (cm)	A (cm^2)
最优设计	102.9	115.7	104.1	918.6	71.1	29.2	26.2	171.5	88.1	157.1	124.8	745.2
最优可靠性设计	80.1	76.3	71.6	856.4	40.0	19.2	18.1	99.2	68.4	100.0	96.5	668.4

构件类型	Ⅳ				Ⅴ				目标函数
带板面积(cm^2)	600				800				
优化变量	A_M (cm^2)	A_F (cm^2)	H (cm)	A (cm^2)	A_M (cm^2)	A_F (cm^2)	H (cm)	A (cm^2)	W(t)
最优设计	349.3	330.5	168.6	1279.8	311.4	450.1	223.1	1570.5	70.22
最优可靠性设计	296.3	281.4	167.2	1177.7	298.3	387.4	199.8	1485.7	61.88

② 荷载服从对数正态分布，$CV_{Li}=0.3$；结构抗力服从正态分布，$CV_{Ri}=0.05$。设计结果在表6-2列出。

③ 荷载服从极值Ⅰ型分布，$CV_{Li}=0.3$；结构抗力服从正态分布，$CV_{Ri}=0.05$。设计结果在表6-2中列出。②、③设计条件下的结果在同一表中列出是为了比较不同分布对设计结果的影响。

④ 荷载服从极值Ⅰ型分布，$CV_{Li}=0.4$；结构抗力服从正态分布，$CV_{Ri}=0.05$。设计结果在表6-2中列出。

⑤ 以各个构件的失效概率和系统失效概率作为约束条件的不同设计结果见表6-3。

（$CV_{Li}=0.3$，$CV_{Ri}=0.05$）　**表6-2**

构件类型	Ⅰ				Ⅱ				Ⅲ			
带板面积(cm^2)	700				600				500			
优化变量	A_M (cm^2)	A_F (cm^2)	H (cm)	A (cm^2)	A_M (cm^2)	A_F (cm^2)	H (cm)	A (cm^2)	A_M (cm^2)	A_F (cm^2)	H (cm)	A (cm^2)
最优设计	90.6	95.8	88.3	886.4	56.4	19.7	18.1	132.5	74.7	115.1	106.4	689.8
最优可靠性设计	91.8	77.2	76.4	869.0	56.5	20.2	19.2	133.2	74.8	115.3	103.2	690.1

构件类型	Ⅳ				Ⅴ				目标函数
带板面积(cm^2)	600				800				
优化变量	A_M (cm^2)	A_F (cm^2)	H (cm)	A (cm^2)	A_M (cm^2)	A_F (cm^2)	H (cm)	A (cm^2)	W(t)
最优设计	295.5	288.9	130.9	1184.7	298.4	417.6	217.0	1516.0	63.82
最优可靠性设计	296.3	288.8	130.2	1185.1	298.5	416.4	216.4	1514.9	63.57

$(CV_{Li}=0.4,\ CV_{Ri}=0.05)$ 表 6-3

构件类型	Ⅰ				Ⅱ				Ⅲ			
带板面积(cm^2)	700				600				500			
优化变量	A_M (cm^2)	A_F (cm^2)	H (cm)	A (cm^2)	A_M (cm^2)	A_F (cm^2)	H (cm)	A (cm^2)	A_M (cm^2)	A_F (cm^2)	H (cm)	A (cm^2)
最优设计	97.1	102.6	95.6	899.7	62.0	21.8	19.2	145.8	77.3	114.2	101.2	691.5
最优可靠性设计	99.1	107.8	98.4	906.9	68.4	28.7	24.7	165.0	86.6	149.3	132.0	735.9

构件类型	Ⅳ				Ⅴ				目标函数
带板面积(cm^2)	600				800				
优化变量	A_M (cm^2)	A_F (cm^2)	H (cm)	A (cm^2)	A_M (cm^2)	A_F (cm^2)	H (cm)	A (cm^2)	W(t)
最优设计	308.9	298.9	139.2	1207.8	303.4	417.6	201.6	1521.0	64.56
最优可靠性设计	336.3	328.4	187.1	1264.7	309.0	448.9	224.2	1557.9	67.0

6.1.4 计算分析

① 最优可靠性设计所得的横框架结构总重量均比传统优化设计的小。这是由于传统的优化设计用半经验半理论的安全系数来描述其不确定性因素，而安全系数往往裕度较高。

② 由例 6-1 的①、②、③可知，荷载服从非正态分布时，所得到的结果比荷载服从正态分布重一些，而一般荷载服从非正态分布。因此，可靠性优化设计时必须考虑分布荷载类型，不宜简化为正态分布。

③ 增大荷载的变异系数时（例 6-1 的④），所得到的横框架重量明显增大，因此，变异系数对最优可靠性设计影响不可忽略。

④ 用体系失效概率作为约束条件时，横框架重量大于用构件失效概率作为约束条件所得的结果，其原因是在同样失效概率条件下，前者的安全程度高于后者。

6.2 基于神经网络理论的船舶纵向结构可靠性优化设计方法

在船舶结构设计中，纵向构件的确定十分重要，它占船体结构重量的70%～80%，因此舯剖面的可靠性优化设计是船舶可靠性优化设计的重要组成部分。

在舯剖面的设计中，大部分变量（如甲板、船底、舷侧的板厚、纵骨、纵桁剖面尺寸等）只能从市场供应品中选择；而另一些变量（如纵骨间距等）则为连续型设计变量。如何解具有两种不同性质的设计变量（即离散型设计变量和连续型设计变量）问题，一直是国内外瞩目的难题。目前解决这类问题的主要方法是：①分级优化；②先将离散型设计变量作为连续型设计变量，再规格化；③分支限界法。对于变量多，约束条件多，特别是考虑可靠性约束后大型结构物的优化问题，还有很多问题需要进一步探讨，如船体纵向强度的可靠性优化设计问题，因计算时间过长，难以实用化。为此，本节引入近年来备受国内外许多学科重视的神经网络理论，它具有离散性特性，能并行处理，运算速度相当快。采用并行处理和串行处理相结合的原理，解决了混合变量的结构可靠性优化设计问题。由于用神经网络原理优化只能得到近似最优解，因此提出设立记忆器方法，提高了优化精度。为使舯剖面可靠性优化设计实用化，以下提出一些新的改进措施，可在保证设计精度的条件下，有效地减少运算时间。

6.2.1　神经网络理论简介

以非线性大规模并行处理为主流的神经网络理论研究，近几年取得了令人瞩目的进展，引起了计算机、人工智能、认识科学、信息、微电子科学、自动控制、机械故障诊断和非线性优化等许多领域学者们的关注。

现代科学已经揭示：人脑是智慧的寓所，人的认知和思维能力定位于大脑皮层，它包含巨大数量的神经细胞和支持这些神经细胞的胶质细胞。神经细胞是行为反应的基本单元，称之为神经元。而任何思维和认知功能都不是由单个或少数几个神经元决定的，而是通过大量突触互相动态联系的许多神经元的集体作用来完成的，这就形成了神经网络的概念。神经网络理论是用工程技术手段模拟人脑神经网络的结构与功能特征的技术系统。自从 1987 年第一次神经网络国际会议以来，神经网络的研究在各国迅速兴起。目前可用大量的非线性并行处理器来模拟众多的人脑神经元，用处理器之间错综灵活的连接来模拟人脑神经元之间的突触行为。因此，神经网络理论是一种大规模的并行非线性动力系统，其特点是：大规模的复合系统，有大量可供调节的参数；高度并行机制，具有高运算能力；高度分散的存贮方式，具有全息联想的特征；高度冗余的组织方式，有很好的坚韧性；高度集体协同计算；模拟处理与数学处理并存。

1. 形式神经元

神经元作为单个处理单元，是一个多输入、单输出的非线性元件，其最具有代表性的结构是形式神经元模型（如图 6-4）。它与人脑神经元相似，具有 n 个不同输入，其数学模型如图 6-5 所示。它可用下式描述：

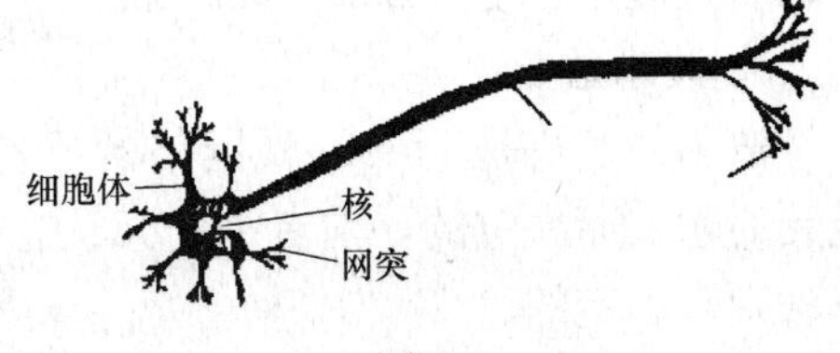

图 6-4

$$y(t+1)=f\left(\sum_{i=1}^{n}W_i x_i(t)-\theta\right)$$

式中　$y(t+1)$——形式神经元的输出；

W_i——连接权重；

$x_i(t)$——形式神经元的输入；

θ——神经元的阈值。

2. 离散 Hopfield 网络模型

离散的 Hopfield（DHNN）是离散型时间系统。在该模型中，每个神经元都和其他神经元连接，亦称为全互联网络。它具有如下的性质：

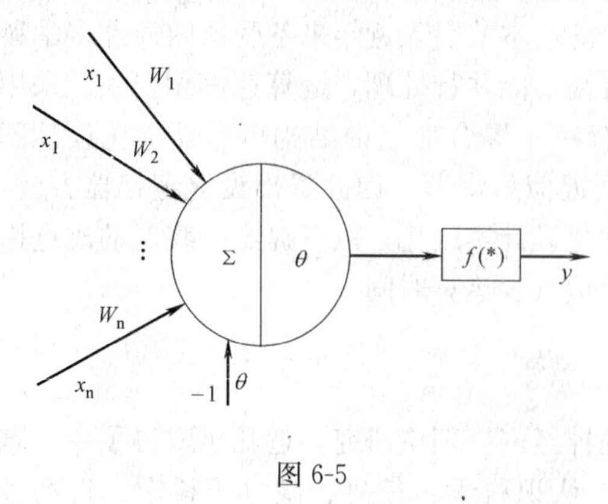

图 6-5

$$W_{ij}=\begin{cases}0, & i=j\\ W_{ji}, & i\neq j\end{cases}$$

神经元的输出取值 1 或 0，即

$$V_i(t+1)=\begin{cases}1, & \sum W_{ij}V_j(t)+\theta_i>0\\ 0, & \sum W_{ij}V_j(t)+\theta_i\leqslant 0\end{cases} \tag{6-20}$$

上述神经网络有如下两种工作方式：

① 并行工作方式，即在任一时刻 t，部分神经元 i 随机地依式（6-20）改变状态，其中一种特殊情况为任一时刻 t，所有神经元同时依式（6-20）改变状态。

② 串行工作方式，即在任一时刻 t，仅一个神经元依式（6-20）变化，而其余 $n-1$ 个神经元状态保持不变。

Hopfield 网络是一种反馈网络。反馈网络的一个重要特点是它具有稳定态，即系统具有吸引子，网络状态空间（N 维二值网络共有 2^N 个状态）在演化过程中会收缩到一个很小的（远小于 2^N）终态集，即吸引子集。每个吸引子都有一定的吸引域，如同小球在不平的场地上滚动，无论从哪里出发终究会停在某一坑底，每一坑底都有一定的吸引范围。Hopfield 定义能量函数：

$$E=-\frac{1}{2}\sum_i\sum_j W_{ij}V_iV_j-\sum_i\theta_iV_i \tag{6-21}$$

当状态按式（6-20）变化时，根据有关资料证明 E 单调减少，因此，可以利用它来解非线性优化问题。但在求解过程中不可避免会“陷于局部最小值”，因此，引入波尔兹曼（Boltzman）机。

3. 波尔兹曼机

波尔兹曼机是 Hopfield 网络的推广形式，后者神经元状态的取值是根据神经元的输入而决定的，前者神经元状态的取值是根据神经元的取值和波尔兹曼概率法则来确定的。

设能量函数 E 的变化：

$$\Delta E_i=E(V_i=0)-E(V_i=1)$$

那么节点 $V_i=1$ 的概率：

$$P_i=\frac{1}{1+\exp(-\Delta E/T)} \tag{6-22}$$

式中　T——网络的温度，取正数。

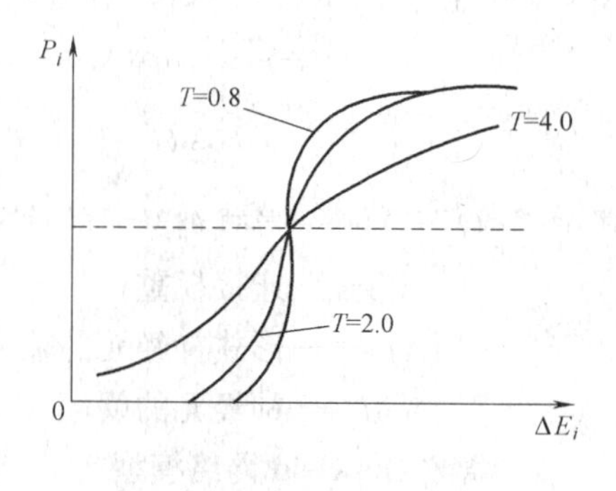

图 6-6

概率变化曲线如图 6-6 所示。由该图可见，当输入增大时，状态为 1 的概率提高。同时，曲线的变化还与温度有关，温度越高、曲线的变化越平缓。当 $T\rightarrow 0$，概率曲线趋于阶跃函数。

上述情况类似于热力学系统中粒子集团的变化规律。当这些粒子集团接上某一温度的热源时，最终将达到某种平衡状态，这时集团全体的状态概率符合波尔兹曼分布：

$$\frac{P_\alpha}{P_\beta}=e^{-(E_\alpha-E_\beta)/T} \tag{6-23}$$

式中　P_α——网络具有 α 状态的概率；

P_β——网络具有 β 状态的概率；

E——该状态的能量。

由式（6-23）可见：在同种温度下，能量越低，实现的概率越大。而当网络中输入部分的神经元被固定在某一特定输入状态时，网络能找到最适于比特定输入的最小能量，并在某一温度下达到热平衡，以使网络系统达到近似能量最小。为使网络达到总体能量最小，开始给定一个较高的温度，然后采用模拟退火方法（简称 SA 算法）逐渐降温，以找到更好的能量极小值。

6.2.2　SA 算法及其改进措施

SA 是基于 Monte－Carlo 迭代求解法的一种启发式随机搜索方法。它也是基于物理中固体物质退火过程与一般组合优化的相似性。在对固体物质进行退火时，通常是将它熔化，使其中的粒子可自由运动，然后随温度逐渐下降，粒子也逐渐成为低能状态的晶格。组合优化问题的解空间对应的每一个点都代表一个解，优化就是在解空间中寻找目标函数在一定的约束条件下的最小值。

1. 传统的 SA 算法

设 $S=S_1, S_2, \cdots, S_n$ 为所有可能解构成的集合。f：$S \to R$ 为非负的目标函数，则组合优化问题可表达为寻找 $S^* \in S$，使

$$f(S^*)=\min_{S_i \in S} f(S_i)$$

SA 算法可概括为：把每种组合状态 S_i 看成某一物质体系的微观状态，而 $f(S_i)$ 是物质体系在状态 S_i 时的内能，并随控制参数 T 慢慢下降而变化。对于每一个 T 用随机抽样法在计算机上模拟该系统在 T 温度下达到热平衡，即对当前状态 S 做随机扰动，产生 S'，计算 $\Delta f'=f(S')-f(S)$，并以 $\exp(-\Delta f/KT)$ 的概率接受 S' 作为新的当前状态。当重复扰动足够次数后，状态 S_i 出现为当前状态的概率服从波尔兹曼分布，即

$$P=Z(T)\cdot e^{-f(S_i)/JT} \tag{6-24}$$

式中　$Z(T)=\dfrac{1}{\sum_i e^{-f(S_i)/JT}}$；

f——波尔兹曼函数。

上述思想，可按下述步骤实现：

① 任选初始状态 S_0 作为初始解，设定初始温度 T_0，令 $i=0$；

② 令 $T=T_1$，调用随机抽样法，返回其最后得到的当前解，作为本算法的当前解，即 $S_i=S_0$；

③ 按一定方式降温，$T'=\lambda T$，$\lambda=(0.2,\ 0.99)$；

④ 检查退火过程是否结束，如是转向⑤，否则转向②；

⑤ 以前解作为最优解，输出。

上述 T_0 的选择为均匀地随机抽取样本，取此时的方差为 T_0。

2. 对SA算法的改进措施

采用上述方法存在的主要问题如下：

① 整个SA算法的过程中，最优解随时间的更新序列是按 T 不断减少的次序串接而成的。它使算法在陷于局部极小值时有机会跳出，但也正因为这一点，可能使当前解 $S(k)$ 比序列中的某些中间状态更差。这样，尽管 T_0 足够高，T 下降速度足够慢，对应每个温度的随机抽样足够大，当 $\Delta T\to 0$，最后的当前解以概率等于1为系统的优化解，但实际最后的当前解可能比中间解更差。

② 根据有关文献介绍，退火温度非常缓慢（$\Delta T=0.01$℃）且等温下降，对于像船舯剖面这样一个多变量的大型系统，如不采取措施，计算时间会很长，难以用于工程实际。

为此，提出如下改进措施。

① 在程序中设置一个记忆器 $H=(S^*,\ f)$，记录退火过程中所确定的最优解 S^* 及目标函数 $f=E(S^*)$。设 S 为算法的终止解，比较 $E(a)$ 和 $f(S^*)$，如果 $f(S^*)<E(a)$，则令 $a=a^*$。再进行下面过程：由随机函数 G 产生新解，即 $a'=G(\xi,\ S)$，仅当 $E(a')<E(a)$ 时接受 a'，令 $a=a'$，ξ 变化若干次后终止计算。以上改进方法有记忆和返回功能，可以记住并返回到曾经经历过的优化解，提高了原来算法的稳定性。

② 采用分层重点抽样法，取代原来的随机抽样法。经运算，可在保证原来计算精度的条件下节约计算时间1/3以上。

③ 模拟退火温度变化率的选择：由于开始阶段退火温度较高，并已证明稳定态为 $T\to 0$，为此，可采用降火温度逐渐递减法

$$\Delta T_{K\to 1}=0.618\Delta T_K$$

经运算表明，这种方法可减少52%计算时间。

6.2.3 可靠性优化方法

这里重点介绍在满足可靠性要求的条件下，使结构重量最轻，即

目标函数 $\min f(X) \qquad X\in R^n$

$$\text{约束条件}\begin{cases}\beta_i(H,X)\geqslant\beta_{oi},i=1,2,\cdots,m,H\in R^n\\ G_j(X)\geqslant 0,j=1,2,\cdots,n\end{cases}\tag{6-25}$$

式中 β_{oi}——第 i 个构件的可靠指标的要求值；

$X=[X_d,\ X_i]$；

X_d——离散型设计变量；

X_i——连续型设计变量；

H——随机变量；

$G_j(X)$——最大和最小尺度限制条件。

1. 目标函数

以万吨级超浅吃水肥大型运煤船为例，其板厚和纵骨（设计变量 X_1，X_2，…，X_{40}）只能从市场供应规格中选定，应视为离散型设计变量，由设计手册可查出其剖面 α_i（$i=1$，2，…，40）和惯性矩 I_i（$i=1$，2，…，40），共有40个离散变量。其纵骨间距为连续型设计变量。

如果忽略备选构件的变化对中和轴高度的影响，则舯剖面模数及其约束条件为设计变量的二次函数，可以采用前述神经网络理论进行优化，其单位长度舱段的质量：

$$f = f_0\rho g + \rho g \sum_X \sum_i \sum_j \alpha_{\mathrm{X}ij} V_{\mathrm{X}i} V_{\mathrm{X}j} \tag{6-26}$$

式中　f_0——已选定构件的剖面积之和；

ρ——钢的密度；

g——重力加速度；

$\alpha_{\mathrm{X}ij}$——某构件的截面积；

$V_{\mathrm{X}i}$，$V_{\mathrm{X}j}$——神经元。

为了在每次优化时，舯剖面能唯一地选择构件，可用表6-4换位矩阵 K 表示。

表 6-4

小←i→大

设计变量 \ 备选构件	(1)	(2)	(3)	…	…	…	…	…	…	…	…	…	…	…	…	(L)
X_1	0	0	0	0	0	0	1	0	0	0	0	0	0	0	0	0
X_2	0	0	0	0	0	1	0	0	0	0	0	0	0	0	0	0
X_3	0	0	0	0	1	0	0	0	0	0	0	0	0	0	0	0
X_4	0	0	0	0	1	0	0	0	0	0	0	0	0	0	0	0
X_5	0	0	0	0	0	0	0	0	0	0	1	0	0	0	0	0
⋮	⋮	⋮	⋮	⋮	⋮	⋮	⋮	⋮	⋮	⋮	⋮	⋮	⋮	⋮	⋮	⋮
X_{38}	0	0	0	0	1	0	0	0	0	0	0	0	0	0	0	0
X_{39}	0	0	0	1	0	0	0	0	0	0	0	0	0	0	0	0
X_{40}	0	0	1	0	0	0	0	0	0	0	0	0	0	0	0	0
X_{41}	0	1	0	0	0	0	0	0	0	0	0	0	0	0	0	0

如果上述换位矩阵要描述为一个可行解，则必须保证每一行只有一个1，其余元素为零。可用下述公式描述：

$$E_1 = \frac{A}{2} \sum_X \sum_i \sum_{j\neq 1} V_{\mathrm{X}i} V_{\mathrm{X}j} \tag{6-27}$$

考虑了可靠性要求的约束条件、尺度限制以及式（6-26）约束条件，可得出单位舱段的优化数学模型：

$$\begin{aligned} L &= E_1 + f + \sum_k \lambda_{\mathrm{k}} g_{\mathrm{k}}(X) \\ &= \frac{A}{2} \sum_X \sum_i \sum_{j\neq 1} V_{\mathrm{X}i} V_{\mathrm{X}j} + \rho g \sum_X \sum_i \sum_{j\neq 1} \alpha_{\mathrm{X}ij} V_{\mathrm{X}i} V_{\mathrm{X}j} + \sum \lambda_{\mathrm{k}} g_{\mathrm{k}}(X) \end{aligned} \tag{6-28}$$

式中 λ_k——罚因子；

$g_k(X)$——约束条件。

2. 约束条件

在优化过程中，约束条件有两个方面：①船舶可靠性要求。船舶纵向构件是最重要构件，因此取其可靠指标要求值为6.0。②最大、最小尺度限制。为了计算可靠指标，建立如下安全裕度方程：

$$Z_1=\sigma_s W_1-M_1 \tag{6-29}$$

$$Z_2=\sigma_s W_2-M_2 \tag{6-30}$$

$$Z_3=\sigma_E-\sigma_3^a\geqslant 0 \tag{6-31}$$

$$Z_4=\sigma_E-\sigma_4^b\geqslant 0 \tag{6-32}$$

$$Z_5=\tau_s-\frac{10H^2t_{12}N}{24I} \tag{6-33}$$

$$Z_6=\tau_s-\frac{8H^2t_4N}{24I} \tag{6-34}$$

$$Z_7=\sigma_E W_1-M_1 \tag{6-35}$$

式中 σ_s——材料的屈服极限，随机变量；

M_1——中垂时的总纵弯矩，随机变量；

M_2——中拱时的总纵弯矩，随机变量；

W_1——船底板处的剖面模数；

W_2——上甲板处的剖面模数；

I——纵骨（连带板）的惯性矩；

τ_s——材料的抗剪极限；

H——型深；

t_{12}——内侧板厚度；

N——舯剖面所受剪力，随机变量；

σ_E——理论欧拉应力。

由上述7个安全裕度方程可求出相应的可靠指标，它们均应大于给定值6.0。除此之外，双层底由于其工艺要求，高度h应大于给定值h_0。

3. 混合解法

应用神经网络能量极小化原理求解含有离散变量的非线性规划问题，由于神经网络具有并行处理能力，故计算速度相当快，但它仅适用于特定的能量函数表达式。在式（6-28）中如果合并前一、二项，可写出下列Hopfied网络的连接权：

$$T_{ij}=-A-\rho g a_{Xij}=T_{ji}$$

因网络是收敛的，为求解式（6-27），此处采用混合计算法，即人工神经网络（并行处理）和约束变换法（串行处理）相结合的混合计算方法：

$$\lambda_k^{n-1}=\lambda^n+2g(X^n) \qquad (k=1,2,\cdots,m)$$

式中 λ^n——第n次迭代拉格朗日算了。

如果$\lambda_k<0$，则取$\lambda_k=0$。神经网络每改变一次状态，拉格朗日算子λ便更新一次。

4. 算例

船体主尺度：总长 150.82m；垂线间长 141.0m；型宽 22.0m；结构吃水 5.5m。

(1) 计算外荷载

根据实船结构和装载的要求，计算出最大静水弯矩：

$$M_{s1}=337819.0\text{kN}\cdot\text{m}\qquad(\text{中垂})$$

$$M_{s1}=145543.0\text{kN}\cdot\text{m}\qquad(\text{中拱})$$

根据“ZC” 1991 修改通报，计算所得最大波浪弯矩：

$$M_{w1}=909576.4\text{kN}\cdot\text{m}\qquad(\text{中垂})$$

$$M_{w2}=735991.0\text{kN}\cdot\text{m}\qquad(\text{中拱})$$

最大静水剪力：

$$N_{s1}=1585\text{kN}$$

$$N_{s2}=2456\text{kN}$$

最大波浪剪力：

$$N_{w1}=9815.0\text{kN}$$

$$N_{w2}=9179.0\text{kN}$$

(2) 随机变量特性

钢材屈服极限$\sigma_s=240\text{MPa}$，其变异系数$CV=0.08$；弹性模量$E=2.10\text{kPa}$，$CV=0.08$；波浪弯矩和剪力服从韦布尔分布，变异系数为 0.1、0.2、0.3。

可靠性优化结构见表 6-5。按《规范》设计所得到的舯剖面面积为 2102248mm^2，波浪力变异系数分别取 0.1、0.2、0.3 时其可靠性优化结果为 1788820mm^2，1829588mm^2，1893968mm^2。

6.2.4 计算分析

① 用现行《规范》设计的单位舱段质量最大，它比波浪力变异系数为 0.3 时重 5.88%，比 0.2 时重 9.08%，比 0.1 时重 11.1%，而且用这种方法得出的优化解是近似最优解，由此可见现行的《规范》具有较高的安全裕度。

② 运用本节的神经网络解法，可较快而且方便地解含有设计变量的可靠性优化问题。

表 6-5

设计变量	按规范设计结果		可靠性优化设计结果($CV_w=0.1$)		可靠性优化设计结果($CV_w=0.2$)		可靠性优化设计结果($CV_w=0.3$)	
	构件尺寸	剖面积	构件尺寸	剖面积	构件尺寸	剖面积	构件尺寸	剖面积
X_1	4700×24	112800	4700×24	112800	4700×24	112800	4700×24	112800
X_2	2500×22	56100	2500×22	56100	2550×22	56100	2550×22	56100

续表

设计变量	按规范设计结果		可靠性优化设计结果(CV_w=0.1)		可靠性优化设计结果(CV_w=0.2)		可靠性优化设计结果(CV_w=0.3)	
	构件尺寸	剖面积	构件尺寸	剖面积	构件尺寸	剖面积	构件尺寸	剖面积
X_3	1400×20	28000	1400×18	25200	1400×18	25200	1400×20	28000
X_4	2500×16	40000	2500×14	30000	2500×14	35000	2500×14	35000
X_5	2500×12	30000	2500×12	30000	2500×12	30000	2500×12	30000
X_6	2550×14	35700	2550×13	33150	2550×13	33150	2551×14	35700
X_7	89500×14	125300	8950×13	116350	8950×14	125350	8950×14	125300
X_8	800×16	12800	800×16	12800	800×16	12800	800×14	11200
X_9	7600×16	121600	7600×13	98800	7600×13	98800	7600×14	106400
X_{10}	2200×12	26400	2200×10	22000	2200×10	22000	2200×10	22000
X_{11}	1900×12	22800	1900×10	19000	1900×10	19000	1900×11	20900
X_{12}	4900×12	58800	4900×10	49000	4900×11	53000	4900×11	53900
X_{13}	1900×12	22800	1900×10	19000	1900×10	19000	1900×11	19000
X_{14}	3650×14	51100	3650×11	40150	3650×11	40150	3650×12	43800
X_{15}	700×24	16800	700×20	14000	700×20	14000	700×22	15400
X_{16}	P20b	3136	P20b	3136	P20b	3136	P20b	3136
X_{17}	6(−24×250)	36000	6(−25×25)	30000	6(−25×22)	33000	6(−25×22)	33000
X_{18}	P20a	2736	P18b	2850	P18b	2850	P18a	2580
X_{19}	P20a	2736	P16b	2116	P18a	22200	P18b	2580
X_{20}	P20a	2736	P16b	2116	P18a	2116	P18a	2220
X_{21}	P20a	2736	P16b	2116	P18b	2580	P18b	2580
X_{22}	P20a	2736	P16b	2116	P18a	2220	P18b	2580
X_{23}	P20a	2736	P16b	2116	P18a	2220	P18b	2580
X_{24}	P20a	2736	P16b	2116	P18a	2220	P18b	2220
X_{25}	P20a×2	5472	P16b	4232	P16a	4232	P18a	4440
X_{26}	P20b×2	6272	P16b	4232	P16a	4232	P18a	4440
X_{27}	P20b	3136	P20a	2736	P20a	2736	P20a	2736
X_{28}	P20b	3136	P18a	2220	P18b	2580	P18b	2580
X_{29}	P20b	3136	P16b	2116	P18a	2220	P18b	2220
X_{30}	P20b	3136	P16a	1796	P16b	2116	P16b	2116
X_{31}	P20b	3136	P16b	2116	P16b	2116	P18a	2220
X_{32}	P20a	2736	P18a	2220	P18b	2580	P18b	2580
X_{33}	P20a	2736	P18b	2580	P18b	2580	P20a	2736
X_{34}	P18b×8	20640	P18a×8	17760	P18a×8	17760	P18b×8	20640
X_{35}	P20a×10	27360	P18b×10	25800	P20a×10	27360	P20a	31360
X_{36}	1580×13×3	61620	1580×12×3	56880	1580×12×3	56880	1580×13×3	61620
X_{37}	200×10	2000	200×10	2000	200×10	2000	200×10	2000
X_{38}	120×14	1680	120×14	1680	120×14	1680	120×16	1920
X_{39}	200×10	2000	200×10	2000	200×10	2000	200×10	2000
X_{40}	120×14	1680	120×11	1320	120×11	1320	120×12	1440
$\sum A_i$		975164		863450		883834		916024

6.3　基于遗传算法的海洋结构可靠性优化设计方法

遗传算法是模拟生物遗传进化而发展起来的一种新算法。遗传算法最初提出的目的是想严格解释自然系统的适应机制，并开发出具有该机制的人工系统软件。该算法最初是由密执安大学的John Holland教授提出的，之后各国学者做了大量研究工作，并把它应用于很多领域。1989年Goldberg教授提出了一种简单的遗传算法，并把它应用于结构优化设计中。实践证明，遗传算法处理离散变量比较有效，与传统的优化方法相比，遗传算法往往能给出更好的结果。本节采用的遗传算法是Goldberg简单遗传算法的改进。它的高效搜索机理是利用随机操纵基因实现结构信息的交换而形成的，由于它高效地采集了原方案中的优秀品质而生成了更好的新方案。

6.3.1　遗传算法的基本原理

1. 遗传算法的特点

遗传算法不同于传统的优化算法，其特点主要有以下三点。

① 遗传算法不是直接处理设计变量本身，而是设计变量的代码，这些代码通常用二进制数码表示。这些被编码的设计变量称为位串，它代表人造的染色体，串中的每一个字符相当于一个基因。一种简单的编码方式是用二进制数表示。若某个设计变量的可选值为$m=2n$个，则只需用n位二进制数便能全部表达这m个设计值。其中$\underbrace{00\cdots00}_{n\text{位“0”}}$表示设计值中的最小值，而$\underbrace{11\cdots11}_{n\text{位“1”}}$表示其最大值。对多变量，则将每个设计变量的代码即位串首尾相接，组成一个更长的位串，称个体位串，它表示一个方案。

② 和传统优化方法的单点搜索不同，遗传算法处理的是一组方案集，也就是说，它能同时处理多个设计方案，这就是它的并行性。

③ 遗传算法在寻优过程中利用的手段不是数学规划方法采用的一阶导及二阶导等信息，而是利用随机操纵基因即遗传算子实现结构信息交换，控制搜索进程，有效采集上一代的优秀品质，而形成新一代即新方案。

2. 遗传算子

如前所述，遗传算法的搜索与优化能力来源于遗传算子，因此，对遗传算子的研究已成为人们关注的焦点。已发现的遗传操纵基因有繁殖、交换、突变、显性、倒位、染色体重复、缺失、易位、分离、物种形成、迁移和分配等，但目前遗传算法的研究主要集中在繁殖、交换和突变这三个基本遗传算子上。

为避免以下叙述的重复，特作一简要说明：遗传算法中的“个体位串”在优化中习惯称为“某个方案”，而遗传算法中的“种群”则表示“一组方案集”。

(1) 繁殖（reproduction）

繁殖实质上是一个选优过程，遵循的原则是“优胜劣汰”，即方案集中的“品质优良”者被繁殖（复制）下来，而“品质较差”者被淘汰，“品质一般”者被保留。评价品质的衡准是，按每个方案即个体位串的适值大小评价。适值高者表示该方案优良，复制的次数也多。

所谓适值，也称为适值函数，它的一个特性是非负性。它是按下述方法建立的：设某优化问题的目标函数为 $\Phi(x)$，适值函数为 $f(x)$，则对于无约束最优化问题：

$$\begin{cases} f(x)=\Phi(x) & \text{对应最大化问题} \quad (6\text{-}36) \\ f(x)=C-\Phi(x)\geqslant 0 & \text{对应最小化问题} \quad (6\text{-}37) \end{cases}$$

式中的 C 为一个适当大的数，引入它是为了使适值为非负。对于有约束问题，应先用外罚函数法将 $\Phi(x)$ 转化为无约束问题后，再按式（6-36）、式（6-37）建立适值函数 $f(x)$。

对随机产生的初始方案集中的每个方案，先据式（6-36）、式（6-37）求出 $f(x)$，继而计算衡准数 E_i，并据问题的特点设定 E_i 的限界值 E_{iD}，对于 $E_i<E_{iD}$ 的方案予以淘汰，同时对"品质特优"的方案进行复制。E_i 的计算式为

$$E_i=f_i(x)/(\sum f_i(x)/n)=f_i(x)/\overline{f_i(x)} \quad (6\text{-}38)$$

式中 $f_i(x)$ ——每个方案的适值；

$\overline{f_i(x)}$——所有方案的平均适值；

n——方案个数；

$i=1, 2, \cdots, n$。

需要强调的是，经过繁殖操作后，总的方案数应保持不变。其实质就是使被淘汰的方案数和被复制的方案数保持相等。显然，经过这一操作，方案集中的平均品质变优，但最优方案并未得到改善。

(2) 交换（crossover）

由于繁殖操作结束后并未产生更优的方案，因此必须使方案集像生物界父母代产生子代那样产生新方案。交换便是实现这一操作的算子。遗传算法的有效性主要来自交换，经过交换，将能产生更优的方案。可以说，交换操作在遗传算法中起了核心作用。交换的过程是：首先把经过繁殖后产生的方案集中的个体位串两两随机配对，形成交配池。然后根据交换概率 P_c，确定哪些配对需进行交换，决定进行交换者，随机选择交换点。对于交换，现有两种方案，即单点交换和双点交换。对于单点，交换点后的字符；对于双点，交换两点间的字符，如表 6-6。新一代个体位串产生后，原配对个体位串被取消，保持方案集中的方案总数不变。

表 6-6

配对位串	$A=110\ 0100100$	$A=11\ 111$
	$B=010\ 1010001$	$B=00\ 000$
配对位串	$A'=110\ 1010000$	$A'=11\ 000$
	$B'=010\ 0100101$	$B'=00\ 111$

(3) 突变（mutation）

自然界中常会发生染色体的基因突变现象，使子代的特征不同于父代，这种现象也被引入到遗传算法中。初始方案集经过繁殖、交换操作后，得到新的方案集，这时根据突变概率 P_m 从方案集中选出一些个体位串，并随机选择突变点，进行突变操作。突变时原位置字符是 0 的变为 1，是 1 变为 0。例如：某个体位串为 1001110101，突变点为 4，则突变后的个体位串为 1000110101。

引入突变是为了防止在交换过程中，个体位串某些好的品质丢失，起一种补偿作用。同时突变操作还可能产生更优的个体。

初始种群（第 0 代方案集）经过繁殖、交换、突变操作后，产生新的一代，重复上述操作直至第 n 代收敛为止。

3. 遗传算法的理论基础

遗传算法的理论基础是 Holland 提出的模式定理。所谓模式就是描述种群中在位串的某些确定位上具有相似性的位串子集的模板。模式是用二进制数（0，1）与通配符 * 所构成的三个字符的表｛0，1，*｝来描述的。

若某一模式用 H 表示，则模式 H 可用下述两个特征值加以表征：

① 阶（order），用 O（H）表示，它表示 H 中有确定定义非 * 位的个数；

② 定义长度（defining length），用 δ（H）表示，它表示 H 最长两端确定位置间的距离。

例如，$H=10*1*10*$，则 $O(H)=5$，$\delta(H)=6$。

若 t 为遗传的代数，$m(H,t)$ 为第 t 代中模式 H 的数目。则模式定理可用下式描述：

$$m(H,t+1)\geqslant m(H,t)\frac{f(H)}{\overline{f}}\left(1-P_c\frac{\delta(H)}{L-1}-O(H)P_m\right) \tag{6-39}$$

式中　$f(H)$——所有含有模式 H 的位串的平均适值；

$\overline{f}$——整个种群的平均适值；

P_c、P_m——交换概率及突变概率；

L——位串的长度。

很显然，公式右边的三项分别对应于繁殖、交换和突变操作，也就是说模式定理包括了遗传算法的三个基本算子。

式（6-39）可概括地描述为：定义长度短的、确定位数少的、平均适值高的模式数量将随遗传代数的增加呈指数增长。

4. 参数选择及其对收敛的影响

结合后述介绍的两个算例，对算法有关参数的选择及其对收敛的影响作了探讨，得出了如下结论。

① 关于位串长度，应根据设计变量系列离散值的个数，按照一一对应的原则确定，一般讲它对收敛的影响不大。

② 关于初始种群大小（即初始方案的数目），现在还没有最佳的确定方法，大多根据经验确定。一般来讲，设计问题越复杂，设计变量越多，则初始方案数应越多，但不应过多。如过多，一是计算时间过长，二是反而可能出现稳定性差

的缺点；太少则会使种群中的个体位串丧失多样性，可能导致收敛于局部最优。

③ 关于交换概率 P_c，可以在 0.6～0.8 的范围内选取。而突变概率 P_m 一般在 0.005～0.05 内选取。选取的原则是：初始方案数越多，位串越长，P_m 值应相应取得较小。如取得太大，很容易陷入随意搜索的地步，好的特性容易丧失，收效性变差。

④ 关于适值函数中值 C 见式（6-37），它对收敛性影响较大。经验证明，C 取为每一代中目标函数 $\Phi(x)$ 最大值的 1.1～1.3 倍时，收敛时的稳定性较好。需注意的是，对于约束问题，$\Phi(x)$ 中应包含惩罚项。很显然 C 不是一个定值，而是随着迭代次数增加不断变化的。

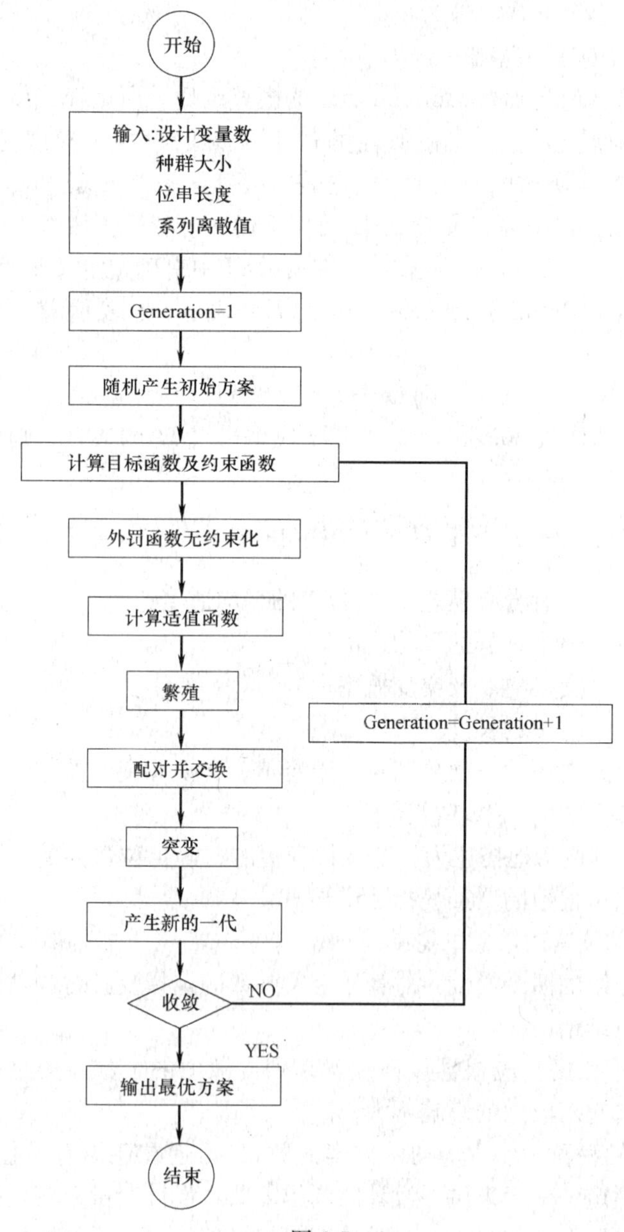

图 6-7

⑤ 关于遗传算法的收敛准则，通常按以下两条处理：a. 人为视定迭代次数，超过该迭代次数，便认为收敛，停止运行。至于迭代次数取多少，应根据问题复杂程度来定。b. 若最后几代（一般取为 10 代）适值无明显变化即停止。适值无明显变化的标准有很多，现在用得较多的连续几代的平均适值差别很小（或相同）。

关于遗传算法的操作过程，可见图 6-7。

6.3.2　计算分析

1. 简易井口平台的可靠性优化设计

（1）平台的计算模型

这是一个由沉井基础、塔身及上下两层甲板组成的独腿井口平台，其简化计算模型如图 6-8 所示。图中 X_i（$i=2$，…，11）为失效点，L_i（$i=1$，…，5）为各作用点的波浪力，Y_i（$i=1$，…，5）为壁厚设计变量，Y_i（$i=6$，…，8）为直径设计变量，Y_i（$i=9$，…，12）为高度设计量，F 为风力，W 为平台设备重量。

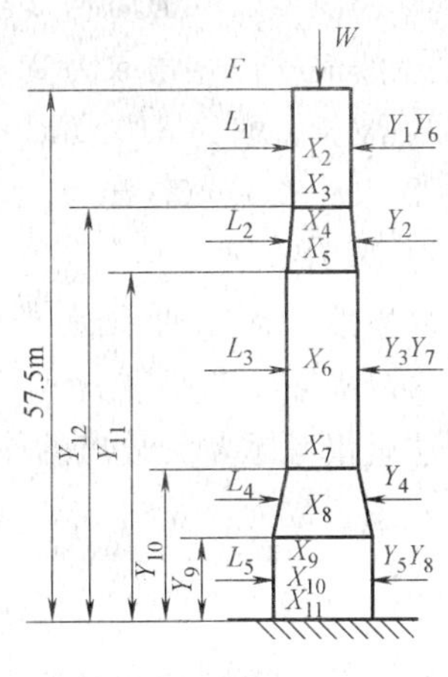

图 6-8

（2）基本随机变量

共取 7 个变量为基本随机变量，其有关参数如表 6-7 所示。

表 6-7

变　量	名　称	分布形式	均　值	变异系数
W(N)	设备重量	正态	1.96×10^6	0.1
H_m(m)	极限波高	极值 Ⅰ 型	15.5	0.08
U_c(m/s)	流速	极值 Ⅰ 型	1.11	0.12
V_F(m/s)	极限风速	对数正态	68.0	0.1
C_D	拖曳力系数	正态	1.85	0.1
C_M	质量力系数	正态	2.92	0.1
σ_y(Pa)	屈服极限	对数正态	1.90×10^8	0.12

其中，H_m、U_c、V_F 为完全相关，C_D、C_M 为负相关，相关系数为 −0.9，其他变量为完全不相关。将上述相关变量转换成线性无关变量，如表 6-8 所示。其中 $Z_i=A_i\times H_m+B_i\times U_c+C_i\times V_F+D_i\times C_D+E_i\times C_M$。

表 6-8

	A_i	B_i	C_i	D_i	E_i
Z_1	0.6558	0.71597	−0.23999	0	0
Z_2	−0.67289	0.69813	0.24463	0	0
Z_3	0.34269	0.00112	0.93945	0	0
Z_4	0	0	0	0.85579	0.51732
Z_5	0	0	0	−0.51732	0.8579

（3）外载荷

1）波浪力

波浪力按 Morrison 公式计算，在计算中作了如下考虑：

① 桩腿的两段圆台按等效圆柱考虑；

② 波浪力的作用点取在杆元中点；

③ 波浪力的均值$\overline{L_i}$和方差$\sigma_{L_i}^2$用一次二阶矩法（FOSM 法）计算；

④ 波浪的位相角取为 0.15rad；

⑤ 波长 λ 取为 310.0m；

⑥ 水深取为 40.0m。

2）风力

风力按 ZC《海上固定式平台入级与建造规范》推荐的公式计算。

（4）极限状态函数

这里仅考虑各失败点的屈服失效，荷载效应考虑了轴向力 N 及弯矩 M，故极限状态函数为：

$$g_i(Z)=1-\frac{N_i}{N_{Fi}}-\left|\frac{M_i}{M_{Fi}}\right| \tag{6-40}$$

式中 M_i——各段承受的弯矩；

N_i——各段承受的轴向力；

$M_{Fi}=\frac{\sigma_y[d_i^3-(d_i-wt_i)^3]}{6}$；

$N_{Fi}=\frac{\sigma_y\pi[d_i^2-(d_i-2t_i)^2]}{4}$；

d_i——各段直径；

t_i——各段壁厚。

（5）可靠性优化设计的数学模型

$$\begin{cases}目标函数：\min F(Y)\\ 约束条件：\beta_i \geqslant \beta_{\alpha i}, i=2,3,\cdots,11\end{cases} \tag{6-41}$$

式中 $F(Y)$——平台钢料的体积（m^3）；

Y——设计变量，$Y=Y_1$，Y_2，…，Y_{12}；

β_i——各失效点处的可靠指标；

$\beta_{\alpha i}$——各失效点处的可靠指标的目标值，本例均取为 4.0。

（6）结果与分析

平台优化设计结果示于表 6-9，表中还给出了设计变量的取值范围及原设计变量值。优化后的平台钢材最小体积为 16.35m^3，比原设计的 18.77m^3 减小近 13%。从优化结果可以看出，两过渡段的圆台部分明显加长。由于资料缺乏，在高度设计变量方面没有加以约束，如果有要求，加上适当约束，便会得出相应结果。各失效点处的可靠指标 β_i示于表 6-10。

本计算在 386 微机上运行，取初始方案数为 50，交换概率 $P_c=0.8$，突变概率 $P_m=0.005$，迭代至 100 代时，收敛情况很好，耗时为 12min。从运算中间过程看，当 50 代时就已基本收敛。而此问题若采用可变误差多面体法进行优化计算时，耗时长达 2.5h。与之相比，遗传算法的计算速度显著加快，收到了预期效果。

表 6-9

变量名	原设计值	下限	上限	步长	最优值
厚度(Y_1)	0.025	0.010	0.050	0.0025	0.025
厚度(Y_2)	0.025	0.010	0.050	0.0025	0.030
厚度(Y_3)	0.040	0.020	0.060	0.0025	0.0275
厚度(Y_4)	0.040	0.020	0.060	0.0025	0.0275
厚度(Y_5)	0.040	0.020	0.060	0.0025	0.0275
厚度(Y_6)	2.00	1.00	2.60	0.05	2.25
厚度(Y_7)	3.00	2.00	3.60	0.05	3.55
厚度(Y_8)	5.00	4.00	5.60	0.05	4.40
厚度(Y_9)	7.0	4.0	11.0	0.1	10.1
厚度(Y_{10})	9.0	11.0	18.0	0.1	16.8
厚度(Y_{11})	34.0	18.0	31.0	0.1	24.2
厚度(Y_{12})	37.0	35.0	48.0	0.1	38.2

β_i　　**表 6-10**

	x_2点	x_3点	x_4点	x_5点	x_6点
β_i	β=7.9729210	β=4.0576940	β=5.8250290	β=4.0409020	β=5.0394390
	x_7点	x_8点	x_9点	x_{10}点	x_{11}点
β_i	β=4.2156760	β=4.8768990	β=4.1729130	β=5.5043680	β=4.5088730

2. 舱盖的可靠性优化设计

本例对 14000t 散货船 No. 2-4 舱盖进行可靠性优化设计。取 8 个设计变量考虑了扶强材 4 种失效模式（即中点及变断面处弯曲、两端剪切和挠曲）下的可靠性约束及满足 ZC《钢质海船入级与建造规范》(1989)（以下简称《规范》）要求的 6 种几何约束（具体请见《规范》有关“舱盖”章节），取目标函数为舱盖重量最小。可靠性优化结果示于表 6-11。为进行比较，表中还给出了同一问题、同样设计变量、同样几何约束，而只是将 4 种失效模式下的可靠性约束改为一般的强度要求约束下的优化结果（在此称传统优化）。

表 6-11

设计变量	原设计值	离散值				最优值	最优值
盖板厚度(X_1)	1.0	0.8	0.9	1.0	1.1	0.9	0.9
腹板厚度(X_2)	0.7	0.6	0.7	0.8	0.9	0.6	0.6
中央面板厚度(X_4)	2.6	2.2	2.5	2.6	2.8	2.6	2.6
两端面板厚度(X_5)	1.6	1.4	1.5	1.6	1.7	1.5	1.5

续表

设计变量	原设计值	下限	上限	步长	最优值	最优值
腹板高度(X_3)	41.5	35	50	1	49.0	50.0
面板宽度(X_6)	27	20	35	1	20.0	20.0
扶强材间距数(X_7)	15	12	27	1	16	16
扶强材两端距离(X_8)	190.4	180	211	1	211	211

6.3.3 几点说明

(1) 遗传算法比较适合于结构优化，特别是可靠性优化问题，理由有两点：①它能有效地处理离散变量，而大多数结构优化问题的设计变量都是离散的。②遗传算法的主要计算工作是函数值的计算与分析，而不需要计算函数的梯度及海色矩阵等。如果用传统的数学规划来处理可靠性优化问题，在对变量寻优的每一步，不仅要计算梯度，还要计算对应的失效概率或可靠指标，因此相当复杂，耗时甚多，而遗传算法就显现出优越性。当然，数学规划中也有不计算梯度而只对函数值进行处理与分析的方法，但这些方法的迭代速度都是非常慢的。

(2) 遗传算法利用统计方法论来指导搜索算法的进程，这在处理结构构件的优化设计问题上有很大的优点。另外，由于它主要是函数值的计算与分析，而这些过程对每一设计方案来讲都是独立的，因此它能并行处理，于是可大大提高计算速度。

(3) 遗传算法的模式定理证明了在每个连续世代下，种群的总体适值即品质有了提高，而这恰恰是所有优化算法追求的主要目标。

(4) 遗传算法的优点还在于它收敛于全局最优解而非局部最优解的能力很强。这是因为自始至终，搜索过程在一个很大的范围内进行；同时引入突变操作还会不时地产生更优的方案。与传统优化方法相比，遗传算法可以给出更好的结果，所以易被工程设计所接受。